“十二五”职业教育规划教材

Jixie Jichu
机械基础

潘国萍　主　编
张　涛　丁建平　副主编
宣振军　主　审

人民交通出版社股份有限公司
China Communications Press Co.,Ltd.

内 容 提 要

本书为“十二五”职业教育规划教材。主要内容包括：绪论，杆件的静力分析，直杆的基本变形，常用金属材料，连接，机构，机械转动，支承零部件，机械的节能环保与安全保护，机械零件精度，气压传动与液压传动，机械基础综合实践。

本书可供高职、中职院校相关专业教学选用，亦可供行业相关培训、岗前培训使用。

＊本书配有教学课件，读者可于人民交通出版社股份有限公司网站免费下载。

图书在版编目（CIP）数据

机械基础／潘国萍主编. —北京：人民交通出版社股份有限公司，2016.8

“十二五”职业教育规划教材

ISBN 978-7-114-12729-8

Ⅰ.①机… Ⅱ.①潘… Ⅲ.①机械学—高等职业教育—教材 Ⅳ.①TH11

中国版本图书馆 CIP 数据核字（2016）第 007482 号

“十二五”职业教育规划教材

书　　名： 机械基础
著 作 者： 潘国萍
责任编辑： 袁　方
出版发行： 人民交通出版社股份有限公司
地　　址： （100011）北京市朝阳区安定门外外馆斜街 3 号
网　　址： http://www.ccpress.com.cn
销售电话： （010）59757973
总 经 销： 人民交通出版社股份有限公司发行部
经　　销： 各地新华书店
印　　刷： 北京鑫正大印刷有限公司
开　　本： 787×1092　1/16
印　　张： 14
字　　数： 324 千
版　　次： 2016 年 8 月　第 1 版
印　　次： 2019 年 11 月　第 4 次印刷
书　　号： ISBN 978-7-114-12729-8
定　　价： 39.00 元

前言

QIANYAN

根据教育部相关文件的要求，本教材编写人员在认真学习领会有关文件的基础上，结合当前高等职业教育发展和城市轨道交通行业发展的实际情况，编写了本教材。

本教材的主要特色有：

1. 在编写过程中，我们突破以往教科书的编写模式，内容上注重理论与实操相结合。

2. 为了突出本教材实用性，我们在仔细分析企业岗位技能方面的具体要求的前提下进行了单元设置，在本书教学目标的前提下，强调以学生为中心，突出职业教学培训的特点。

3. 本教材在某些知识点的介绍上，是以全国目前最先进、最典型的案例来介绍的，配有大量的实物图片，以便于学生能更感性的认知。

4. 为方便教学，每个单元结束后，学生可通过实训练习或复习思考题进行自我考核，从而及时检查学习效果。

5. 教材编写全程体现了"工学结合、校企合作"的理念，由行业专家、学者全面参与本教材的编审。

本教材单元1、单元2由福建工业学校王鹏编写，单元3、单元7由北京电气工程学校丁建平、曲雪冬编写，单元4、单元5由济南铁路高级技工学校张涛编写，绪论、单元6由北京电气工程学校潘国萍编写，单元8、单元11由北京电气工程学校黄鸣编写，单元9、单元10由广州市交通运输职业学校彤景鑫编写。本书由潘国萍担任主编，张涛、丁建平担任副主编，中铁工程设计咨询集团有限公司高级工程师宣振军担任教材的主审。

由于编者水平有限，加上编写时间仓促，书中存在的错误与不妥之处敬请广大读者批评指正。

编　者

2016年5月

目录

MULU

绪 论

知识目标

1. 了解本课程的任务、内容和学习要求；
2. 了解机器的组成与种类，机器、机构、构件、零件的含义；
3. 了解机械零件的材料、结构、承载能力、摩擦、磨损和润滑的基本要求；
4. 了解城市轨道交通车辆中主要机械装置的名称。

能力目标

1. 能区分机器、机构的特征与异同点；能区分构件与零件；
2. 能分析机器中的各组成部分；
3. 能认识城市轨道交通车辆上各机械装置并阐述其作用。

人们的生活离不开机械，小的如螺钉、扳手；大的如城市轨道交通车辆（图0-1）、数控机床（图0-2）。一般的机械可以分为两大类：一类可以使物体运动速度加快，称为加速机械，如自行车、高速铁路车辆、飞机；另一类使人们能够对物体施加更大的力，称为加力机械，如挖掘机（图0-3）、机床、千斤顶（图0-4）等。

图0-1 城市轨道交通车辆

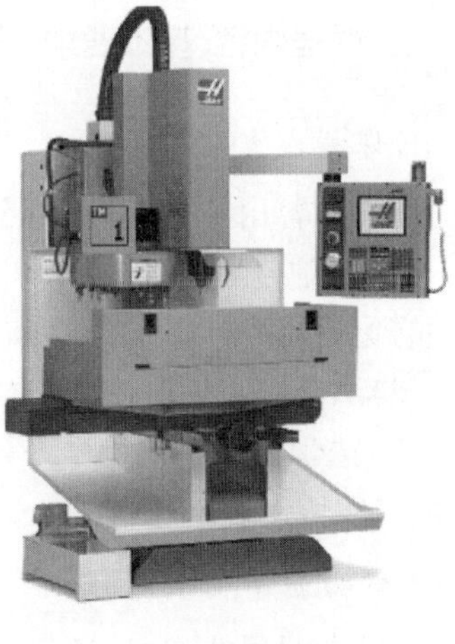

图0-2 数控机床

图 0-3　挖掘机

图 0-4　千斤顶

单元0.1　课 程 概 述

一、课程性质、任务

本课程是中等职业学校机械类及工程技术类相关专业的一门基础课程。其任务是:使学生掌握必备的机械基本知识和基本技能,懂得机械工作原理,了解机械工程材料性能,准确表达机械技术要求,正确操作和维护机械设备;培养学生分析问题和解决问题的能力,使其形成良好的学习习惯,具备继续学习专业技术的能力;对学生进行职业意识培养和职业道德教育,使其形成严谨、敬业的工作作风,为今后解决生产实际问题和职业生涯的发展奠定基础。

二、课程内容、基本要求、学习方法

1. 课程内容

课程内容由基础模块、综合实践模块和选学模块三部分组成。

(1)基础模块是各专业学生必修的基础性内容和应该达到的基本要求;主要有工程材料、杆件的受力分析与基本变形、机械传动、常用机构、轴系零件、机械的节能环保与安全防护。

(2)综合实践模块是结合专业对典型机械拆装、调试和分析为主的综合性实践教学内容。

(3)选学模块是根据专业培养的实际需要自主确定的选择性内容,主要包括机械零件的精度、气压传动和液压传动。

2. 课程基本要求

通过本课程的学习,具备对构件进行受力分析的基本知识,会判断直杆的基本变形;具备机械工程常用材料的种类、牌号、性能的基本知识,会正确选用材料;熟悉常用机构的结构和特性,掌握主要机械零部件的工作原理、结构和特点,初步掌握选用方法;了解机械零件几何精度的国家标准,理解极限与配合、形状和位置公差的标注;了解气压传动和液压传动的原理、特点以及应用,会正确使用常用气压和液压元件,并会搭建简单常用回路;能够分析和处理一般机械运行中发生的问题,具备维护一般机械的能力。

具备获取、处理和表达技术信息,执行国家标准,使用技术资料的能力;能够运用所学知识和技能参加机械小发明、小制作等实践活动,尝试对简单机械进行维修和改进;了解机械的节能环保与安全防护知识,具备改善润滑、降低能耗、减小噪声等方面的基本能力;养成自主学习的习惯,具备良好的职业道德和职业情感,提高适应职业变化的能力。

3. 学习方法

本课程是从理论性、系统性很强的基础课和专业基础课向实践性较强的专业课过渡的一个重要转折点。因此,根据课程特点,在学习方法上建议:

(1)结合所学专业中的机械设备,引导学生查阅相关资料,重视理论联系实践,为专业课打好基础,激发学生的学习兴趣。

(2)在教学中,引导学生开展常用工程材料、标准机械零部件市场销售情况调查活动;组织开展以小论文、小制作、小发明、小改革等为载体的创新思维训练。

(3)以专业为背景,选择合适的课题,制作综合实践任务书,组织学生进行阶段性实习训练和综合实践,训练学生机械基础的综合能力。

在教学过程中,还应充分利用数字化教学资源辅助教学,合理利用网络与多媒体技术,应用现代教育技术,积极创建适应个性化的学习需求,强化实践能力培养的教学环境,提高教学效率和质量。

单元 0.2　认 识 机 械

机械是机器与机构的总称。机器应用示例,如图 0-5 所示。

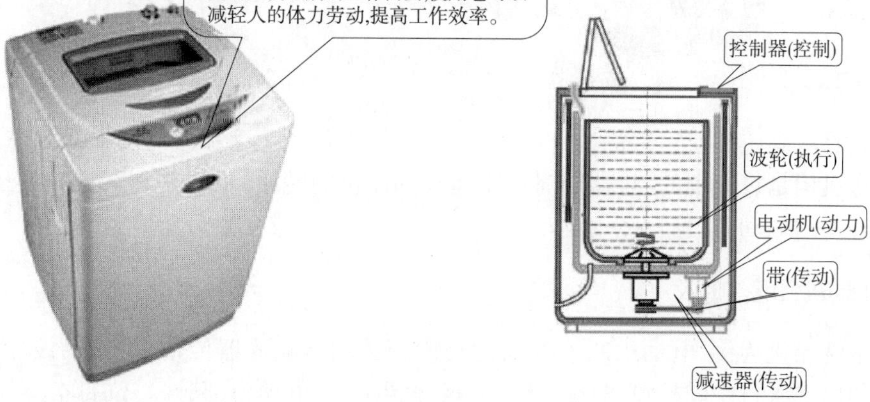

图 0-5　家用洗衣机

一、机器与机构

机器是执行机械运用的装置,用来变换或传递能量、物料与信息。机器就是人为实体(构件)的组合,各部分之间具有确定的相对运动,并能代替或减轻人类的体力劳动,完成有用的机械功或实现能量转换。按工作的类型,机器分为三种,见表0-1。

常用机器的类别及应用举例　　表0-1

类　别	作　　用	实　　例
动力机械	用于变换能量的机器	内燃机、电动机(图0-6)等
工作机械	用于完成有用机械功或搬运物料	起重机、高速铁路车辆(图0-7)、机床
信息机器	用于实现信息变换	计算机、传真机(图0-8)

图0-6　电动机

图0-7　高速铁路车辆

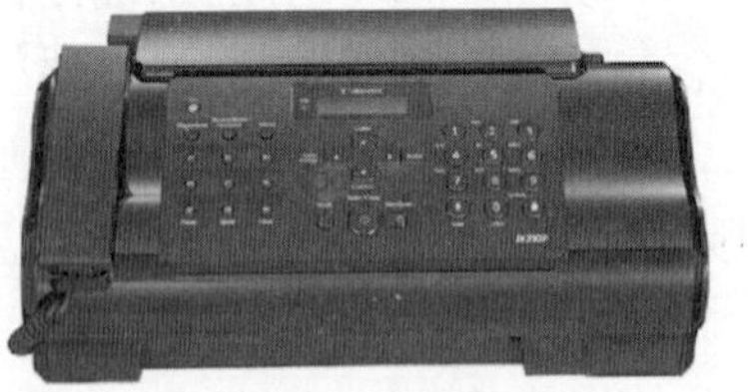
图0-8　传真机

图0-9所示为汽油机中的凸轮机构、曲柄滑块机构(图0-10)、带传动机构、齿轮机构等。

图0-9　汽油机的组成

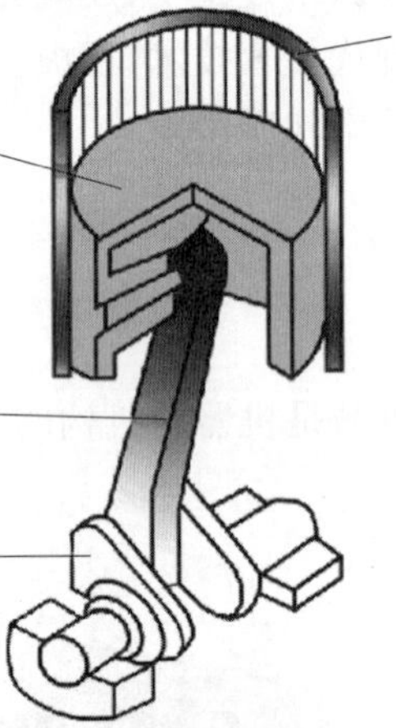

图0-10　曲柄滑块机构

机构是具有确定相对运动的构件的组合,它是用来传递运动和力的构件系统。

机器与机构是有区别的,机器同时产生运动和能量的转换,目的是利用或转换机械能以代替或减轻人的劳动;机构只产生运动的转换,目的是传递或变换运动。

二、机器的组成

以家用洗衣机为例,电动机产生的动力经皮带传动和减速器传动后,带动波轮旋转,整个洗衣过程由洗衣机中的控制器来控制。一般机器主要由动力部分、传动部分、执行部分、控制部分组成。各组成部分的作用和应用举例,见表0-2。

机器各组成部分的作用和应用举例 表 0-2

组成部分	作　　用	应 用 举 例
动力部分	把其他形式的能量转换为机械能,以驱动机器各部件运动等	电动机、内燃机、空气压缩机
传动部分	将原动机的运动和动力传递给执行部分的中间环节	城市轨道交通车辆中的带传动、螺旋传动、齿轮传动等,机器中常有的传动有机械传动、液压传动、气压传动等
执行部分	直接完成机器工作任务的部分,处于整个传动装置的终端,其结构形式取决于机器的用途	如金属切削机床的主轴、托板,城市轨道交通车辆中的车体、车门
控制部分	包括自动检测部分和自动控制部分,其作用是显示和反映机器的运行位置和状态,控制机器正常运行和工作	数控机床、轨道车辆中的控制装置

动力部分、传动部分、执行部分和控制部分之间的关系如下:

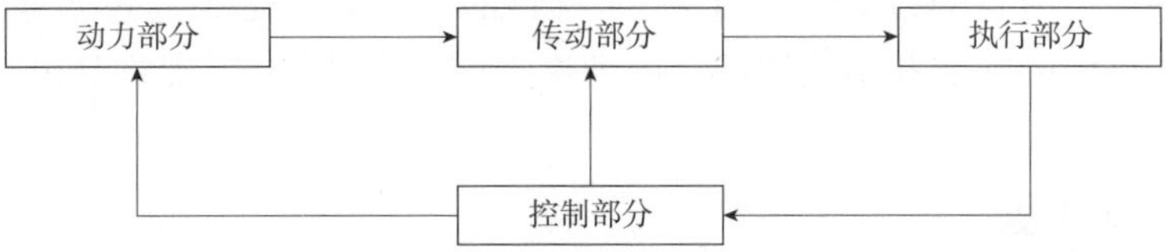

三、构件与零件

1. 概念

构件是机构运动的最小单元体,也就是相互之间能做相对运动的物体,如图 0-11 所示。

零件是机器的最小制造单元,如连杆由螺栓、螺母、轴瓦、连杆头、连杆体等组成,如图 0-12 所示。

图 0-11　曲柄滑块机构中的连杆

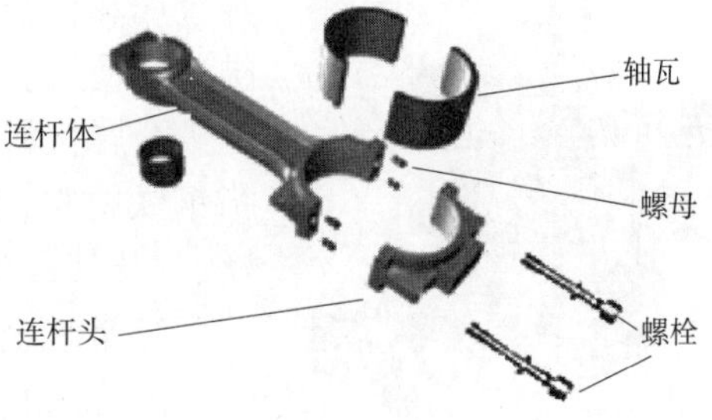

图 0-12　组成连杆的各零件

综上所述,机械是机器与机构的总称,最简单的机器由一个机构组成;机构由构件组成,构件由零件组成。一台机器由许多的零件组合而成,零件是机器的基本组成单元,也是制造单元;在拆装机器时,零件也是不能再拆分的最小单元。

零件→构件→机构→机器

机械（机构→机器）

2. 构件的基本要求

各种机械和工程结构都由若干个构件组成,这些构件在工作时都要承受力的作用。为了保证构件在使用寿命内和规定工作条件下能正常工作,构件必须满足以下要求。

1)有足够的强度

保证构件在外力作用下不发生破坏,是构件能正常工作的前提条件。构件的强度就是构件在外力作用下抵抗破坏的能力。

2)有足够的刚度

构件在外力的作用下产生的变形不能影响其正常工作,应在允许的限度内。构件的刚度就是构件在外力作用下抵抗变形的能力。

3)有足够的稳定性

某些细长杆件(或薄壁容器)在轴向压力达到一定的数值时,会突然变弯,或由此折断,失去正常工作。稳定性就是指构件保持原有状态的平衡能力。

保证构件有足够的强度、刚度、稳定性的前提下,构件能够承受的最大载荷称为构件的承载能力。这些都与材料的力学性能有关,而材料的力学性能必须通过实验来测定。而且有些实际机械工程中的问题并不能用已有的理论来解决,还需要用实验解决,或者还有待于研究新的理论。

四、机械零件的材料

机器是由各种零件构成的系统,因此零件的材料、结构以及加工精度将影响机器的性能,以轨道交通车辆为例,车辆上不同零部件采用不同材料加工制造而成,其中 80% 为金属材料,其余为非金属材料,从车辆的设计、制造到车辆的维护都涉及材料,认识机器的常用材料很有必要。

1. 认识常用金属材料

1)金属材料

金属材料:同一金属元素或以金属元素为主要组成的并具有金属特性的工程材料,包括纯金属和合金。由于纯金属的强度、硬度都较低,所以合金已被广泛使用。

图 0-13　一级减速器零件拆分图

金属材料分为两大类:黑色金属和有色金属。黑色金属是指钢铁材料;有色金属是指钢铁材料以外的金属材料,如铝、镁、铜及其合金。

2)常见金属机械零件的材料与属性

齿轮减速器(图 0-13)上主要零件的材料,见表 0-3。有关金属材料的详细内容将在单元 3 中讨论。

2. 认识常用非金属材料

机器上常用的非金属材料有橡胶、工程塑料、工程陶瓷和润滑材料。

1)橡胶

橡胶是一种具有高弹性的有机高分子材料,应用很广。它有一定的强度,具有优异的抗疲劳性以及良好的耐磨、密封、绝缘、隔声、缓冲、防腐、减振等性能。橡胶同步带,见图 0-14;橡胶密封圈,见图 0-15;轨道交通车辆连接装置中的橡胶缓冲装置,见图 0-16。

齿轮减速器上主要零件的材料 表 0-3

零件名称	材料种类	使用性能要求	材料属性
壳体	HT200、HT250	散热好、防腐能力强且精度高	黑色金属
轴	45钢、40Cr钢	受力复杂,具备足够刚度、强度等良好的综合力学性能的材料,锻造成型并经过严格切削加工和热处理制成	黑色金属
小齿轮	40Cr	高硬度、高精度的钢材或进行热处理加工,具有良好的铸造性能或切割性能	黑色金属
大齿轮	45钢	高硬度、高精度的钢材或进行热处理加工,具有良好的铸造性能或切割性能	黑色金属
键	45钢	抗挤压、抗剪切、抗冲击等良好的力学性能	黑色金属
螺栓	Q235	抗拉强度高、耐腐蚀	黑色金属
垫片	黄铜、尼龙	耐高温、耐高压、耐腐蚀、耐磨损	有色金属
滚动轴承	GCr15、GCr15SiMn	耐磨性能和接触疲劳性能,有较理想的加工性能,具备一定的弹性和韧性	黑色金属

图 0-14 橡胶同步带

图 0-15 橡胶密封圈

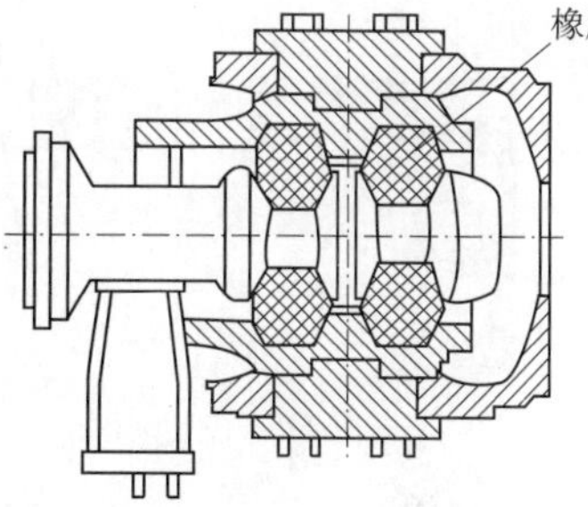

图 0-16 车辆橡胶缓冲装置

2)工程塑料

塑料是以合成树脂为主要成分,加入适量的添加剂,在一定的温度和压力下塑制成型的有机高分子材料。工程塑料是指可以作为结构件的塑料,如工程塑料泵(图 0-17)、工程塑料轴承(图 0-18)。

图 0-17 工程塑料泵

图 0-18 工程塑料轴承

3)工程陶瓷

工程陶瓷是以天然或人工合成的各种无机化合物为基本原料,经制料、成型和烧结而成的。它具有高硬度、高抗压强度、高耐磨性、绝缘、优良的抗氧化性和耐腐蚀等特点。如陶瓷刀具(图0-19)、陶瓷火花塞(图0-20)。

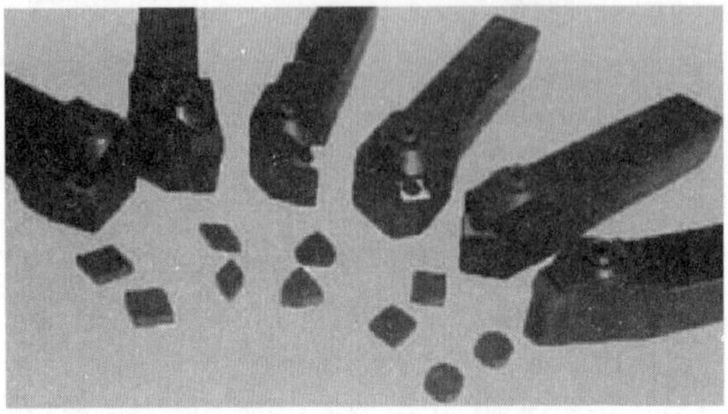

图0-19　陶瓷刀具

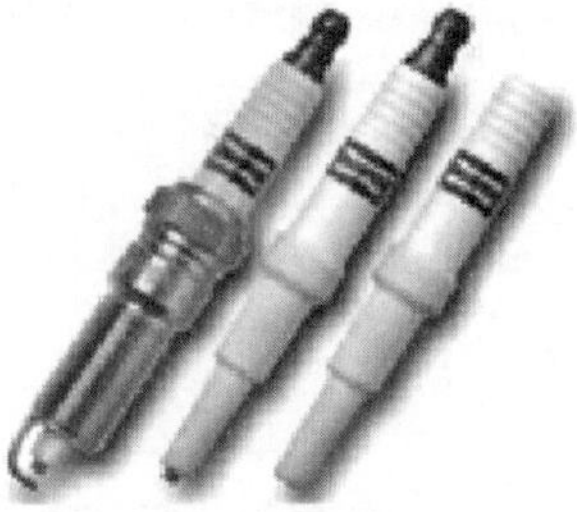

图0-20　陶瓷火花塞

4)润滑材料

润滑材料是指加到运动副之间,保证接触面不受损害,降低摩擦和提高工作效率的一种工程材料。常用的有润滑油(图0-21)和润滑脂(图0-22)。

图0-21　润滑油

图0-22　润滑脂

五、摩擦、磨损与润滑

摩擦与磨损是机器运转过程中不可避免的物理现象,如齿轮的轮齿磨损(图0-23)、齿轮轴安装轴承处的磨损(图0-24)。

图0-23　齿轮轮齿磨损

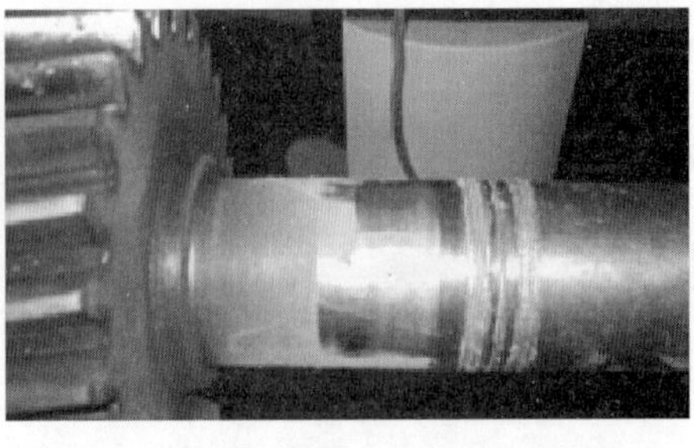

图0-24　齿轮轴安装轴承处的磨损

在实际工作中,两构件相互接触并有相互运动的过程中必然产生物质和能量的消耗,世界上 1/3 ~ 1/2 的能源消耗在摩擦上,因磨损失效的机械零件也占全部失效零件的一半以上。磨损是摩擦的结果,润滑是减少摩擦和磨损的有力措施。

1. 摩擦

摩擦是指有相对运动(或者有相对运动趋势)的两个物体,在接触面上阻碍相对运动的现象。相互摩擦的两个物体构成一个摩擦副。根据摩擦副的运动形式,把摩擦分为滑动摩擦和滚动摩擦;根据摩擦副的摩擦状态,把摩擦可分为干摩擦、边界摩擦、流体摩擦和混合摩擦,如图 0-25 所示。

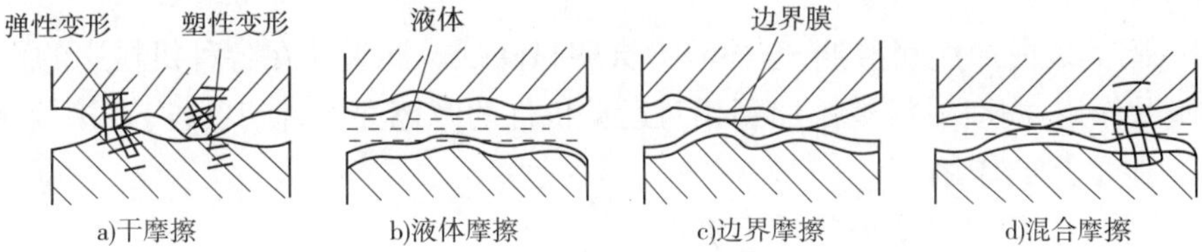

图 0-25　摩擦的四种状态

1)干摩擦

两物体的滑动表面无任何润滑剂或保护膜的摩擦,如盘式制动器的制动过程。

2)流体摩擦

两物体表面不直接接触,被润滑膜隔开,如液体动力轴承、磁悬浮列车。

3)边界摩擦

两摩擦表面被吸附在表面的边界膜隔开,如减速器齿轮转动过程的齿间摩擦。

4)混合摩擦

处于干摩擦、液体摩擦与边界摩擦的混合状态,如滑动轴承起动过程中的摩擦。

2. 磨损

运动副之间的摩擦将导致零件表面材料的逐渐损失,这种现象称为磨损。磨损会降低机器的工作可靠性,影响机器的精度,最终导致机器报废。

1)磨损过程

磨损过程大致可分为以下三个阶段,磨损曲线如图 0-26 所示。

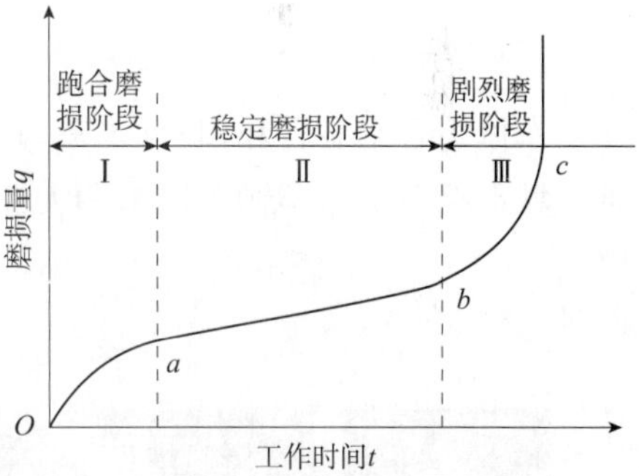

图 0 26　磨损曲线

(1)跑合(磨合)磨损阶段。机件运转初期,摩擦副的接触面较小,单位面积实际载荷较大,磨损速度较快。

(2)稳定磨损阶段。该阶段由于摩擦副的有效面积增大,单位面积实际载荷较小,磨损平稳而缓慢。

(3)剧烈磨损阶段。该阶段运动副的间隙不断增大,磨损加剧,直至零件或机器失效。

2)磨损类型

按照磨损的机理以及零件表面磨损状态的不同,把磨损分为:

(1)磨粒磨损。由于摩擦表面上硬质突出物或外部进入摩擦表面的硬质颗粒,对摩擦表面起到切削或刮擦作用,从而引起表层材料脱落的现象,称为磨粒磨损。

(2)黏着磨损。摩擦表面的微凸体在相互作用的各点发生黏着作用,使材料由一表面转移到另一表面的磨损。

(3)疲劳磨损。摩擦表面受循环接触应力作用到达一定程度时,就会在零件工作表面形成疲劳裂纹,随着裂纹的扩展与相互连接,会造成许多微粒从零件表面上脱落下来,致使工作表面出现许多浅坑。

(4)腐蚀磨损。在摩擦过程中,金属与周围介质发生化学反应而引起的磨损。

3. 润滑

在摩擦副的表面加注润滑油,摩擦阻力会明显降低。润滑油在各种机械中的作用如下:

(1)润滑作用:润滑材料被添加到相对运动机件的摩擦面上,使其脱离直接接触,达到降低摩擦和减少磨损的作用。

(2)冷却作用:随时将摩擦热排出机件外。

(3)洗涤作用:润滑材料在流动过程中,将摩擦面污物清洗排除。

(4)防腐蚀作用:保护摩擦表面不受侵蚀。

另外,润滑材料还有密封、减振等作用。详细内容将在单元8中介绍。

单元0.3 认识轨道交通车辆中的机械

城市轨道交通车辆由机械部分、电器部分和空气管路三大部分组成。机械部分由车体、车门、连接装置、转向架和制动装置组成。

一、车体

车体是容纳旅客和司机(有驾驶室的车辆)的部分,是安装与连接其他设备和部件的基础。城市轨道交通车辆车体采用大断面铝型材或不锈钢材全焊接结构,一般均设有底架、侧墙(车窗、车门)、端墙、车顶等,如图0-27所示。车体分为有驾驶室车体和无驾驶室车体两种。

a)

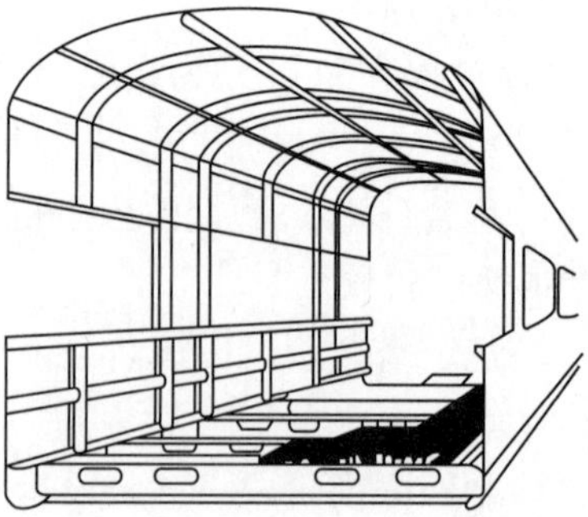

b)

图0-27 车体

客室内装包括地板、预制成型的顶板、侧墙板、端墙板、侧顶盖板、车窗、空调系统、进排风口等，客室一般安装有乘客座椅、照明灯、立柱扶手、灭火器、乘客信息显示器和图像显示屏、广播喇叭、乘客与司机对讲装置、紧急开门装置及车门状态指示灯、安全监控摄像头、电气控制柜等。

二、车门

车门包括客室车门（图 0-28）、驾驶室侧门、客室与驾驶室通道门、驾驶室前端疏散门（图 0-29）。目前，客室车门主要有内藏门、外挂门、塞拉门三种结构形式。客室门关系到乘客的安全，要求在运行中必须可靠锁闭，在设计上通过监测装置将车门状态与列车牵引指令电路联锁。同时，为了应对故障或紧急情况，每个车门都配置了可现场操作的切除装置和紧急开门装置。

图 0-28　客室车门

图 0-29　驾驶室前端疏散门

三、车体连接装置

车体连接装置包括车钩缓冲装置和贯通道装置。车钩缓冲装置（图 0-30）装在底架牵引梁上，是车辆的一个安全部件。其作用是：将车辆与车辆之间互相连接、传递牵引力、缓和冲击力。贯通道装置（图 0-31）实现两节车体客室之间的柔性连接，是车辆通过曲线轨道的关键部位，使乘客可在车厢之间走动，从而使乘客均匀分布。

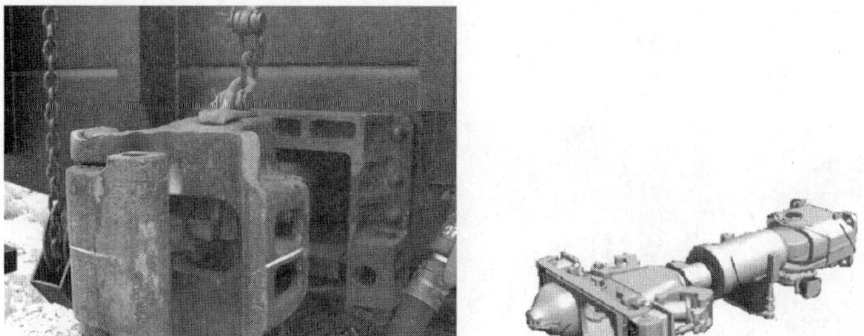

a)　　b)

图 0-30　车钩缓冲装置

图 0-31　车辆贯通装置

四、转向架

转向架是能相对车体回转的一种走行装置。转向架又分为动力转向架和非动力转向架两种。用来牵引和引导车辆沿着轨道行驶并承受和传递来自车体及轨道的各种载荷,缓和其动力作用,它是保证车辆运行品质的关键部件。转向架(图0-32)一般由构架(图0-33)、轮对轴箱装置(图0-34)、二系悬架装置(图0-35)、基础制动装置等组成。动力转向架还装有驱动装置(图0-36)。

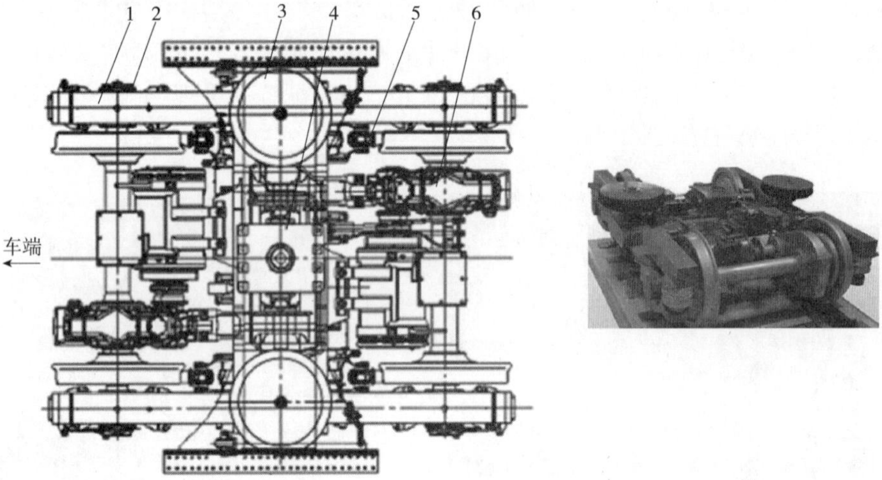

a)　　b)

图0-32　转向架

1-构架组成;2-轮对轴箱装置;3-二系悬架装置;4-中央牵引装置;5-基础制动装置;6-驱动装置

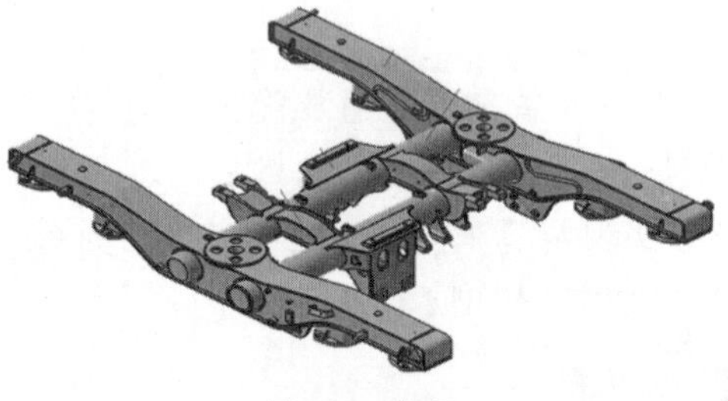

图0-33　构架

a)　　b)　　c)

图0-34　轮对、轴箱装置

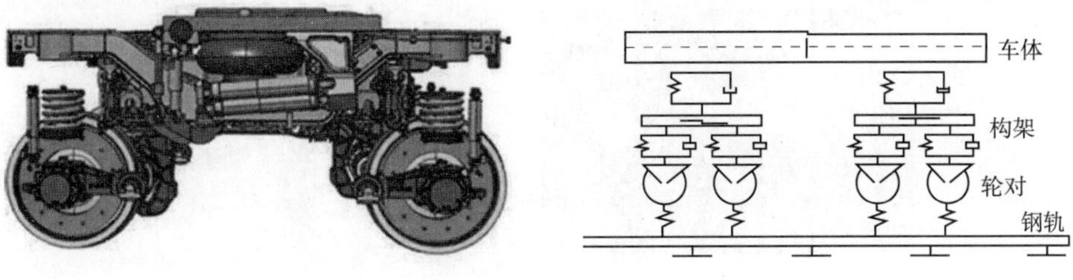

a)　　　　b)

图 0-35　二系悬架装置

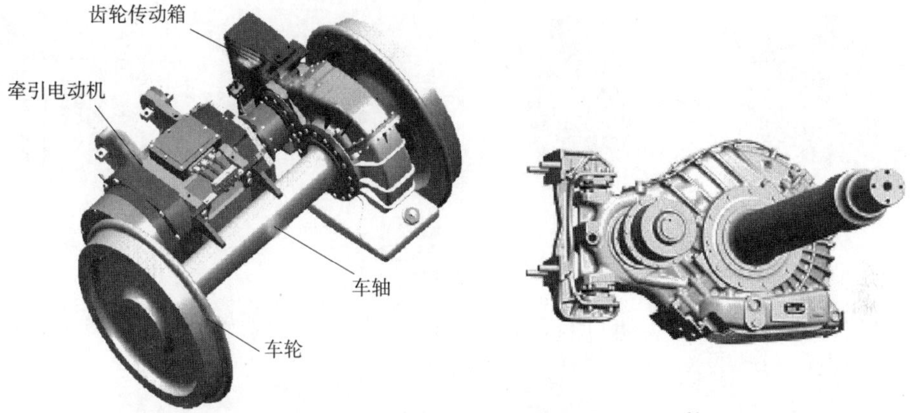

a)　　　　b)

图 0-36　驱动装置与齿轮传动箱

五、制动装置

车辆制动的主要作用是用以产生制动力，保证运行中的列车按需要减速或在规定的距离内安全停车，以及防止静止的车辆溜走，保证行车安全。城市轨道交通车辆制动系统拖车上只安装气压制动装置，常用的气压制动的供气设备有活塞式空气压缩机、螺杆式空气压缩机，如图 0-37 所示。常见的气压制动的基础制动装置有闸瓦制动装置、盘形制动装置，如图 0-38、图 0-39 所示。

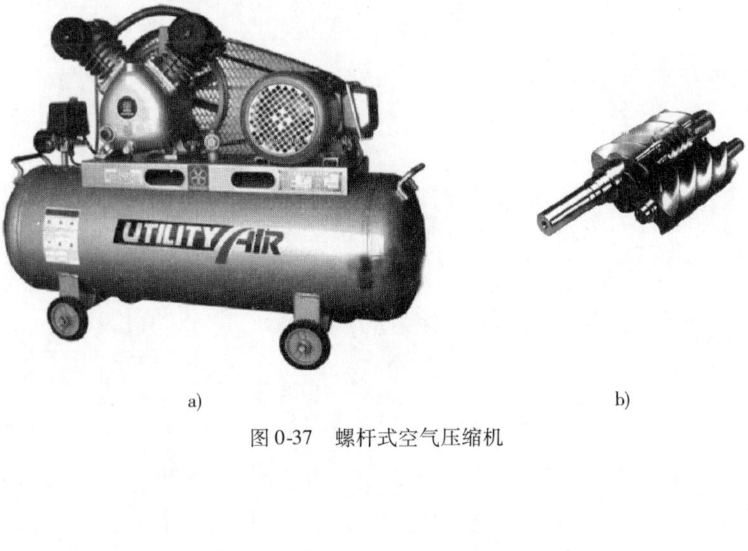

a)　　　　b)

图 0-37　螺杆式空气压缩机

a) b)

图 0-38 闸瓦制动装置

a) b) c) d)

图 0-39 盘形制动装置

动车除安装有气压制动装置外，还有再生制动、电阻制动装置，此外有的车辆还装有磁轨制动装置、液压制动装置等，如图 0-40 所示。

图 0-40 液压制动夹钳

复习思考题

问答题

1. 列举出生活中的一些机器，并按用途进行分类。
2. 一般机器由哪几部分组成？请说出城市轨道交通车辆的各大组成部分。
3. 机械零件常用的材料有哪些？
4. 说出城市轨道交通车辆中的几种常用机械装置。

单元1　杆件的静力分析

知识目标

1. 理解力的概念与基本性质；
2. 了解力矩、力偶、力向平面内点的平移；
3. 了解约束、约束力，掌握力系的概念。

能力目标

1. 会对物体进行受力分析；
2. 能作杆件的受力图。

单元1.1　力的概念与基本性质

一、力的概念

1. 力的定义

力是物体间相互的机械作用，其作用结果使物体的形状和运动状态发生改变。改变物体运动状态的效应又称为力的外效应（图1-1），引起物体变形的效应又称为内效应（图1-2）。

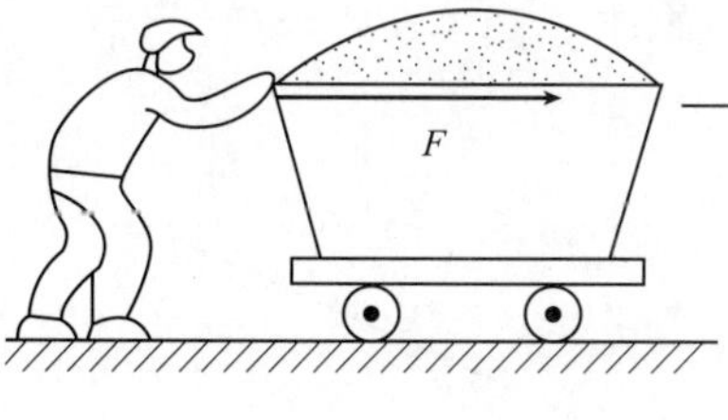

图1-1　人推小车

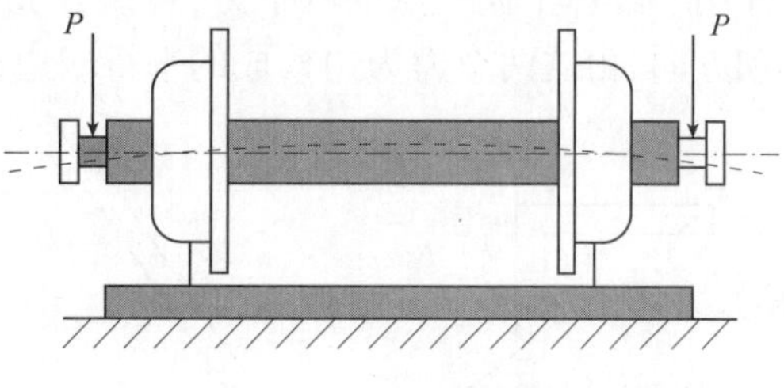

图1-2　车辆轮轴的变形

在工程实际中，力作用于物体时，总会引起物体的变形，在正常情况下变形都很小。在研究物体的外效应时，常常忽略物体的变形而认为是刚体，这样可以使问题研究简单化。刚体就是受力后其几何形状和尺寸保持不变的物体。平衡是指物体相对于惯性参考系保持静止或做匀速直线运动的状态。

2. 力的三要素

力对物体的作用效果取决于力的大小、方向、作用点,这三个因素称为力的三要素。

(1)力的大小。这是物体相互作用的强弱程度。在国际单位制中,力的单位为牛顿(N)或千牛顿(kN)。使质量为1kg的物体产生$1m/s^2$加速度所需的力为1N。

(2)力的方向。包含力的方位和指向两方面的含义。

(3)力的作用点。这是指物体上承受力的部位。

力的作用位置实际上有一定的范围,当作用范围与物体相比很小时,可以近似地看作是一个点。

3. 力的图示方法

力是一个既有大小又有方向的矢量。如图1-3所示,力用一条带有箭头的线段来表示,线段的起点或终点表示力的作用点;线段长度(按一定的比例)代表力的大小;线段所在的作用线位置表示力的方位,箭头的指向表示力的方向。

二、力的基本性质

公理1　二力平衡公理

作用在同一刚体上的两个力,使刚体处于平衡的必要和充分条件是:这两个力大小相等,方向相反,且在同一直线上,如图1-4所示。

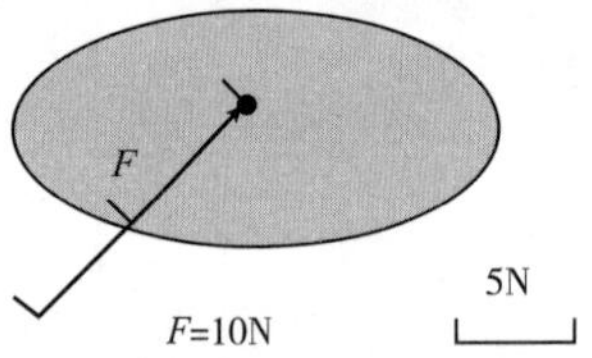

图1-3　力的图示

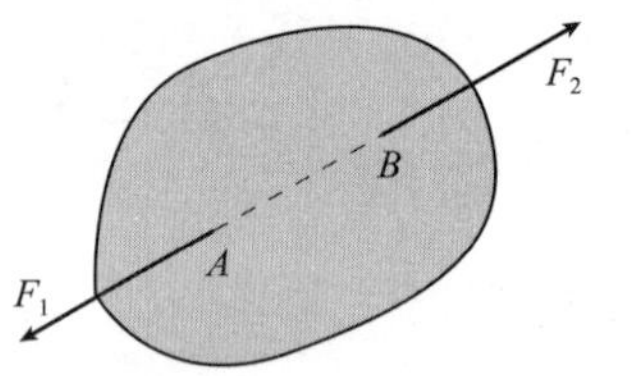

图1-4　二力平衡

$$F_1 = -F_2$$

只受两个力作用而平衡的构件,叫二力构件,如图1-5所示。

公理2　力的平行四边形法则

作用于物体上同一点的两个力,可以合成为一个合力,合力的作用点也在该点,合力的大小和方向,由这两个力为边构成的平行四边形的对角线确定,如图1-6所示。

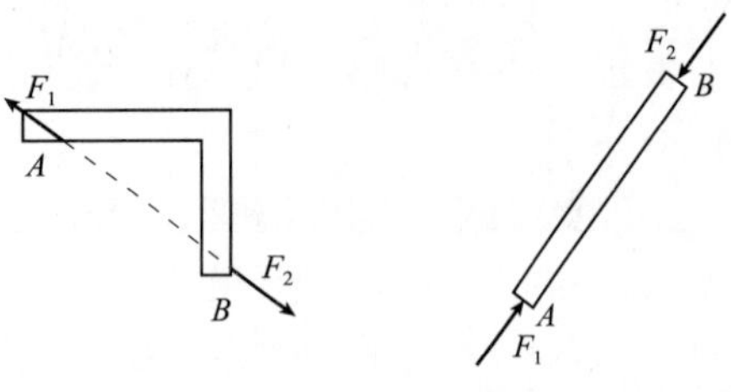

图1-5　二力构件

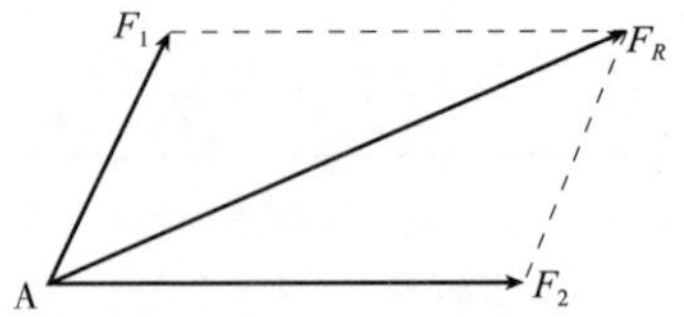

图1-6　力的平行四边形法则

以F_R表示力F_1和力F_2的合力,则可以表示为:

$$F_R = F_1 + F_2$$

即作用于物体上同一点两个力的合力等于这两个力的矢量和。

公理3　加减平衡力系公理

在作用于刚体上的已知力系上，加上或去掉任意个平衡力系，不改变原力系对刚体的作用效果。

推论1　力的可传性原理

作用在刚体上某点的力，可以沿着它的作用线移动到刚体内任意一点，而不改变该力对刚体的作用，如图1-7所示。

推理2　三力平衡汇交定理

作用于刚体上三个相互平衡的力，若其中两个力的作用线汇交于一点，则此三力必在同一平面内，且第三个力的作用线通过汇交点，如图1-8所示。

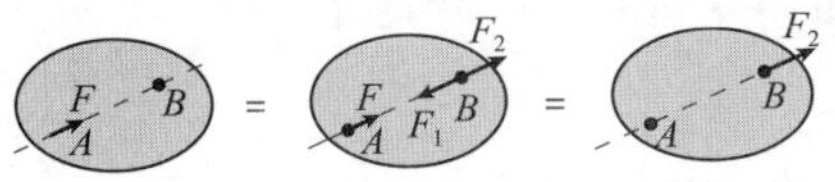

图1-7　力的可传性原理

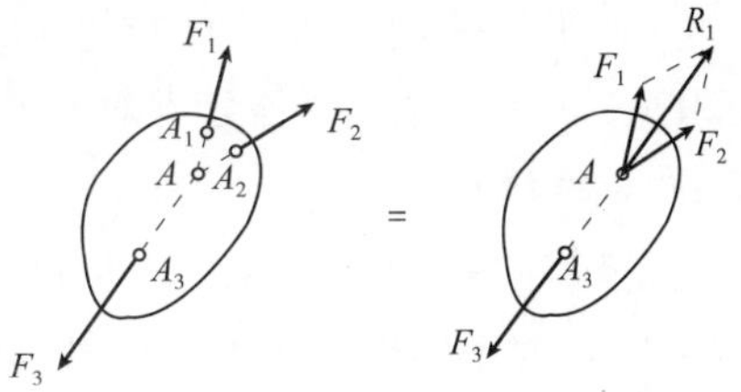

图1-8　三力平衡汇交定理

公理4　作用力与反作用力公理

两物体间的作用力与反作用力，总是大小相等、方向相反，沿同一直线并分别作用于两个物体上。

作用力与反作用力分别作用于两个不同物体上，总是同时出现，一般用同一字母来表示作用力与反作用力，如 F 表示作用力，F'表示反作用力，如图1-9所示。

例：吊灯的受力分析（图1-10）。

图1-9　作用力与反作用力

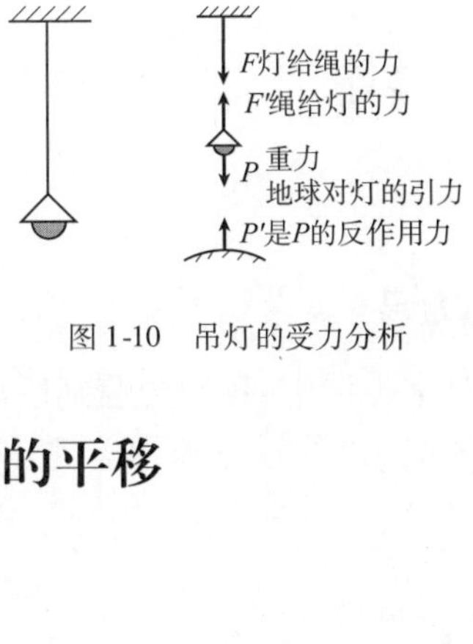

图1-10　吊灯的受力分析

单元1.2　力矩、力偶、力的平移

一、力矩

1. 力矩与合力矩

为了描述力对物体的转动效应，引入力对点之矩的概念。

力对刚体绕某一固定点的转动效应，不仅与力的大小、方向有关，而且与固定点到该力的作用线的距离有关。固定点叫作矩心，该作用力到矩心的距离称为力臂，如图1-11所示。那么，力的大小与力臂长度的乘积，称为力矩。即：

$$M_o(F) = \pm F \cdot d$$

式中：$M_o(F)$——力 F 对 O 点之矩，N·m；

F——作用力，N 或 kN；

d——力臂，m 或 mm。

力矩值的正负代表了物体的转动方向，通常规定：作用力使物体绕矩心沿逆时针方向转动，力矩为正；反之，为负。

合力矩定理：平面汇交力系的合力对于平面内任意一点之矩，等于所有各力对于该点之矩的代数和。即：

$$M_o(F_R) = M_o(F_1) + M_o(F_2) + \cdots + M_o(F_n) = \sum M_o(F_i)$$

$$M_o = M_{o1} + M_{o2} + \cdots + M_{on} = \sum M_{oi} = \sum M_o$$

式中：$M_o(F_R)$——合力 F_R 对 O 点之矩，N·m；

$\sum M_o(F_i)$——力系中各分力对 O 点之矩的代数和，N·m。

2. 力矩的计算

【例 1-1】 如图 1-12 所示，$F_1 = 50\text{kN}$，$F_2 = 100\text{kN}$，$AB = 6\text{m}$。试分别求 F_1、F_2 对 A 点的矩。

解：力 F_1 使杆 AB 绕 A 点逆时针转动：

$$M_A(F_1) = F_1 \times AB = 50\text{kN} \times 6\text{m} = 300\text{kN}\cdot\text{m}$$

力 F_2 将使 AB 杆绕 A 点顺时针转动：

$$M_A(F_2) = F_2 \times AC = -100\text{kN} \times 3\text{m} = -300\text{kN}\cdot\text{m}$$

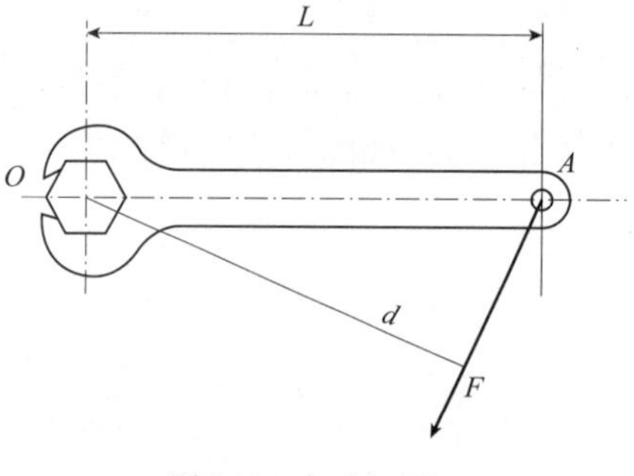

图 1-11 力对点之矩

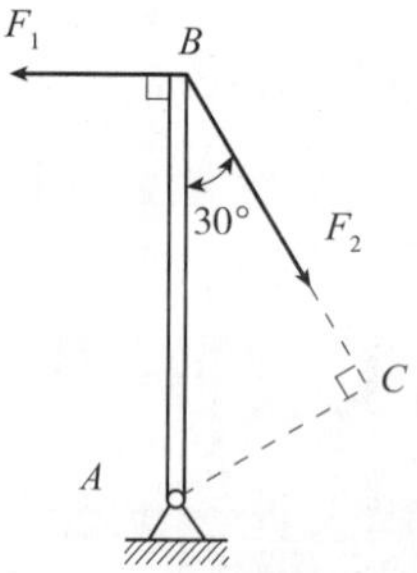

图 1-12 力矩的计算

二、力偶

在日常生活中，我们会遇到用扳手拧螺母、用手转动汽车转向盘、用手开水龙头、用钥匙开锁等情况，如图 1-13 所示。

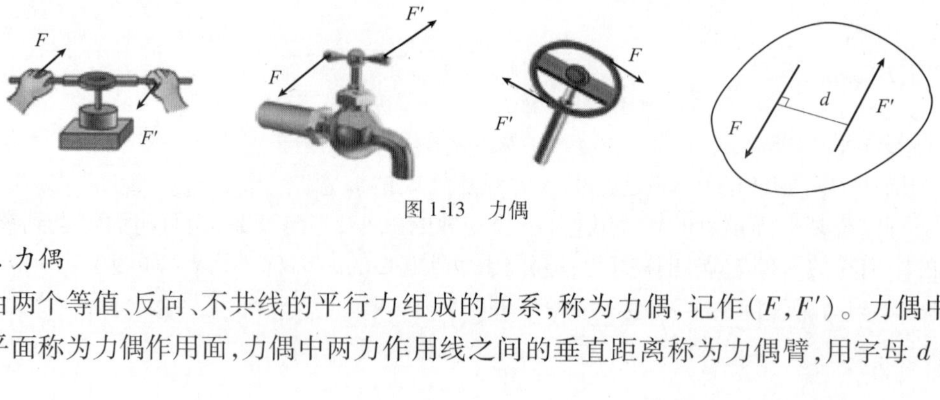

图 1-13 力偶

1. 力偶

由两个等值、反向、不共线的平行力组成的力系，称为力偶，记作 (F, F')。力偶中两力所在平面称为力偶作用面，力偶中两力作用线之间的垂直距离称为力偶臂，用字母 d 表示。

由以上例子可知,力偶对物体产生转动效果。

2. 力偶矩

力偶由两个力组成,它的作用是改变刚体的转动状态。因此,力偶对刚体的转动效果,可以用力偶的两个力对其作用面内任一点的矩的代数和来度量,即力偶矩。在同一平面中,两个力中任一个力与两个力之间的距离(力偶臂)的乘积称为力偶矩,单位:牛顿·米(N·m)。一般记为 $M_o(F,F')$,简单记为 M。

$$M_o(F,F') = \pm F \cdot d \quad 或 \quad M = \pm F \cdot d$$

式中:$M_o(F,F')$ 或 M——力偶矩,N·m。

对于力偶矩的正负,通常规定,在同一平面内,逆时针方向转动的力偶矩为正,顺时针方向转动的力偶矩为负。

3. 力偶的性质

力偶是两个特殊的有关联的力组成的,因此具有与单个力所不同的性质。

性质一:力偶无合力,力偶的两个力在任何坐标轴上的投影代数和为零,即力偶不能与力等效,因此力偶也不能与力平衡。

性质二:力偶的两个力对其作用面内任一点的矩的代数和恒等于力偶矩,而与矩心位置无关,如图1-14所示。

$$M_o(F) + M_o(F') = F(x+d) - F'x = Fd = M$$

由于矩心 O 是任取的,因此,力偶矩与矩心的位置无关。

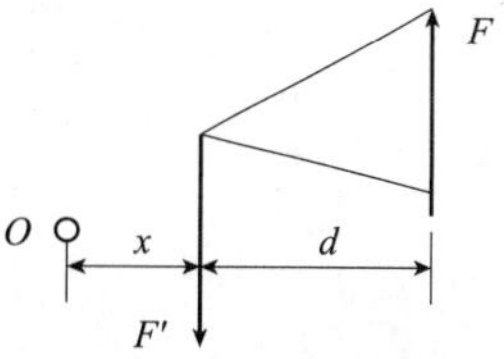

图1-14　力偶与矩心

性质三:平面力偶等效定理,作用于刚体同一平面内两个力偶等效的充分且必要条件为其力偶矩相等。

三、力的平移

力的平移定理:作用在刚体上 A 点的力 F,可以平移到其上任一点 O,但必须同时附加一力偶,其力偶矩等于力 F 对该点之矩,即:$M = M_O(F)$,如图1-15所示。

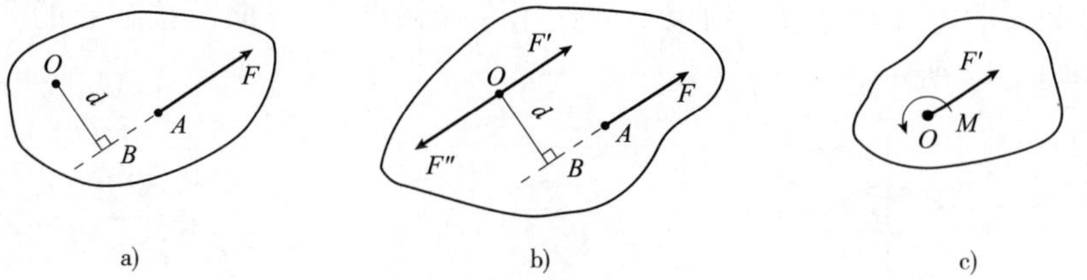

图1-15　力的平移定理

单元1.3　物体受力分析

一、约束、约束力

1. 概念

(1)自由体:可以在空间做任意运动的物体,如飞机、火箭等。

(2)非自由体:受到其他物体的限制,沿着某些方向不能运动的物体,如悬挂的重物。

(3)约束:对非自由体的某些位移起限制作用的周围物体称为约束。

(4)约束反力:约束对非自由体施加的反作用力——约束反力。

约束反力的方向总是与约束所能阻碍的物体的运动或运动趋势的方向相反,它的作用点就在约束与被约束的物体的接触点,大小可以通过计算求得。

2. 约束的类型

1)柔性体约束

由柔软而不计自重的绳索、链条、传动带等形成的约束称为柔体约束,如图 1-16 所示。绳索类只能受拉力,所以它们的约束反力是作用在接触点,方向沿绳索背离物体。

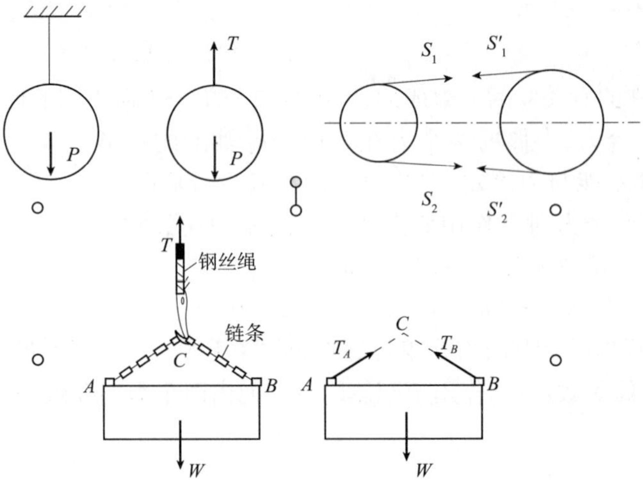

图 1-16　柔软的绳索、链条或传动带构成的约束

2)具有光滑接触表面的约束

两个相互接触的物体,如果接触面上的摩擦力很小而略去不计,那么由这种接触面所构成的约束,称为光滑接触面约束。约束反力作用在接触点处,方向沿接触点的公法线,指向受力物体,如图 1-17 所示。

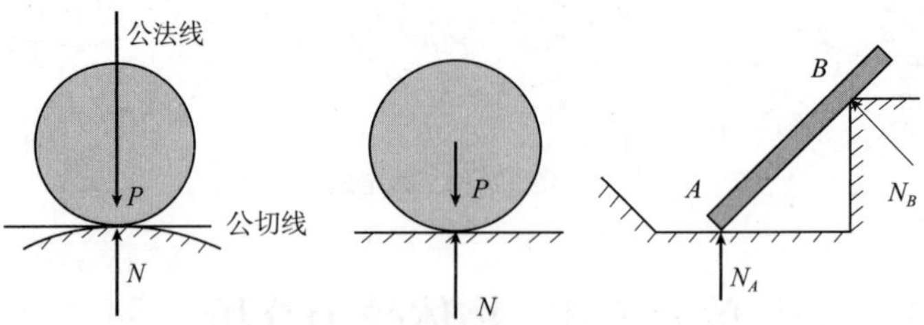

图 1-17　光滑接触面的约束

齿轮传动轮齿之间的作用力,如图 1-18 所示。

3)光滑圆柱铰链约束

圆柱铰链简称铰链,它由一个圆柱形销钉插入两个物体的圆孔中而构成,如图 1-19 所示。铰链约束只能限制两物体相对移动,不能限制其相对转动。铰链约束具体有三种形式。

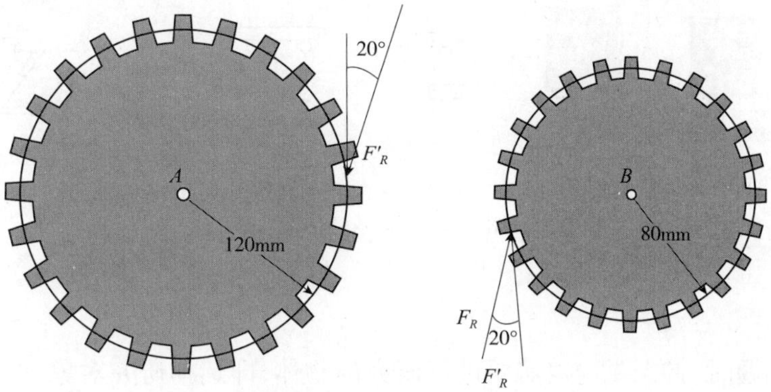

图1-18　齿轮传动轮齿之间的作用力

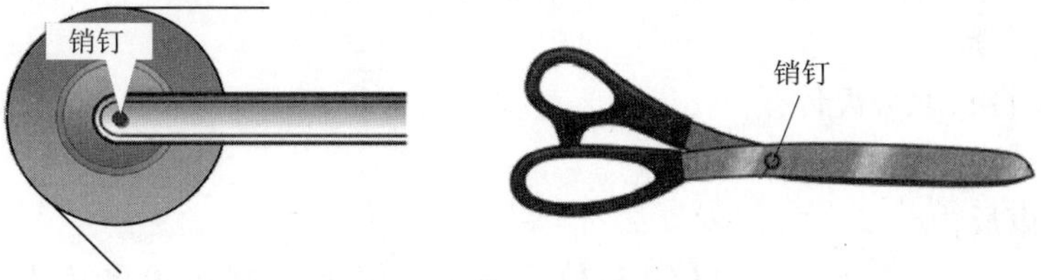

图1-19　铰链约束

(1)固定铰支座。若相连的两个构件有一个固定在机架上,则称为固定铰链支座,如图1-20所示。

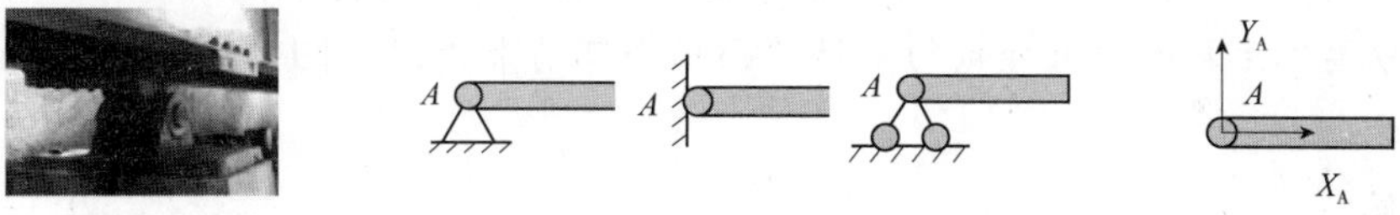

a)模型　　b)结构简图　　c)约束力

图1-20　固定铰链约束

(2)中间铰链。若相连的两个构件均无固定,则称为中间铰,如图1-21所示。

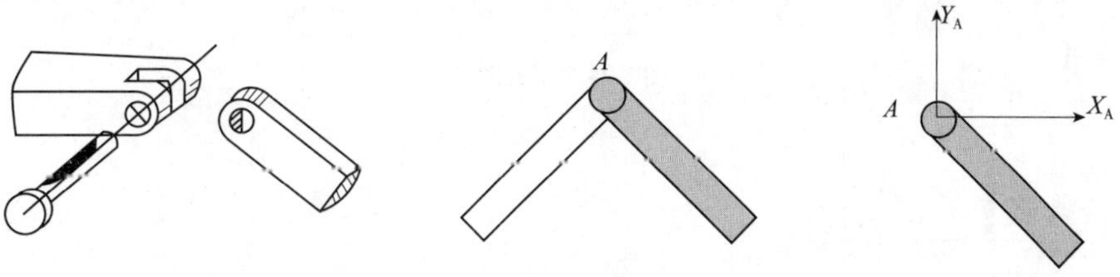

a)模型　　b)结构简图　　c)约束力

图1-21　中间约束

(3)活动铰链支座。若在固定铰支座的下面有辊轴,支座可以沿支承面移动,称为活动铰链支座,如图1-22所示。

活动铰链支座只限制物体沿垂直于支承面方向的运动,不能限制物体沿支承面的运动和绕销钉的转动。

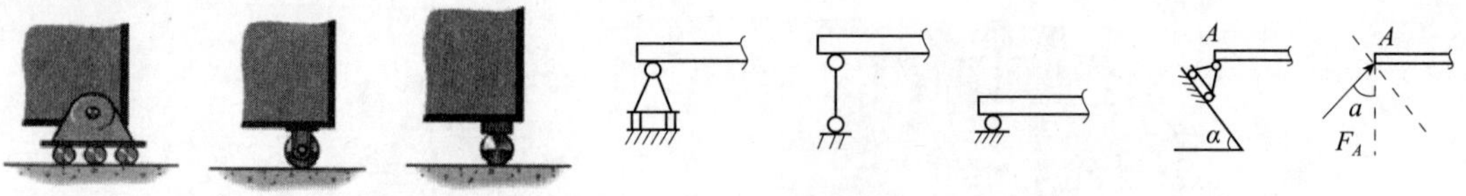

a)模型　　b)结构简图　　c)约束力

图 1-22　活动铰链支座

二、受力图

解决力学问题时，首先要选定需要进行研究的物体，即选择研究对象；然后根据已知条件、约束类型并结合基本概念和公理分析它的受力情况，这个过程称为物体的受力分析。

受力图是画出分离体上所受的全部力，即主动力与约束力。

画受力图的步骤：

(1)选研究对象，取分离体。

(2)画上主动力。

(3)画出约束反力。

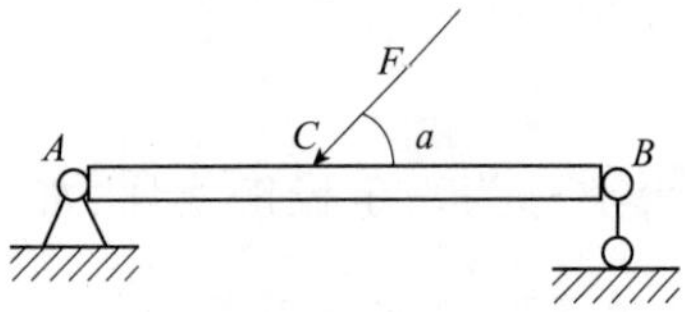

图 1-23　简支梁结构图

【例 1-2】　简支梁两端分别为固定铰支座和可动铰支座，在 C 处作用一集中荷载 F(图 1-23)，梁重不计，试画梁 AB 的受力图。

解：(1)取研究对象；画分离体图。

(2)在分离体上画所有主动力。

(3)在分离体上解除约束处按约束性质画出全部约束力，见图 1-24。

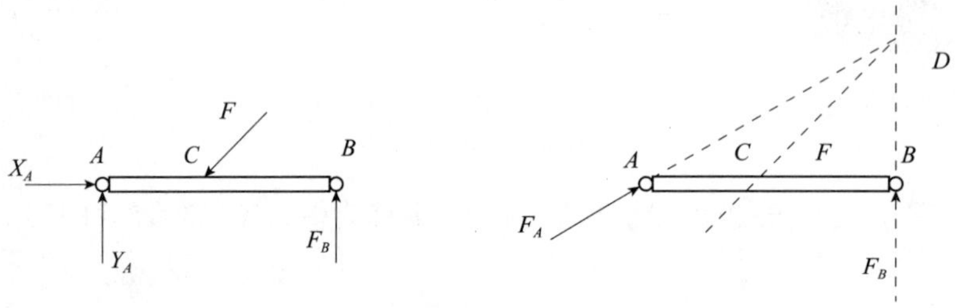

图 1-24　受力图

复习思考题

一、简答题

1. 力的三要素是什么？
2. 二力平衡条件是什么？
3. 作用力和反作用力的关系是什么？
4. 什么叫约束？常见的约束类型有哪些？
5. 三力汇交于一点，是否一定平衡？为什么？

二、填空题

1. 力是一个既有________又有________的矢量。在国际单位制中,力的单位用____(牛)或______(千牛)表示。

2. 一个物体对另一个物体有一个作用力时,另一物体对该物体必有一个反作用力。这两个力______相等、______相反、作用在______上,且分别作用在______上。

3. 作用于刚体上的力,可以沿其__________移动到该刚体上的________,而________它对刚体的作用效果。

4. 在力学上用力 F 与距离 d 的乘积及其转向来度量力 F 使物体绕 O 点转动的效应,称为力 F 对 O 点之矩,简称________,以符号 $M_o(F)$ 表示。O 为力矩中心,简称________;O 点到力 F 作用线的垂直距离 d 称为________。

5. 正负号表示两种不同的转向,规定使物体产生________旋转的力矩为正值;反之,为负值。

6. 提高转动效应的方法:一方面可以__________,更有效的办法是____________。

7. 力偶的应用实例:司机双手转动__________、____________、__________、麻花钻两__________、用两个手指拧动水龙头、开门锁等。

8. 作用于刚体上的力,可以平移到刚体上________,但必须附加________才能与原来的力等效,附加力偶的力偶矩等于原来的力对新作用点的力矩。

三、作图题

1. 如图1-25所示,画出图示中球的受力图。

2. 重量为 G 的均质杆 AD,其 A 端靠在光滑铅垂墙的顶角处,B 端放在光滑的水平面上,在点 D 处是直角尖,如图1-26所示,试画出杆 AD 的受力图。

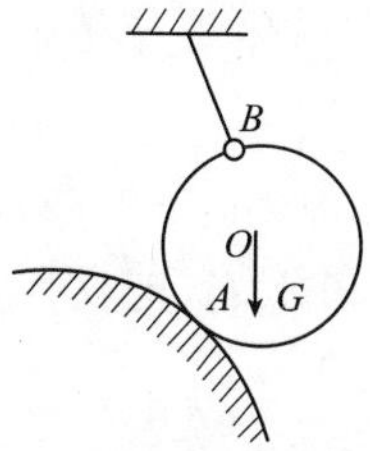

图1-25　绳子悬挂一球

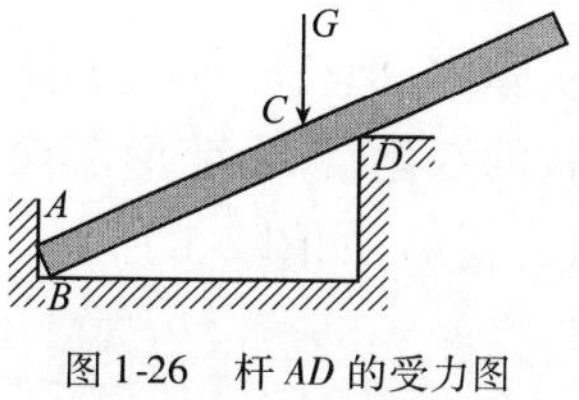

图1-26　杆 AD 的受力图

3. 如图1-27所示,简支梁 AB 在中点 C 处受到集中力 F 作用,A 端为固定铰链支座约束,B 端为活动铰链支座约束,试画出梁的受力图。

4. 如图1-28所示,试分别画出图中 AD 杆件、BC 杆件的受力图。

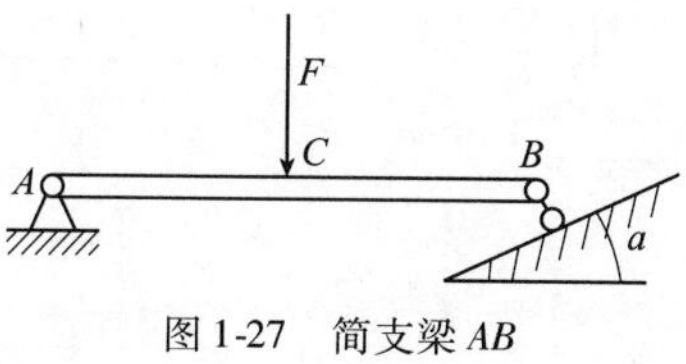

图1-27　简支梁 AB

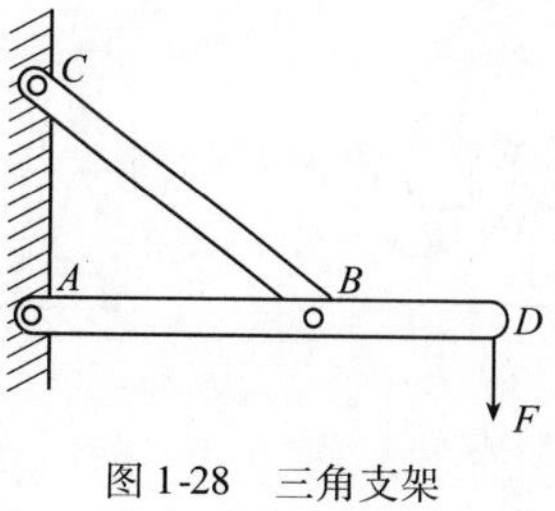

图1-28　三角支架

单元2　直杆的基本变形

知识目标

1. 理解直杆轴向拉伸与压缩的概念；
2. 了解内力、应力、变形、应变的概念；
3. 理解材料的力学性能及其应用；
4. 理解剪切与挤压时的应力；
5. 理解圆轴扭转的概念；
6. 掌握直梁弯曲的概念。

能力目标

1. 会判断直杆的基本变形；
2. 会判断连接件的受剪面与受挤面；
3. 会在万能试验机上观察：在静载荷作用下，低碳钢试件拉伸、铸铁试件拉伸和压缩时的现象，记录试验过程和结果，解释相关力学性能含义，或利用多媒体进行模拟试验。

在工程实际中，把长度远大于横截面尺寸的构件称为杆件。杆件在外载荷的作用下可能会发生形状的变化，称为变形。常见的基本变形有轴向拉伸和压缩、剪切与挤压、弯曲变形、扭转和组合变形，如图2-1所示。

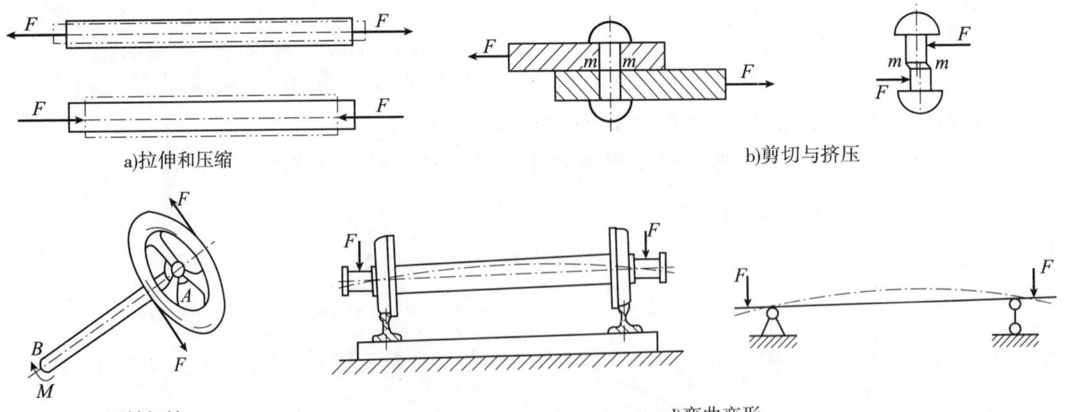

a)拉伸和压缩　b)剪切与挤压　c)圆轴扭转　d)弯曲变形

图2-1　基本变形

单元 2.1　直杆轴向拉伸与压缩

一、轴向拉伸与压缩的概念

活塞连杆受力情况，如图 2-2 所示。

1. 内力的概念

受力特点：两端受大小相等、方向相反的外力作用，外力（或其合力）的作用线与杆的轴线重合。

变形特点：杆件产生沿轴线方向的伸长或缩短，同时伴随横向尺寸的变化（减小或增大）。轴向拉伸，两端受拉力作用，杆的变形是轴向伸长、横向减小。轴向压缩，两端受压力作用，杆的变形是轴向缩短、横向增大。

受力构件内相邻两部分间的相互作用力，称为内力（图 2-3）。

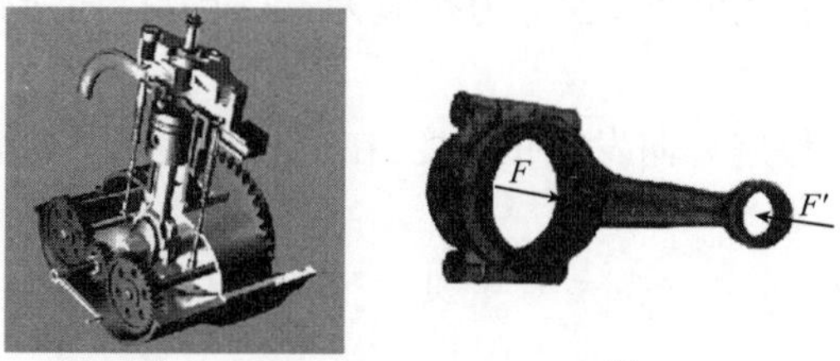

a)　　b)

图 2-2　活塞连杆的受力

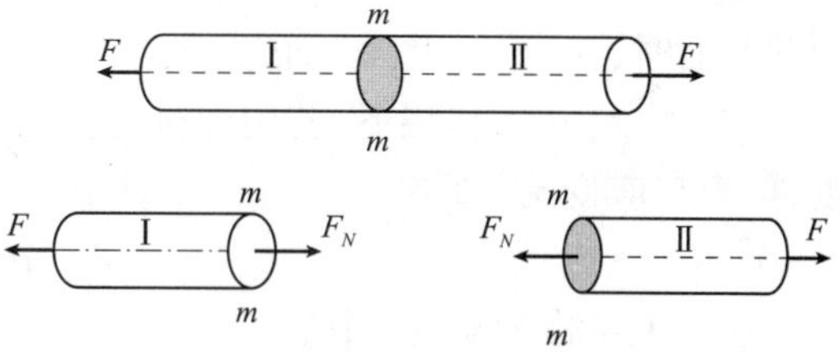

图 2-3　内力

由$\sum Fx=0$

$$F_N - F = 0$$

得到

$$F_N = F$$

那么，作用线与杆的轴线重合的内力 F_N 称为轴力，轴力的符号规定：指离截面为正，指向截面为负。

2. 轴向拉伸与压缩的应力

试问：图 2-4 中两根材料相同的杆件，哪一根容易破坏？

在工程实际中，已知截面上轴力还不能判断杆件在外力作用下是否会因强度不足而破坏，图 2-4 中两根材料相同而粗细不同的拉杆，在相同拉力 F 作用下，两杆截面上轴力 $N=F$，都相同，但当 F 增大时，细杆可能被拉断而粗杆却不会同时断裂。

这是因为拉杆横截面上的内力的分布集度不同——即应力不同。

要确定应力，必须了解内力在横截面上的分布情况。一般认为，杆件横截面上的内力是均匀分布的，如图 2-5 所示。根据均匀分布的规律，可以得到：

$$\sigma = \frac{F_N}{A}$$

式中：σ——横截面上的应力；

F_N——横截面上的内力；

A——横截面面积。

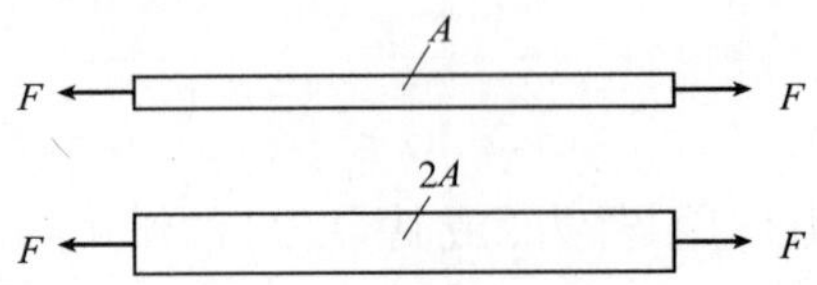

图 2-4　不同横截面积的杆

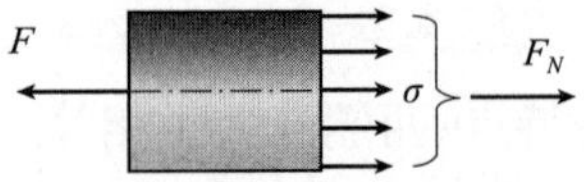

图 2-5　横截面上应力分布

应力的单位，在国际单位制中常用的单位是 Pa（N/m^2，）在工程单位制中常用的单位是 MPa（N/mm^2）。

由于分布在横截面上的内力垂直于截面，应力必然垂直于截面，这种垂直于截面的应力称为正应力。当正应力指向离开所作用的截面时，为正号，也称为拉应力；正应力指向所作用的截面时，为负号，也称为压应力。

在正应力 σ 的作用下，若构件材料沿应力的作用方向发生正应变，在应力未超过某一限度，应力与应变的关系：

$$\sigma = E\varepsilon$$

这一关系称为胡克定律。

式中：E——材料的弹性模量，GPa；

ε——材料的弹性系数。

杆件产生的变形量为：

$$\Delta l = \frac{F_N l}{EA}$$

这是胡克定律的又一表达形式。

式中：F_N——横截面上轴力；

l——杆的长度；

E——材料弹性模量；

A——横截面面积。

二、材料的力学性能

材料力学性能（机械性能）：是指材料在外力作用下，在变形和强度方面所表现出来的特性。

拉伸试验是研究材料力学性能最基本、最常用的试验。

1. 低碳钢的拉伸试验

根据国家颁布的测试规范，在做拉伸试验时，应将材料做成标准试件，使其几何形状和受力条件都能符合轴向拉伸的要求。图 2-6 表示一般金属材料拉伸试件的形状。在试验以前,要在试件中部的等截面直杆部分用与试件轴线垂直的两细线(或圆环线)标出一工作段,并称其长度为标距 l。为便于比较不同精细试件的工作段在拉断后的变形程度,通常将圆截面标准试件的标距 l 与横截面直径 d 的比例规定为:

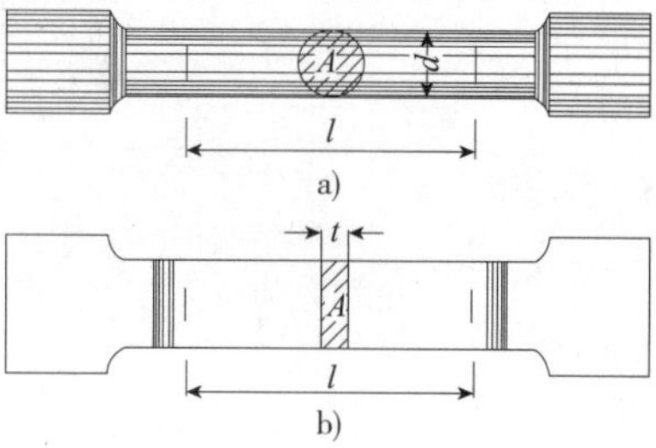

图 2-6　试件

$$l=10d \quad 或 \quad l=5d$$

做轴向拉伸试验时,首先应将试件两端牢牢地夹在试验机的上、下夹头中(图 2-7),然后再开动试验机给试件施加拉力,使其发生伸长变形,直至最后拉断。在拉伸试验过程中,拉力 P 的大小可由试验机上示力盘的指针指示出来,而试件标距 l 的总伸长量 Δl 的大小则可用变形仪表测量出来。根据观测到的这些试验数据,即可绘出整个试验过程中试件工作段的总伸长量 Δl 与所受轴向拉力 P 之间的关系曲线。习惯上,把这种曲线图称为试件的拉伸图。图 2-8 表示的即为低碳钢试件的拉伸图。试件在拉伸过程的每一阶段中的伸长变形情况,如图中Ⅰ、Ⅱ、Ⅲ、Ⅳ所示。

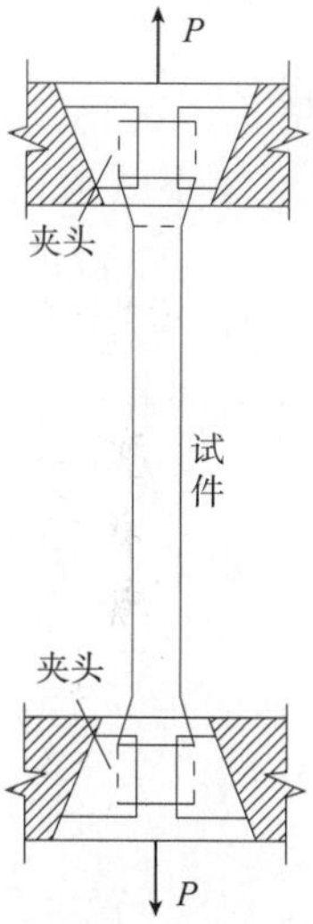

图 2-7　试件的安装

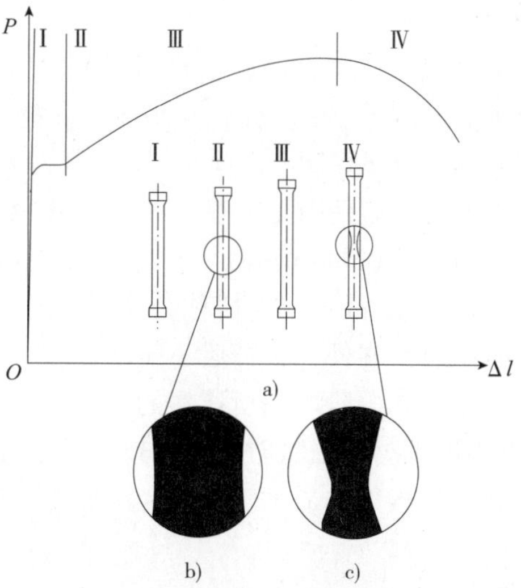

图 2-8　低碳钢试件的拉伸图

由于拉伸图与试件尺寸有关,为消除尺寸对材料本身力学性质的影响,需对拉伸图进行整理,通常是将试件拉伸图中的拉力 P 除以试件的原有截面面积 A 求得试件中的正应力 $\sigma=P/A$,将伸长量 Δl 除以标距 l 求得试件的轴向线应变 $\varepsilon=\Delta l/l$;然后根据求得的 σ 值和 ε 值画出材料的应力—应变曲线($\sigma-\varepsilon$ 曲线)。图 2-9 所示为低碳钢的应力—应变曲线。但应指出,应力—应变曲线的纵坐标实质上是名义应力。因过了屈服阶段以后,试件的横截面面积即有较显著的缩小。此时,仍用原面积 A 而求得的应力已不能代表试件横截面上的真正应力。同样,该曲线的横坐标实质上也是名义应变。因过了屈服阶段以后,试件的长度即较显著的增加,而在计算试件的真正应变时,应考虑每一瞬时试件的长度,故用原长 l 求得的应变并不能代表试件的真正应变。

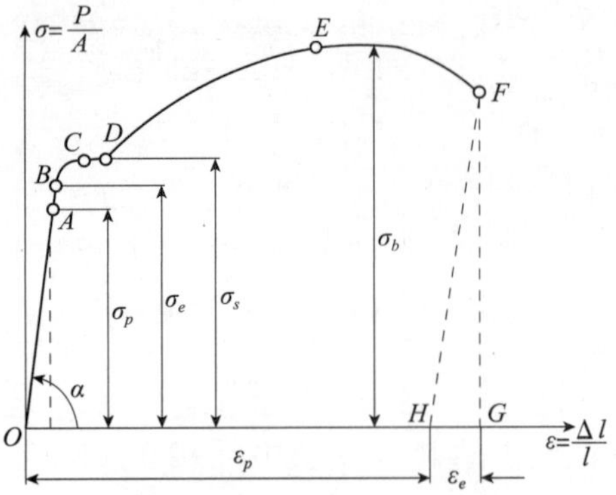

图 2-9　低碳钢的应力—应变曲线

从低碳钢的应力—应变曲线可以看到，在整个拉伸试验过程中，与拉伸图中所示的Ⅰ、Ⅱ、Ⅲ、Ⅳ四个阶段相对应，应力与应变之间的关系也大致可分为如下的四个阶段：

1）弹性阶段（OB 直线段）

当应力未超过点 B 所示的数值以前，若将所加的荷载去掉，试件的变形可全部消失，使试件完全恢复到原有的形状和大小。如前所述，材料的这种性质称为弹性，能随着外力去掉而消失的变形叫作弹性变形，故这一阶段称为弹性阶段。由图中还可看到，OA 段为一直线，这表示应力 σ 与应变 ε 成正比关系（即线性关系）。超过点 A 以后，这种正比关系即不存在了，故将相应于点 A 的应力叫作材料的比例极限，并用符号 σ_p 表示，而将相应于弹性阶段最高点 B 的应力叫作材料的弹性极限，并用符号 σ_e 表示。

材料的弹性变形一般很小，比例极限和弹性极限的数值也非常接近，故有时也将它们混同起来统称为弹性极限。在工程实用中，一般并不需要测定材料的这两个极限应力。

2）屈服阶段

当荷载继续增加，使应力接近点 C 所示的应力值时，应变的增长将比应力的增长要快一些，且在过点 C 以后一直到点 D 时，几乎应力保持不变而应变却连续不断地迅速增加，这种现象称为材料的屈服（或流动）。这时，在试件表面上将会出现大约与试件的轴线呈 45°方向的条纹（图 2-8），它们是因试件显著变形时在材料的微小晶粒之间发生了相互滑移所引起的，通常称为滑移线（或剪切线）。与点 C 相对应的应力叫作材料的屈服极限（或流动极限），并用符号 σ_s 表示，故这一阶段称为屈服阶段（或流动阶段）。材料在屈服阶段内所产生的变形称为塑性变形，在外力去掉后不能消失。材料能产生塑性变形的这种特性称为塑性。试验证明，低碳钢在屈服阶段内所产生的应变可达到比例极限所有应变的 10 ~ 15 倍。

考虑到低强度钢材在屈服时会发生较大的塑性变形，使构件不能正常工作，故在进行构件设计时，一般应将构件的最大工作应力限制在屈服极限 σ_s 以内。σ_s 是衡量钢材强度的一个重要指标。

3）强化阶段

经过屈服阶段以后，钢材因塑性变形使其内部的晶体结构得到了调整，抵抗能力有所增强，故如图 2-9 中 DE 段曲线所示，应力又逐渐升高，这个阶段称为强化阶段。与曲线最高点 E 相对应的应力是材料在被拉断前所能承受的最大应力，叫作材料的强度极限（或极限强度），用符号 σ_b 表示，它也是衡量材料强度的一个重要指标。

4）颈缩阶段

当应力超过强度极限 σ_b 以后，试件的变形开始集中在某一小段内，使此小段的横截面面积显著地缩小，出现如图 2-8c）所示的颈缩现象。由于这时试件的横截面面积缩小得非常迅速，使施加于试件的拉力不但加不上去，反而会自动地降下来一些，一直到试件被拉断，如图 2-9 中 EF 段曲线所示。这一阶段称为颈缩阶段（或局部变形阶段）。试件断裂后，其弹性变形就消失了（与这种弹性变形相应的弹性应变 ε_e 如图 2-9 中的线段 HG 所示），只剩下塑性变形(与这种塑性变形相应的塑性应变 ε_p 如图 2-9 中线段 OH 所示)。图 2-9 中的直线 HF 与 OA 接近平行。

显然,根据低碳钢的应力—应变曲线可确定低碳钢的一些主要力学性能,例如:屈服极限 σ_s、强度极限 σ_b 是衡量其强度的两个重要指标,而塑性应变 ε_p 是恒量其塑性的一个重要指标。

作为衡量材料塑性的重要指标 ε_p,其值常用百分数表示,称为伸长率(或延伸率),并用符号 δ 表示,即:

$$\delta = \varepsilon_p \times 100\% = \frac{l_1 - l}{l} \times 100\% = \frac{\Delta l}{l} \times 100\%$$

式中:l_1——试件断裂后标矩段的总长度(试验完后需测出的);

Δl——试件断裂后标矩段的总伸长。

在工程实际中,通常将发生显著塑性变形($\delta \geqslant 5\%$)以后才断裂的材料称为塑性材料,而将在没有发生显著变形以前($\delta < 5\%$)即断裂的材料称为脆性材料。如低碳钢,其 δ 为 20% ~30%,就是一种典型的塑性材料。

衡量材料塑性的另一指标,称为面积收缩率,即:

$$\psi = \frac{A - A_1}{A} \times 100\%$$

式中:A_1——试件断裂后在断口处的横截面面积。

由应力—应变曲线中直线段 OA 的斜率还可确定材料的弹性模量 E,即:

$$E = \frac{\sigma}{\varepsilon} = \tan\alpha$$

另外,在拉伸图与应力—应变图中曲线下的面积也都有一定的物理意义。拉伸图中曲线下的全部面积代表拉断试件所需消耗的总功,应力—应变图中曲线下的面积代表拉断试件对每单位体积材料所必须消耗的功,称为比功,它表征材料在断裂前吸收能量的能力,故材料的比功值越大,则承受冲击荷载的能力越好。

2. 材料在压缩时的力学性质

1)钢材的压缩试验

钢材的压缩试件通常作成圆柱体,其高度为直径的 1.5 ~2 倍(图 2-10)。试验时将试件放在试验机的两压座间,施加轴向压力。

由试验绘出的压力 P 与缩短量 Δl 之间的关系曲线称为试件的压缩图。像拉伸试验那样,若使 $\sigma = P/A$、$\varepsilon = \Delta l/l$,也可将压缩图整理为钢材在压缩时的应力—应变曲线。图 2-11 中的实线即为低碳钢在压缩时的应力—应变曲线。为了比较低碳钢在拉伸时和压缩时的力学性质,在图 2-11 中还用虚线绘出了低碳钢在拉伸时的应力—应变曲线。从这两条曲线可以看出:在屈服阶段以前,它们基本上是重合的,这说明低碳钢在压缩时的比例极限、屈服极限和弹性模量都与拉伸时相同。但在超过屈服极限以后,因低碳钢试件被压成鼓形(图 2-11),受压面积越来越大,不可能产生断裂,也无法测定材料的压缩强度极限。故一般说来,钢材的力学性质主要是用拉伸试验来确定。

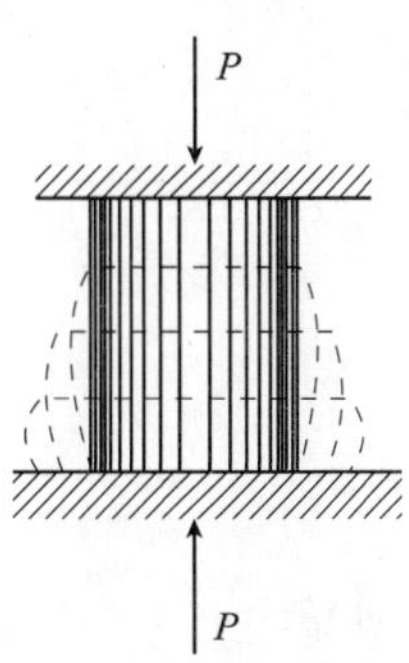

图 2-10　钢材的压缩试验

2）铸铁的压缩试验

作为脆性材料典型代表的铸铁在受压时的应力—应变曲线，如图2-12a）所示。试验证明，铸铁试件在压缩变形很小时即会突然破裂，故只能求得其强度极限 σ_b。铸铁的抗压性能较好，它在受压时的强度极限比受拉时的要高4～5倍。由于破坏面间摩擦力的影响，铸铁试件破坏时，是沿与试件轴线呈35°～39°的斜面上发生剪断破坏（图2-12b），这表明铸铁的抗剪能力比其抗压能力差，故只适合于制作受压的构件。

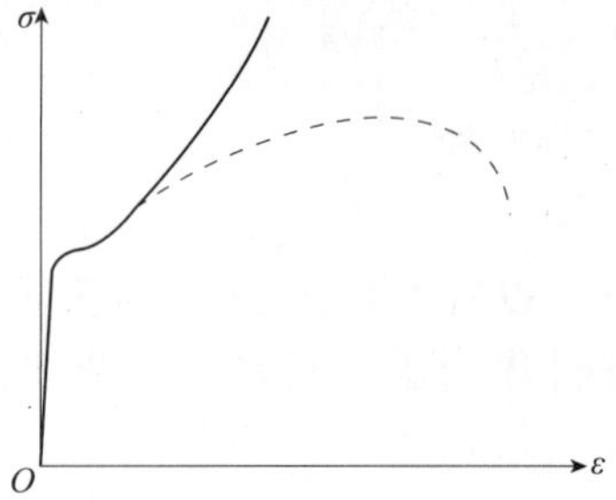

图2-11　低碳钢压缩时的应力—应变曲线

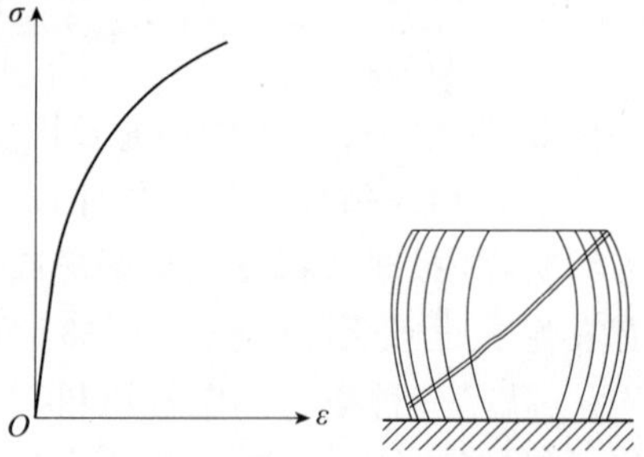

a)应力—应变曲线　b)试件破坏情况

图2-12　铸铁的压缩试验

单元2.2　连接件的剪切与挤压

一、剪切与挤压的概念

1.剪切的概念

剪切变形是杆件的基本变形之一。它是指杆件受到一对垂直于杆轴方向的大小相等、方向相反、作用线相距很近的外力作用所引起的变形，如图2-13a）所示。此时，截面 cd 相对于 ab 将发生相对错动，即剪切变形。若变形过大，杆件将在两个外力作用面之间的某一截面 m—m 处被剪断，被剪断的截面称为剪切面，如图2-13b）所示。

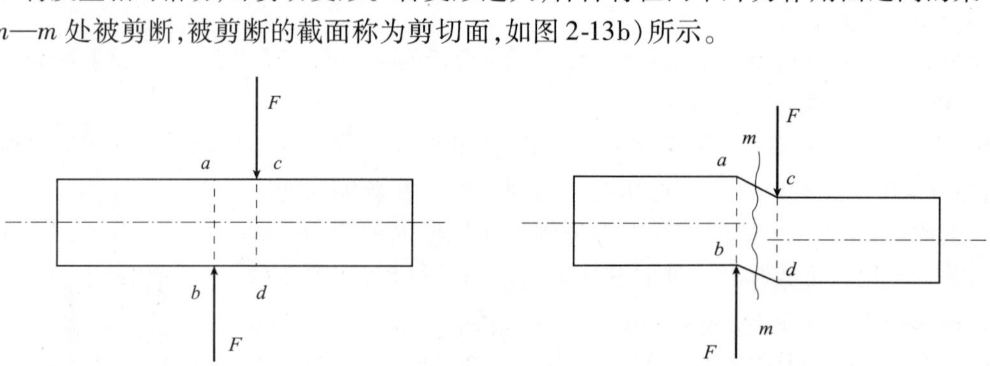

a)受力形式　b)破坏形式

图2-13　剪切变形

机械中有一些连接件，如铆钉连接中的铆钉（图2-14a）、销轴连接中的销钉（图2-14b）等都是以剪切变形为主的构件。

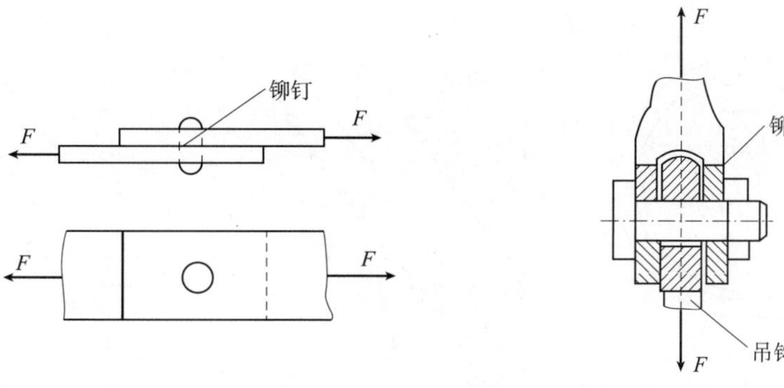

a)　　　　b)

图2-14　连接件的剪切变形

2. 挤压的概念

构件在受剪切的同时,在两构件的接触面上,因互相压紧会产生局部受压,称为挤压。如图2-15所示的铆钉连接中,作用在钢板上的拉力 F,通过钢板与铆钉的接触面传递给铆钉,接触面上就产生了挤压。两构件的接触面称为挤压面,作用于接触面的压力称挤压力,挤压面上的压应力称挤压应力,当挤压力过大时,孔壁边缘将受压起"皱"(图2-15a),铆钉局部压"扁",使圆孔变成椭圆,连接松动(图2-15b),这就是挤压破坏。因此,连接件除剪切强度需计算外,还要进行挤压强度计算。

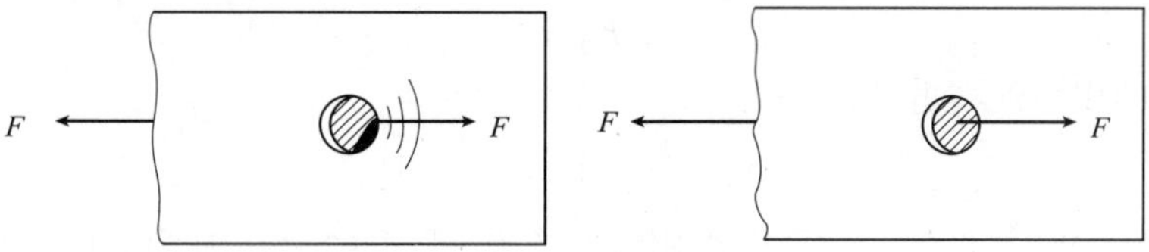

a)　　　　b)

图2-15　挤压变形

与切应力的计算一样,在工程实际中也采用实用计算方法来计算挤压应力。即假定在挤压面上应力是均匀分布的,挤压应力在有效挤压面上均匀分布,如图2-16所示。则有:

$$\sigma_{bs}=\frac{F_{bs}}{A_{bs}}$$

式中:F_{bs}——挤压力;

A_{bs}——挤压面面积。

挤压面面积 A_{bs} 的确定方法:

当接触面为平面时,如键连接,其接触面面积即为挤压面面积,即:

$$A_{bs}=\frac{h}{2}l$$

当接触面为近似半圆柱侧面时(例如螺栓、销钉等连接),以圆柱面的正投影面积作为挤压面积。

当接触面为近似半圆柱侧面时,圆柱形接触面中点的挤压应力最大。若以圆柱面的正投影作为挤压面积,计算而得的挤压应力,与接触面上的实际最大应力大致相等。

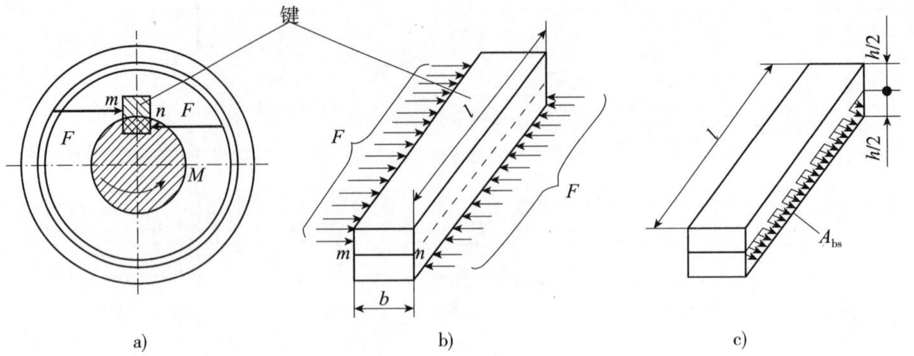

图 2-16　键连接的挤压应力

二、剪切与挤压时横截面上的应力

1. 内力的计算

应用截面法：假想将螺栓沿剪切面（m—n）分成上下两部分，如图 2-17 所示，任取其某一部分为研究对象；根据平衡可知，剪切面上内力的合力 F_Q 必然与外力 F 平行。大小由平衡条件：

$$\sum_{i=1}^{n} F_{ix} = 0$$

得

$$F_Q = F$$

剪力 F_Q 的作用线与剪切面平行。

2. 切应力的计算

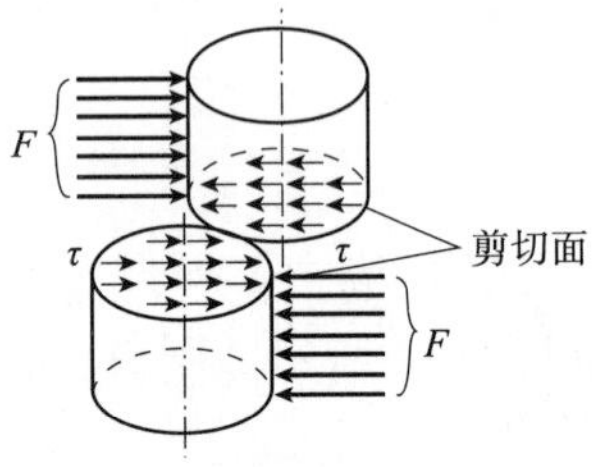

图 2-17　螺栓连接

采用实用计算方法：假定内力在剪切面（图 2-17）内均匀分布，若以τ代表切应力，A 代表剪切面的面积，则：

$$\tau = \frac{F_Q}{A}$$

1）剪切的强度条件

为了保证构件在工作中不被剪断，必须使构件的实际切应力不超过材料的许用切应力，这就是剪切的强度条件。其表达式：

$$\tau = \frac{F_Q}{A} \leqslant [\tau]$$

$$[\tau] = \frac{\tau_0}{n}$$

$$[\tau] = (0.6 \sim 0.8)[\sigma]$$

式中：$[\tau]$——材料的许用切应力，Pa 或 MPa；

n——安全系数；

$[\sigma]$——材料的许用应力，Pa 或 MPa。

2）挤压的强度条件

如图 2-17 所示的螺栓连接，钢板的圆孔可能被挤压成长圆孔，或螺栓的表面被压溃。

因此，除了进行剪切强度计算外，还要进行挤压强度计算。其强度条件为：

$$\sigma_{bs}=\frac{F_{bs}}{A_{bs}}\leqslant[\sigma_{bs}]$$

式中：$[\sigma_{bs}]$——材料的许用挤压应力，Pa 或 MPa。

单元 2.3　圆 轴 扭 转

一、圆轴扭转的概念

在工程实际中，有很多以扭转变形为主的杆件。例如，用螺丝刀拧螺钉，如图 2-18 所示。如图 2-19 所示，用手电钻钻孔，螺丝刀杆和钻头都是受扭的杆件。

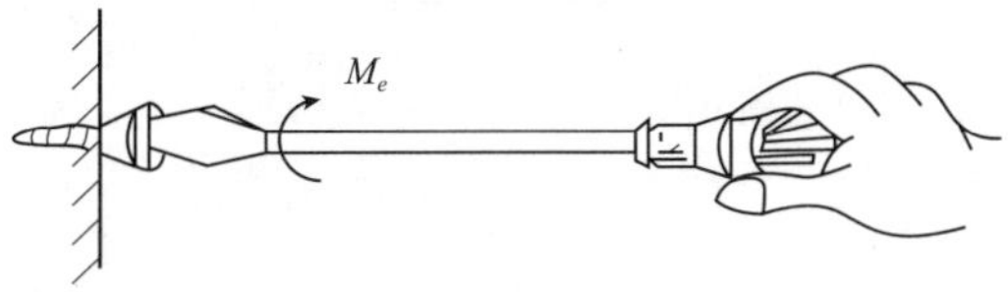

图 2-18　螺丝刀拧螺钉

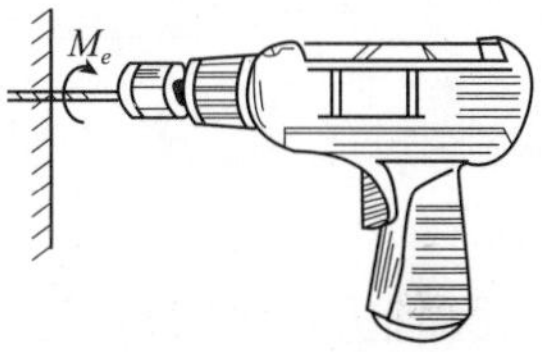

图 2-19　手电钻钻孔

1. 概念

(1)轴：以扭转为主要变形的构件，如图 2-20 所示。

(2)扭转：外力的合力为一力偶，且力偶的作用面与直杆的轴线垂直，杆发生的变形为扭转变形。

(3)扭转角(φ)：任意两截面绕轴线转动而发生的角位移，如图 2-20b)所示。

(4)剪应变(γ)：直线的改变量。

(5)受力特点：在垂直于杆件轴线的平面内，作用了一对大小相等、方向相反的外力偶矩。

(6)变形特点：杆件任意两横截面都发生了绕杆件轴线的相对转动，如图 2-21 所示。

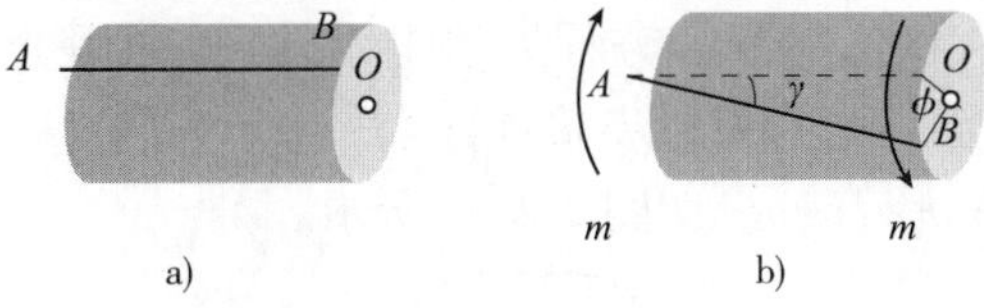

图 2-20　圆轴扭转

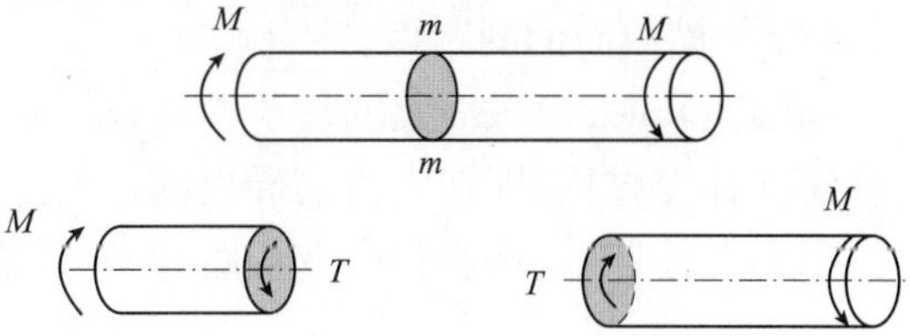

图 2-21　扭矩

2. 扭矩和扭矩图

工程上常给出传动轴的转速及其所传递的功率，而作用于轴上的外力偶矩并不直接给出，外力偶矩的计算公式为：

$$M=9550\frac{P(\mathrm{kW})}{n(\mathrm{r/min})}\qquad(\mathrm{N\cdot m})$$

（1）扭矩：扭转时的内力称为扭矩，用 T 表示。截面上的扭矩与作用在轴上的外力偶矩组成平衡力系。扭矩求解仍然使用截面法。

（2）右手定则：右手四指内屈，与扭矩转向相同，则拇指的指向表示扭矩矢的方向，若扭矩矢方向与截面外法线相同，规定扭矩为正，反之为负，如图 2-22 所示。

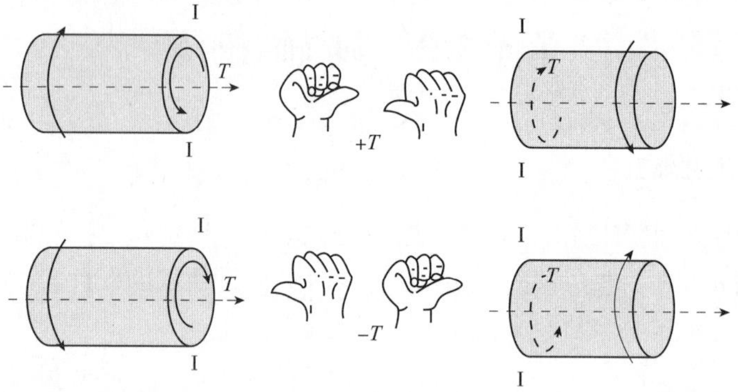

图 2-22　右手定则

二、圆轴扭转时横截面上的应力

工程中要求对受扭杆件进行强度计算，根据扭矩 T 确定横截面上各点的切应力。下面用实心圆轴推导切应力在横截面上的分布规律。

1. 变形几何关系

取一实心圆轴，在其表面等距离地画上圆周线和纵向线，如图 2-23a）所示，然后在圆轴两端施加一对大小相等、方向相反的扭转力偶矩 M_e，使圆轴产生扭转变形，如图 2-23b）所示，可观察到圆轴表面上各圆周线的形状、大小和间距均未改变，仅是绕圆轴线做了相对转动；各纵向线均倾斜了一微小角度 γ。

根据观察到的现象，由表及里作出如下假设。

（1）变形后，圆轴上所有的横截面均保持为平面，即平面假设。

（2）横截面上的半径仍保持为直线。

（3）各横截面的间距保持不变。

圆轴扭转时，横截面上的切应力非均匀分布，仅依靠静力方程无法求出，必须利用变形条件建立补充方程，即切应力的导出需按解超静定问题的相似步骤进行。

根据上述假设，从圆轴中取相距为 dx 的微段进行研究，如图 2-24a）所示。

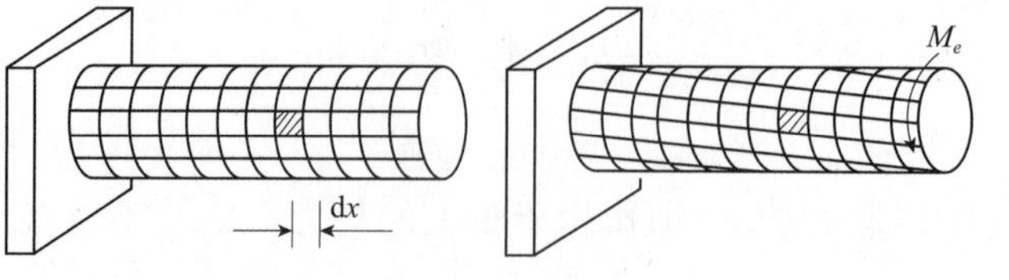

a)　　b)

图 2-23　平面假设

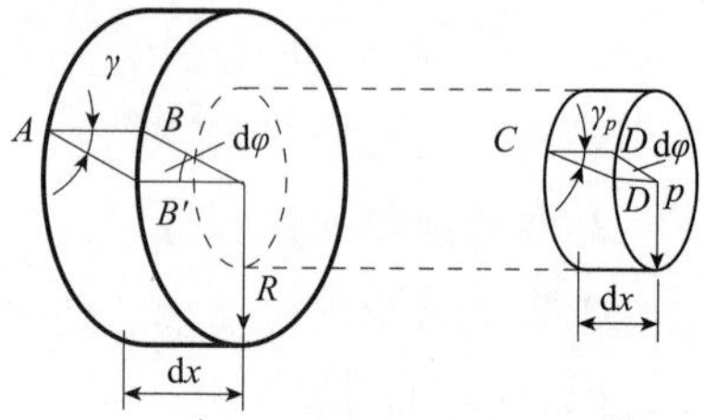

a)　　b)

图 2-24　变形的几何关系

设半径 R,根据平面假设,可以设想扭转时各横截面如同刚性平面一样绕杆轴做相对转动。则由图 2-24a)可知变形后,纵向线段$\overline{AB}$变为$\overline{AB'}$,$\overline{AB}$和$\overline{AB'}$的夹角为 γ(切应变),$\widehat{BB'}$对应横截面的圆心角 $\mathrm{d}\varphi$,在小变形的条件下可以建立如下关系。

$$\widehat{BB'} = \gamma \mathrm{d}x = R \cdot \mathrm{d}\varphi$$

$$\gamma = R\frac{\mathrm{d}\varphi}{\mathrm{d}x}$$

为了研究横截面上任意点的切应变,从圆轴截面内取半径为 ρ 的微段,如图 2-24b)所示。同理可得:

$$\gamma_{\rho} = \rho\frac{\mathrm{d}\varphi}{\mathrm{d}x}$$

上式表明,横截面上任意点的切应变同该点到圆心的距离 ρ 成正比关系。

2. 物理关系

根据剪切胡克定律,在剪切比例极限之内(或弹性范围以内)切应力和切应变成正比关系:

$$\tau = G\gamma$$

则

$$\tau_{\rho} = G\gamma_{\rho} = G\rho\frac{\mathrm{d}\varphi}{\mathrm{d}x}$$

上式表明,圆轴扭转时,横截面上任意点处的切应力τ_{ρ}与该点到圆心的距离 ρ 成正比,其分布如图 2-25 所示,式中 $\mathrm{d}\varphi/\mathrm{d}x$ 可利用静力方程确定。

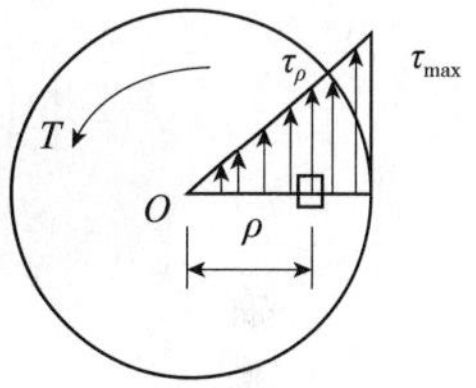

图 2-25　横截面上的应力分布

3. 静力学关系

圆轴扭转横截面上任意点切应力公式:

$$\tau_{\rho} = \frac{T \cdot \rho}{I_{\rho}}$$

当 $\rho = R$ 时,表示圆截面边缘处的切应力最大。

$$\tau_{\max} = \frac{T}{\frac{I_{\rho}}{R}} = \frac{T}{W_{\rho}}$$

式中:W_{ρ}——抗扭截面系数。它是与截面形状和尺寸有关的量。

单元 2.4　直梁弯曲与横截面上的应力

一、直梁弯曲

1. 概念

(1)梁:以弯曲变形为主的杆件通常称为梁,如图 2-26 所示。

(2)弯曲:杆件受垂直于轴线的外力或外力偶矩的作用时,轴线变成了曲线,这种变形称为弯曲。

(3)纵向对称面:通过梁的轴线和截面对称轴的平面,如图 2-27 所示。

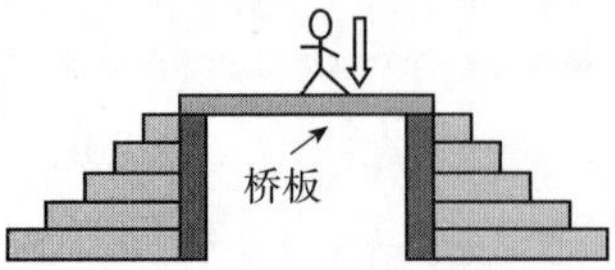

图 2-26 桥板

图 2-27 纵向对称面

工程中的梁一般都有纵向对称面,如矩形、圆、环、工字、T 形截面梁,如图 2-28 所示。

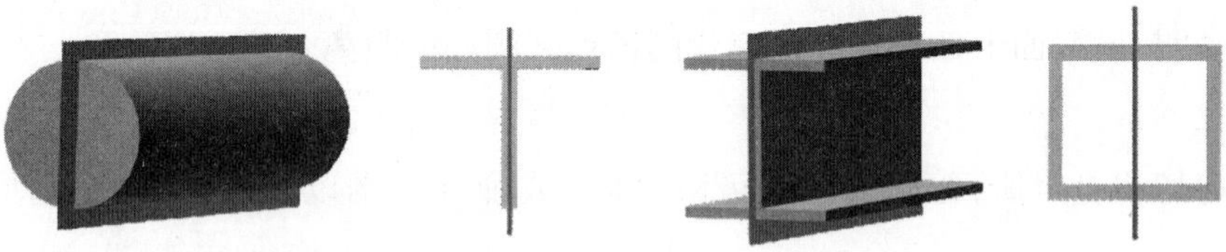

图 2-28 梁的截面

(4)平面弯曲:具有纵向对称面的梁,当梁上的外力均垂直于梁的轴线,并作用在纵向对称面内,梁的轴线将弯成此平面内的一条平面曲线,这种弯曲称为平面弯曲,如图 2-29 所示。

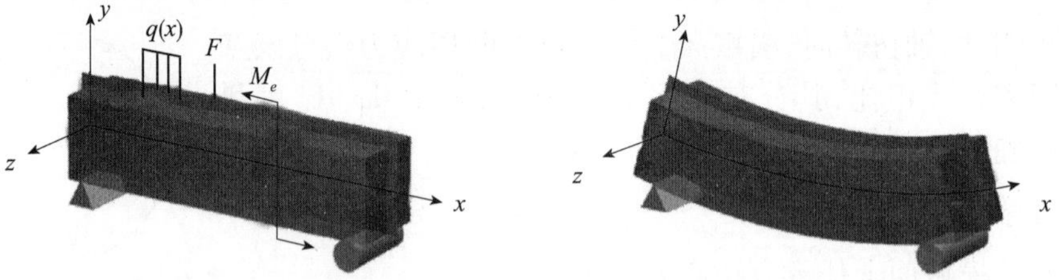

图 2-29 平面弯曲

2. 梁的外力、梁的支座以及梁的类型

1)外力(图 2-30)

(1)集中力 P。作用面积很小时可视为集中力(N)。

(2)分布力 q。沿梁轴线分布较长(N/m)。

(3)集中力偶 T。力偶的两个力分布在很短的一段梁上(N · m)。

图 2-30 外力

2)支座

活动铰链支座、固定铰链支座、固定端,如图 2-31 所示。

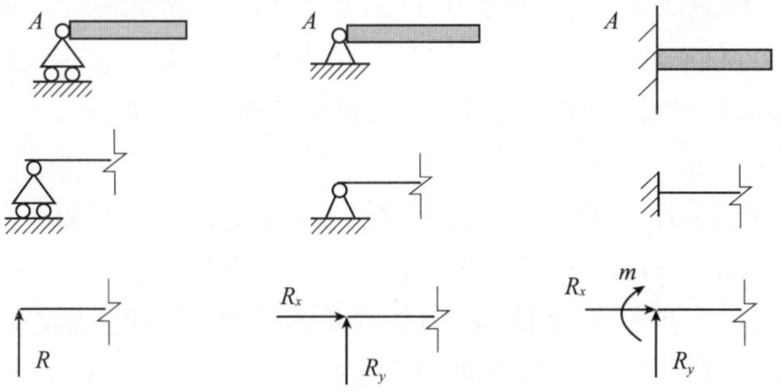

a)活动铰链支座　　b)固定铰链支座　　c)固定端

图 2-31　支座

3)梁的类型

简支梁、外伸梁、悬臂梁。

(1)简支梁:一端是固定铰链支座,另一端是活动铰链支座,如图 2-32 所示。

(2)外伸梁:一个固定铰链支座和一个活动铰链支座,有一端或两端伸出支座以外,如图 2-33所示。

(3)悬臂梁:一端固定,另一端自由,如图 2-34 所示。

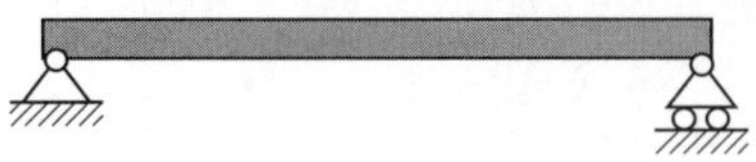

图 2-32　简支梁

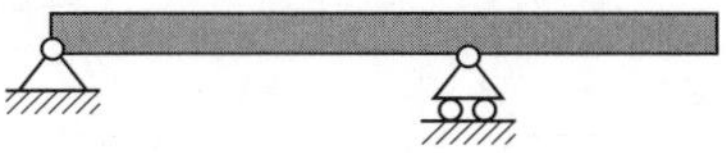

图 2-33　外伸梁

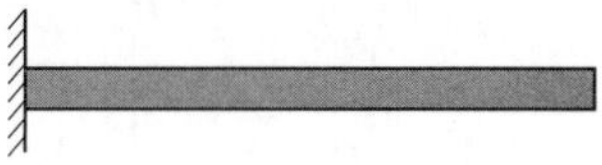

图 2-34　悬臂梁

3. 如何提高直梁的刚度

梁的变形与载荷、跨度、材料弹性模量、截面惯性矩及支座情况有关。

想要提高梁的刚度以减小其变形,可以设法缩小跨度,这个效果最显著;也可以增大截面的惯性矩 I_z,但要多消耗材料。如果设法改变梁的受载和支座情况,也能提高梁的刚度,但这是比较复杂的问题。

二、纯弯曲横截面上的应力

1. 纯弯曲

纯弯曲形式,如图 2-35 所示。受力分析,如图 2-36 所示。

图 2-35　轮对轴承受载荷

在 CD 段内的各横截面上只有弯矩 M 而无剪力 F_Q，梁的这种弯曲称为纯弯曲。

在 AC、DB 段内各横截面上即有弯矩 M 又有剪力 F_Q，梁在这些段内发生弯曲变形的同时还会发生剪切变形，这种变形称为剪切变形，也称为横力弯曲。

如图 2-37 所示：

(1)横向线 $m—m$ 和 $n—n$ 仍为直线且与纵向线正交，仅相对转动了一个微小角度。

(2)纵向线 $a—a$ 和 $b—b$ 弯成了曲线，且 $a'—a'$线缩短，而 $b'—b'$线伸长。

原为平面的横截面变形后仍保持为平面，并垂直于变形后的轴线，只是绕横截面内某一轴线旋转了一个角度，这种现象称为弯曲变形的平面假设。由此可以推断，梁发生纯弯曲时，横截面上只有正应力。

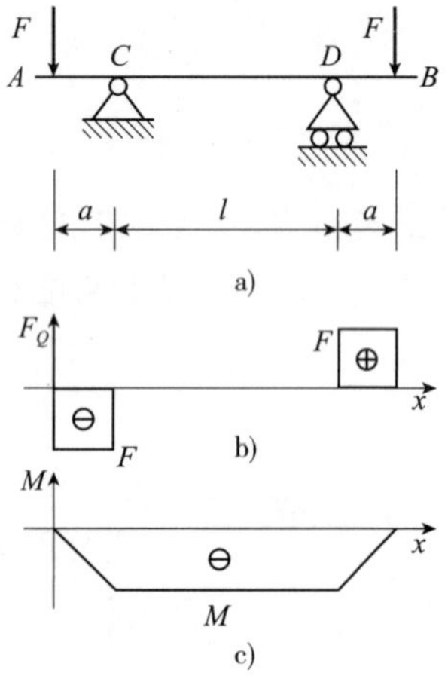

图 2-36　受力分析

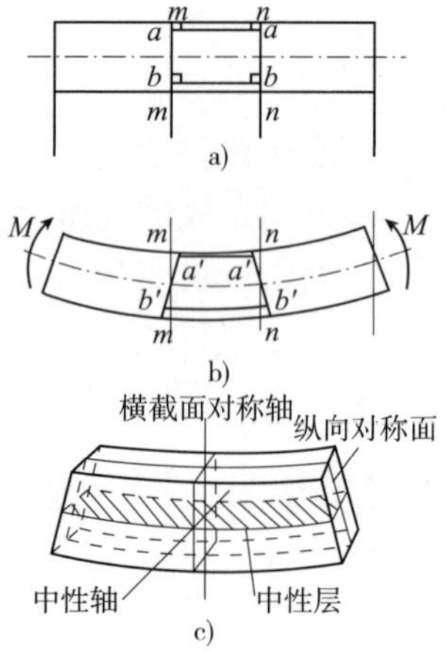

图 2-37　平面假设

2. 梁纯弯曲时横截面上正应力的分布规律

(1)中性轴上的线应变为零，所以其正应力亦为零。

(2)距中性轴距离相等的各点，其线应变相等。根据胡克定律，它们的正应力也必相等。

(3)在图 2-37 所示的受力情况下，中性轴上部各点正应力为压应力(即负值)，中性轴下部各正应力为拉应力(即正值)。弯曲变形时，横截面上中性轴上下部分，正应力方向相反。

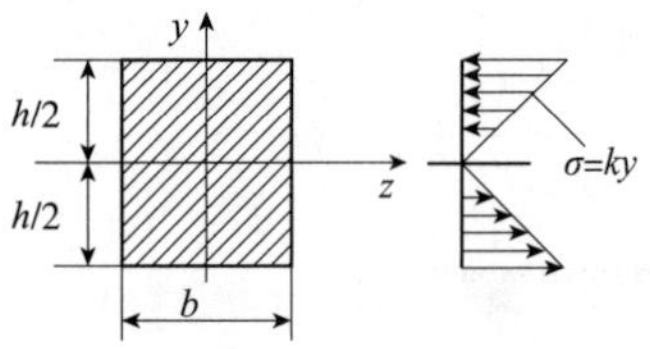

图 2-38　横截面上的正应力分布

(4)横截面上的正应力沿 y 轴呈线性分布，即：

$$\sigma = ky$$

k 为待定常数，如图 2-38 所示。

3. 梁纯弯曲时横截面上的正应力计算

$$\sigma = \frac{M_y}{I_z}$$

轴惯性矩 I_z、抗弯截面系数 W_z 是仅与截面尺寸有关的几何量。

4. 轴惯性矩和抗弯截面系数的计算

梁常用的简单截面轴惯性矩 I 与抗弯截面系数 W 的计算公式，见表 2-1。

常见截面的 I、W 计算公式　　表2-1

截面形状	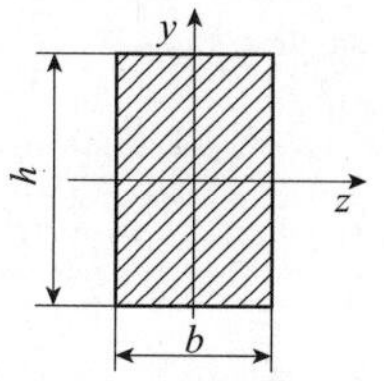	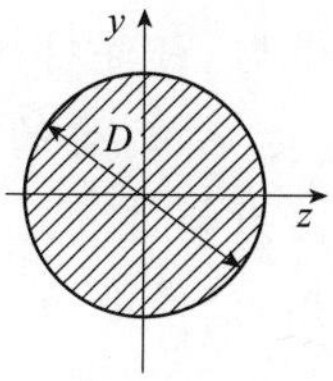	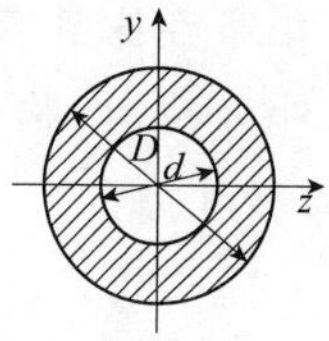
轴惯性矩	$I_z=\frac{bh^3}{12}$ $W_z=\frac{bh^2}{6}$	$I_z=I_y=\frac{\pi D^4}{64}\approx 0.05D^4$	$I_z=I_y=\frac{D^4}{64}(D^4-d^4)$ $\approx 0.05D^4(1-\alpha^4)$ 式中：$\alpha=\frac{d}{D}$
抗弯截面系数	$I_y=\frac{bh^3}{12}$ $W_y=\frac{bh^2}{6}$	$W_z=W_y=\frac{\pi D^3}{32}\approx 0.1D^3$	$W_z=W_y=\frac{\pi D^3}{32}(1-\alpha^4)$ $\approx 0.1D^4(1-\alpha^4)$ 式中：$\alpha=\frac{d}{D}$

复习思考题

一、选择题

1. 低碳钢拉伸试件的应力—应变曲线大致可分为四个阶段，这四个阶段是(　　)。

A. 弹性变形阶段、塑性变形阶段、屈服阶段、断裂阶段

B. 弹性变形阶段、塑性变形阶段、强化阶段、颈缩阶段

C. 弹性变形阶段、屈服阶段、强化阶段、断裂阶段

D. 弹性变形阶段、屈服阶段、强化阶段、颈缩阶段

2. 高度等于宽度两倍($h=2b$)的矩形截面梁如图2-39所示，承受垂直方向的载荷，若仅将竖放截面改为平放截面，其他条件都不变，则梁的强度(　　)。

A. 提高到原来的2倍　　B. 提高到原来的4倍

C. 降低到原来的1/2倍　　D. 降低到原来的1/4倍

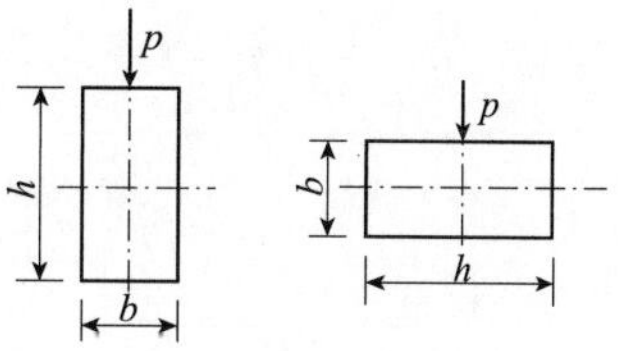

图　2-39

二、填空题

1. 基本的受力和变形有______________、______________、______________，以及由两种或两种以上基本变形形式叠加而成的组合变形。

2. 在轴向力作用下，杆件产生伸长变形称为轴向拉伸，简称____。在轴向力作用下，杆件产生缩短变形称为轴向压缩，简称____。

3. 轴向拉伸和压缩变形具有以下特点：

(1)受力特点：______________________________。

(2)变形特点:______________________________。

4. 杆件所受其他物体的作用力都称为外力,包括________和________。

5. 在外力作用下,构件产生变形,杆件材料内部产生变形的抗力,这种抗力称为______。

6. 外力越大,构件的变形越大,所产生的内力也越大。内力是由于外力的作用而引起的,内力随外力__________。当内力超过一定限度时,杆件就会被破坏。

7. 同样的内力,作用在材料相同、横截面不同的构件上,会产生不同的______。

8. 构件在外力作用下,单位面积上的内力称为______。轴向拉伸和压缩时,应力垂直于截面,称为______________,记作 σ。

9. 正应力的正负号规定为:拉伸压力为______,压缩应力为______。

10. 剪切变形的受力特点:____________、__________、____________________________。

11. 剪切变形的特点:______________________。

12. 剪力:钢板在外力作用下发生剪切变形,在零件内部产生一个抵抗变形的力。剪力大小与外力________________________________。单位,N 或 kN。常用 F_Q 表示。

13. 工程中受剪切变形的典型零件:连接轴与齿轮的____________、连接两块钢板之间的____________。

14. 扭转变形的特点:构件受到__________、____________、________________________,截面之间绕轴线发生____________________。

15. 汽车转向盘下的______、车床的__________、搅拌机传动轴、机器的传动轴均有______变形。

16. 弯曲变形的受力特点:______________________、______________________。

17. 通过对支座的简化,将梁分为三种基本形式:________,梁的一端是固定铰支座,另一端是活动铰支座;____________,一端固定,另一端自由的梁;________,简支梁的一端或两端伸出支座以外,并在外伸端有载荷作用。

单元 3　常用金属材料

知识目标

1. 掌握常用金属材料分类及牌号表达形式；
2. 了解常用金属材料的性能和应用；
3. 了解钢的热处理的目的、分类和应用；
4. 了解材料的选择及运用原则。

能力目标

1. 能正确识读金属材料的牌号，并说出材料的性能；
2. 能依据零件工作环境和选材基本原则进行选材。

金属材料具有优良的使用性能和加工性能，在机械设备制造、车辆、船舶、工模具和各种工程结构中得到广泛应用。生产中，常用的金属材料可以分为黑色和有色金属材料两大类，黑色金属通常是指铁和以铁为基体的合金，如钢、铸铁；有色金属是指除黑色金属以外的其他金属及其合金，如铜及铜合金、铝及铝合金等。

单元 3.1　黑色金属材料

一、碳素钢

碳素钢是指含碳量在 0.0218% ~2.11% 之间的铁碳合金。其组成元素除了铁和碳外，还有随炼钢原料和冶炼后期加脱氧剂而进入钢中的 Mn、Si、S、P 等杂质元素。

1. 碳素钢的分类

1）按钢中含碳量分类

（1）低碳钢，含碳量≤0.25%。

（2）中碳钢，0.25% <含碳量≤0.60%。

（3）高碳钢，含碳量 >0.60%。

2）按钢的冶炼质量分类（以钢中 S、P 含量多少来分）

（1）普通碳素钢，含硫量≤0.050%、含磷量≤0.045%。

(2)优质碳素钢,含硫量、含磷量均≤0.035%。

(3)高级优质碳素钢,含硫量、含磷量均≤0.025%。

(4)特级优质碳素钢,含硫量≤0.015%、含磷量≤0.025%。

3)按钢的用途分类

(1)碳素结构钢:来制造各种工程构件和机器零件。

(2)碳素工具钢:用来制造各种刀具、量具、模具。

4)按冶炼方法分类

(1)平炉钢。

(2)转炉钢。

5)按冶炼后期脱氧程度分类

(1)沸腾钢(在钢号的尾部加F)。

(2)半镇静钢(在钢号的尾部加b)。

(3)镇静钢(在钢号的尾部加Z)。

2.*碳素钢的牌号及应用*

1)普通碳素结构钢

普通碳素结构钢牌号表示方法:Q+数字+(质量等级符号)+(脱氧方法符号)+(专门用途的符号)。

(1)钢号冠以"Q",代表钢材的屈服点。

(2)"Q"后面的数字表示屈服点数值,单位是MPa。例如,Q235表示屈服点(σ_s)为235MPa的碳素结构钢。

(3)必要时钢号后面可标出表示质量等级和脱氧方法的符号。

①质量等级符号分别为A、B、C、D。A为最低等级、D为最高等级。

②脱氧方法符号:F表示沸腾钢;b表示半镇静钢:Z表示镇静钢;TZ表示特殊镇静钢,镇静钢可不标符号,即Z和TZ都可不标。例如,Q235-AF表示A级沸腾钢。

专门用途的碳素钢:例如桥梁钢、船用钢等,基本上采用碳素结构钢的表示方法,但在钢号最后附加表示用途的字母。

常用普通碳素结构钢的牌号和应用,见表3-1。

普通碳素结构钢的牌号及应用 表3-1

牌号	屈服强度值(σ_s)MPa	用途举例
Q195	≥195	板材多用于屋面板、装饰板、通用除尘管道、包装容器、铁桶、仪表壳、开关箱、防护罩、火车车厢等;盘条多用于捆绑、张拉固定或用作钢丝网、铆钉等
Q215	≥215	用作焊接钢管、镀锌焊管、炉撑、地脚螺钉、螺栓、圆钉、木螺钉、冲制铁铰链等五金零件
Q235	≥235	用以制作钢筋或建造厂房房架、高压输电铁塔、桥梁、车辆、锅炉、容器、船舶等,也大量用作对性能要求不太高的机械零件
Q255	≥255	性能与Q235差不多,强度略有提高,塑性有所下降,用途不如Q235广泛。主要用来制作铆接件
Q275	≥275	用于制造轴类、农业机具、耐磨零件、钢轨接头夹板、垫板、车轮、轧辊等

2)优质碳素结构钢牌号和应用

优质碳素结构钢牌号表示方法:数字＋(元素符号)＋(脱氧方法符号)＋(专门用途的符号)。

(1)钢号开头的两位数字表示钢中平均含碳量,以钢中平均含碳量的万分之几表示,例如平均含碳量为0.45%的钢,钢号为“45”,它不是顺序号,所以不能读成45号钢。

(2)锰含量较高的优质碳素结构钢,应将锰元素标出,例如50Mn。

(3)沸腾钢、半镇静钢及专门用途的优质碳素结构钢应在钢号最后特别标出,例如平均碳含量为0.1%的半镇静钢,其钢号为10b。

常用优质碳素结构钢的牌号和应用,见表3-2。

优质碳素结构钢牌号和应用　　表3-2

牌号	成分(%)			性能(MPa)		应用举例
	C	Si	Mn	σ_b	σ_s	
08	0.05～0.11	0.17～0.37	0.35～0.65	325	195	用于轧制薄板,深冲制品、油桶、高级搪瓷制品
08F	0.05～0.11	≤0.03	0.25～0.50	295	175	
10	0.07～0.13	0.17～0.37	0.35～0.65	335	205	制造要求受力不大、韧性高的零件,如摩擦片、深冲器皿、汽车车身、弹体等
10F	0.07～0.13	≤0.07	0.25～0.50	315	185	
15	0.12～0.18	0.17～0.37	0.35～0.65	375	225	制造受力不大、形状简单,但韧性要求较高或焊接性能较好的中小结构件、螺钉、螺栓、拉杆、起重钩、焊接容器等
15F	0.12～0.18	≤0.07	0.25～0.50	355	205	
20	0.17～0.23	0.17～0.37	0.35～0.65	410	245	制造不太重要的中小型渗碳、碳氮共渗件、锻压件,如杠杆轴、变速器变速叉、齿轮,重型机械拉杆、钩环等
25	0.22～0.29	0.17～0.37	0.50～0.80	450	275	
30	0.27～0.34	0.17～0.37	0.50～0.80	490	295	制造丝杆、拉杆、轴键、齿轮、轴套筒等
35	0.32～0.39	0.17～0.37	0.50～0.80	530	315	适于制造曲轴、杠杆、连杆、钩环等,各种标准件、紧固件
40	0.37～0.44	0.17～0.37	0.50～0.80	570	335	适于制造曲轴、心轴、传动轴、活塞杆、连杆、链轮、齿轮等
45	0.42～0.50	0.17～0.37	0.50～0.80	600	355	用于制造强度高的运动件,如透平机叶轮、压缩机活塞、轴、齿轮、齿条、蜗杆等
50	0.47～0.55	0.17～0.37	0.50～0.80	630	375	锻造齿轮、拉杆、轧辊、轴摩擦盘、机床主轴、发动机曲轴、农业机械犁铧、重载荷心轴及各种轴类零件等
55	0.52～0.60	0.17～0.37	0.50～0.80	645	380	齿轮、连杆、轮圈、轮缘、机车轮箍、扁弹簧、热轧轧辊等

续上表

牌号	成分(%)			性能(MPa)		应用举例
	C	Si	Mn	σ_b	σ_s	
60	0.57～0.65	0.17～0.37	0.50～0.80	675	400	轧辊、轴类、轮箍、弹簧圈、减振弹簧、离合器、钢丝绳
65	0.62～0.70	0.17～0.37	0.50～0.80	695	410	宜用于制造截面形状简单、受力小的扁形或螺旋形弹簧零件。如气门弹簧、弹簧环等，也宜用于制造高耐磨性零件，如轧辊、曲轴、凸轮及钢丝绳等
70	0.67～0.75	0.17～0.37	0.50～0.80	715	420	弹簧、钢丝、钢带、车轮圈等
75	0.72～0.80	0.17～0.37	0.50～0.80	1080	880	转轴、啮合杆、螺栓、螺母、螺钉、心轴、齿轮等
80	0.77～0.85	0.17～0.37	0.50～0.80	1080	930	耐疲劳件、曲轴、辊子、轴、连杆。高应力下工作的螺钉、螺母等
85	0.82～0.90	0.17～0.37	0.50～0.80	1130	980	铁道车辆、扁形板弹簧、圆形螺旋弹簧、钢丝钢带等
15Mn	0.12～0.18	0.17～0.37	0.70～1.00	410	245	齿轮、曲柄轴、支架、铰链、螺钉、螺母；铆焊结构件；板材适于制造油罐等；寒冷地区农具，如奶油罐等
20Mn	0.17～0.23	0.17～0.37	0.70～1.00	450	275	
25Mn	0.22～0.29	0.17～0.37	0.70～1.00	490	295	
30Mn	0.27～0.34	0.17～0.37	0.70～1.00	540	315	螺栓、螺母、螺钉、拉杆、杠杆、小轴、制动器齿轮
35Mn	0.32～0.39	0.17～0.37	0.70～1.00	560	335	转轴、啮合杆、螺栓、螺母、螺钉、心轴、齿轮等
40Mn	0.37～0.44	0.17～0.37	0.70～1.00	590	355	耐疲劳件、曲轴、辊子、轴、连杆；高应力下工作的螺钉、螺母等
45Mn	0.42～0.50	0.17～0.37	0.70～1.00	620	375	转轴、心轴、花键轴、汽车半轴、曲轴、连杆、制动杠杆、啮合杆、齿轮、离合器、螺栓、螺母等
50Mn	0.48～0.56	0.17～0.37	0.70～1.00	645	390	用作承受高应力零件；高耐磨零件，如齿轮、齿轮轴、摩擦盘、心轴、平板弹簧等
60Mn	0.57～0.65	0.17～0.37	0.70～1.00	695	410	大尺寸螺旋弹簧、板簧、各种圆扁弹簧，弹簧环、片，冷拉钢丝及发条

续上表

牌号	成分(%)			性能(MPa)		应用举例
	C	Si	Mn	σ_b	σ_s	
65Mn	0.62~0.70	0.17~0.37	0.90~1.20	735	430	受中等载荷的板弹簧,直径达7~20mm螺旋弹簧及弹簧垫圈、弹簧环。高耐磨性零件,如磨床主轴、弹簧卡头、精密机床丝杆、犁、切刀、螺旋辊子轴承上的套环、铁道钢轨等
70Mn	0.67~0.75	0.17~0.37	0.90~1.20	785	450	承受大应力、磨损条件下工作零件。如各种弹簧圈、弹簧垫圈、止推环、锁紧圈、离合器盘等

3)碳素工具钢的牌号和应用

碳素工具钢的牌号表示方法:T+数字(表示钢中平均含碳量的千分数),T是汉语拼音碳字的第一个字母。如钢中Mn的含量较高,则在钢号后附加锰的元素符号Mn,在钢号的最后加A表示高级优质钢。

常用碳素工具钢的牌号和应用,见表3-3。

碳素工具钢牌号和应用 表3-3

<table>
<tr><th rowspan="3">牌号</th><th colspan="5">成分(%)</th><th colspan="2">性能(MPa)</th><th rowspan="3">用途举例</th></tr>
<tr><th rowspan="2">C</th><th rowspan="2">Mn</th><th>Si</th><th>S</th><th>P</th><th>退火</th><th>淬火</th></tr>
<tr><th colspan="3">不大于</th><th>HB≤</th><th>HRC≥</th></tr>
<tr><td>T7</td><td>0.65~0.74</td><td rowspan="2">≤0.40</td><td rowspan="7">≤0.35</td><td rowspan="7">0.030</td><td rowspan="7">0.035</td><td rowspan="2">187</td><td rowspan="7">62</td><td rowspan="2">用于制造凿子、打铁用模、各种锤子、木工工具等</td></tr>
<tr><td>T8</td><td>0.75~0.84</td></tr>
<tr><td>T8Mn</td><td>0.80~0.90</td><td rowspan="2">0.40~0.60</td><td rowspan="2">192</td><td rowspan="2">用于制造冲模、冲头、木工切削工具、凿岩凿子等</td></tr>
<tr><td>T9</td><td>0.85~0.94</td></tr>
<tr><td>T10</td><td>0.95~1.04</td><td rowspan="4">≤0.40</td><td>197</td><td rowspan="2">用于制造车刀、刨刀、钻头、板牙、铣刀、刀锯锯条及简单量具等</td></tr>
<tr><td>T11</td><td>1.05~1.14</td><td rowspan="2">207</td></tr>
<tr><td>T12</td><td>1.15~1.24</td><td rowspan="2">用于制造钻头、丝锥、锉刀、刮刀等</td></tr>
<tr><td>T13</td><td>1.25~1.35</td><td>217</td></tr>
</table>

二、合金钢

为改善钢的性能,在碳钢的基础上加入其他元素的钢叫合金钢。加入的元素就叫作合金元素。钢中的合金元素主要有Si、Mn、Cr、Ni、W、Mo、V、Ti、Nb、Co、Al、B、RE(稀土元素)等。

1.合金钢的分类

1)按钢中合金元素总含量分

(1)低合金钢。钢中合金元的总含量<5%。

(2)中合金钢。5% ≤钢中合金元的总含量≤10%。

(3)高合金钢。钢中合金元素总含量 >10%。

2)按钢中杂质元素 S、P 含量分

(1)普通合金钢。S≤0.050%、P≤0.045%。

(2)优质合金钢。S≤0.035%、P≤0.035%。

(3)高级优质合金钢。S≤0.025%、P≤0.025%。

(4)特级优质合金钢。S≤0.015%、P≤0.020%。

3)按用途分

(1)合金结构钢。

(2)合金工具钢。

(3)特殊性能钢。

2. 合金钢的牌号和应用

1)合金结构钢的牌号和应用

(1)普通低合金高强度结构钢。

普通低合金高强度结构钢的表示方法与普通碳素结构钢相同。

专门用途的碳素钢:例如桥梁钢、船用钢等,基本上采用碳素结构钢的表示方法,但在钢号最后附加表示用途的字母。

常用普通低合金高强度结构钢的性能和应用,见表 3-4。

普通低合金高强度结构钢性能和用途 表 3-4

牌号	最低抗拉强度值(MPa)	用途举例
Q295	≥295	主要用于建筑结构,工业厂房,低压锅炉,低、中压化工容器,油罐,管道,起重机,拖拉机,车辆及对强度要求不高的一般工程结构
Q345	≥345	主要用于船舶、锅炉、压力容器、石油储罐、桥梁、电站设备、起重运输机械及其他较高载荷的焊接结构件
Q390	≥390	
Q420	≥420	用于大型船舶,桥梁,电站设备,中、高压锅炉,高压容器,机车车辆,起重机械,矿山机械及其他大型焊接结构件
Q460	≥460	用于各种大型工程结构及要求强度高、载荷大的轻型结构等

(2)优质合金结构钢。优质合金结构钢牌号表示方法:(专门用途符号)+数字+主要合金元素符号和数字+微量合金元素符号+(质量等级符号)+(专门用途符号)。

①钢号开头的两位数字表示钢的含碳量,以平均含碳量的万分之几表示,如 40Cr。

②钢中主要合金元素,除个别微合金元素外,一般以百分之几表示。当平均合金含量 <1.5% 时,钢号中一般只标出元素符号,而不标明含量,但在特殊情况下易致混淆者,在元素符号后亦可标以数字"1",例如钢号"12CrMoV"和"12Cr1MoV",前者铬含量为 0.4% ~0.6%,后者为 0.9% ~1.2%,其余成分全部相同。当合金元素平均含量≥1.5%、≥2.5%、≥3.5%…时,在元素符号后面应标明含量,可相应表示为 2、3、4…。例如,18Cr2Ni4WA。

③钢中的钒 V、钛 Ti、铝 Al、硼 B、稀土 RE 等合金元素,均属微合金元素,虽然含量很低,仍应在钢号中标出。例如,20MnVB 钢中:钒为 0.07% ~0.12%、硼为 0.001% ~0.005%。

④高级优质钢应在钢号最后加“A”,以区别于一般优质钢。

⑤专门用途的合金结构钢,钢号冠以(或后缀)代表该钢种用途的符号。例如,铆螺专用的30CrMnSi钢,钢号表示为ML30CrMnSi。

常用优质合金结构钢的牌号、性能和应用,见表3-5。

合金结构钢的性能及用途　　表3-5

序号	牌号	性能		用 途 举 例
		σ_b(MPa)	σ_s(MPa)	
1	20Mn2	785	590	一般用作较小截面的零件,与20Cr钢相当,可作为渗碳小齿轮、小轴、钢套、活塞销、柴油机套筒、气门顶杆等;也可作调质钢用,如冷镦螺栓或较大截面的调质零件
2	30Mn2	785	635	经调质后用作小截面的紧固件,变速器齿轮、轴、冷镦螺栓、对心部强度要求较高的渗碳件等
3	35Mn2	835	685	用作连杆、心轴、曲轴、操纵杆、螺钉、冷镦螺栓等。在制造小断面的零件时,可与40Cr钢互用
4	40Mn2	885	735	用作重负荷下工作的调质零件,如轴、螺杆、蜗杆、活塞杆、操纵杆、连杆、承载螺栓等。直径40mm以下的小断面重要零件,可代替40Cr
5	45Mn2	885	735	用来制造较高应力与磨损条件下的零件,在用作直径60mm以下零件时,与40Cr钢相当,在汽车、拖拉机和一般机械制造中,用于万向节轴、车轴、连杆盖、摩擦盘、蜗杆、齿轮、齿轮轴、电车和蒸汽机车车轴、车轴箱、重载荷机械以及冷拉的螺栓、螺母等
6	50Mn2	930	785	用作在高应力承受强烈磨损条件下工作的零件,如万向节轴、齿轮、曲轴、连杆、各类小轴等;重型机械的主大型轴、大型齿轮、汽车上传动花键轴及承受大冲击负荷的心轴等;也可用作板簧及平卷簧
7	20MnV	785	590	相当于20CrNi钢,可用于制造锅炉、高压容器、管道等
8	35SiMn	885	735	用作中等速度、中负荷或高负荷而冲击不大的零件,如传动齿轮、心轴、连杆、蜗杆、车轴、发动机、飞轮、汽轮机的叶轮,400℃以下的重要紧固件。这种钢除了要求低温(-20℃以下)冲击韧性很高的情况外,可全部代替40Cr作为调质钢,亦可部分代替40CrNi钢
9	42Sibin	885	735	可代替40Cr、40CrNi钢作为轴类零件,也可用来制成截面较大及表面淬火的零件
10	20SiMn2MoV	1380		可代替12CrNi4钢
11	25SiMn2MoV	1470		可代替25CrNi4钢作为调质零件
12	40B	785	635	可用作齿轮、转向拉杆、轴、凸轮等;在制造要求不高的零件时,可与40Cr钢互换

续上表

序号	牌号	性能		用途举例
		σ_b(MPa)	σ_s(MPa)	
13	45B	835	685	用作拖拉机曲轴柄，在制造小尺寸而要求不高的零件时，可代40Cr钢
14	40MnB	980	785	用作汽车转向臂、转向节、转向轴、半轴、蜗杆、花键轴、制动器调整臂等，也可代40Cr钢制造较大截面的零件
15	45MnB	1030	835	可代替40Cr、45Cr钢制造较耐磨的中、小截面调质零件，如机床齿轮、钻床主轴、拖拉机拐轴、曲轴齿轮、惰轮、分离叉、花键轴和套等
16	15MnVB	885	635	用于制造中小渗碳零件、如齿轮、轴等
17	20MnVB	1080	885	用于制造模数大、负荷较重的中小渗碳件，如齿轮、轴类，可代替20CrMnTi、20Cr钢
18	40MnVB	980	785	可代替40Cr钢或部分代42CrMo、40CrNi钢制造重要调质零件
19	20MnTiB	1130	930	用于制造尺寸较小、中等负荷的渗碳齿轮及其他零件、可代替20CrMnTi钢
20	25MnTiBRE	1380		代替20CrMnTi、22CrMnMo和20CrMo钢制造中等负荷的齿轮
21	15Cr	735	490	用作拖拉机的滑动齿轮、齿圈、齿轮轴等、可代替20CrMnTi钢
22	20Cr	835	540	用作工作速度较高而断面不大的、心部韧性高的渗碳零件，如套管、曲柄销、活塞销、活塞环、联轴器，以及工作速度较高的齿轮、凸轮、轴和轴承圈等，船舰主机用螺钉、机车小零件、汽轮机套环等
23	30Cr	885	685	用作在磨损及很大冲击负荷下工作的重要零件，如轴、平衡杠杆、摇杆、连杆、螺栓、螺母、齿轮和各种滚子等、也可用作需经表面淬火处理的零件
24	40Cr	980	785	用于较重要的调质零件，如在交变负荷下工作的零件；表面淬火后可用作负荷、耐磨性较高的而无很大冲击的零件，如齿轮、套筒、轴、曲轴、销子、连杆螺栓、螺母以及气阀等
25	12CrMo	410	265	用于制造蒸汽参数达510℃的主导管、管壁温度达540℃的过热管等
26	15CrMo	440	295	用于制造蒸汽参数达530℃的过热器管、蒸汽导管等
27	20CrMo	885	685	可制造在非腐蚀介质中及温度低于250℃的、含有氮氢混合物的介质中工作的高压管
28	35CrMo	980	835	用作在高负荷下工作的重要结构件，如车辆和发动机的传动件；汽轮发电机的转子、主轴、重载荷的传动轴；石油工业用穿孔器；锅炉上温度<480℃的紧固件、化工设备上温度<500℃和非腐蚀介质中工作的厚壁高压导管；可代替40CrNi作大断面零件

续上表

序号	牌号	性能		用 途 举 例
		σ_b(MPa)	σ_s(MPa)	
29	42CrMo	1080	930	用于比35CrMo钢要求强度更高或断面更大的的锻件、如机车牵引用大齿轮、增压器传动齿轮、后轴、发动机汽缸,1200～2000m石油深井钻杆接头与打捞工具等。可代含镍较高的调质钢
30	12CrMoV	440	225	用作蒸机参数达540℃的主气管、转向导叶环、汽轮机隔板、隔板外环,以及管壁温度＜570℃的各种过热器管、导管和相应的锻件
31	35CrMoV	1080	930	用作重型和中型机械上承受高应力的重要零件,如在500～520℃下长期工作的汽轮机轮子和叶轮,高级涡轮鼓风机和压缩机的转子、盖盘、转盘、功率不大的发电机轴,以及强力发动机零件等
32	25Cr2MoVA	930	785	高压抗氢钢,用作在70MPa和520℃以下工作的高压加氢设备管子及其他零件
33	25Cr2Mo1VA	735	590	高级氮化钢,用于制造高耐磨性、高疲劳强度、处理后尺寸精度高的氮化零件,如仿模、汽缸套、齿轮、滚子、量规、样板、高压阀门、阀杆、橡胶及塑料挤压机、镗床的镗杆、蜗杆、磨床主轴等
34	38CrMoAl	980	835	用于表面要求高硬度和耐磨、心部有较大强度而断面不大的渗碳零件,如齿轮、活塞销、涡轮传动齿轮、小轴、分配轴、顶杆等;汽轮机上的耐热螺母与垫圈(在300～500℃下工作);在非腐蚀介质中工作的高压管道等
35	40CrV	885	735	用作重要的曲轴、齿轮、推杆、高负荷的螺栓、机车连杆、螺旋桨轴承支架、横梁等
36	50CrVA	1280	1130	用作大截面的、在400℃以下工作的重要零件和特别重要的、承受高应力的各种尺寸的螺旋弹簧等
37	15CrMn	785	590	用作齿轮、蜗轮、塑料模、汽轮机封汽轴套等
38	20CrMn	930	735	用作截面不大、承受中等压力而冲击负荷不大的零件,如蜗杆、主轴、齿轮、轴、机械无级变速装置的摩擦轮、调速器套筒等,相当于20CrNi钢
39	40CrMn	980	835	用作在高速与高弯曲负荷下工作的轴、连杆,在高速、高负荷而无强冲击负荷下工作的齿轮轴、齿轮、水泵转子、离合器、小轴、心轴以及载煤机上受摩擦的零件,在化工设备上可作为高压容器盖板的螺栓,并可部分代替42CrMo和40CrNi钢
40	20CrMnSi	785	635	用于制造强度高的焊接结构、工作应力较高及高韧性的零件,也可用于轧制薄钢板

续上表

序号	牌号	性能		用途举例
		σ_b(MPa)	σ_s(MPa)	
41	25CrMnSi	1080	885	用作拉杆、重要的焊接和冲压零件
42	30CrMnSi	1080	885	用作在振动负荷下工作的焊接结构和铆接结构,如高压鼓风机叶片、阀板、高速高负荷的轴、齿轮、链轮、离合器、螺栓、螺母、轴套等、30CrMnSiA 可作为飞机上的高强度零件
43	35CrMnSiA	1620	1280	
44	20CrMnMo	1180	885	高级渗碳钢,用作要求高表面硬度与耐磨的重要渗碳零件,如曲轴、连杆、大型拖拉机最终传动主齿轮、活塞销、球头销、石油钻机的轮、钻头等。可代含镍较高的渗碳钢
45	40CrMnMo	980	785	用于制造承受重负荷的轴、齿轮、连杆以及汽轮机的零件等;可代替 40CrNiMo
46	20CrMnTi	1080	850	用于制造截面 <30mm 的承受高速重载、冲击以及摩擦的重要零件,如齿轮、齿圈、齿轮轴、十字头等
47	30CrMnTi	1470		用于汽车、拖拉机上断面较大的重要齿轮,如主动锥齿轮、后主齿轮以及心部强度特高的渗碳齿轮等
48	20CrNi	785	590	用作齿轮、韧性较高的小轴等
49	40CrNi	980	785	用作重型机械的齿轮、轴、蒸汽涡轮机的叶片、转子和轴、联轴器及其他要求韧性很大、强度很高的零件
50	45CrNi	980	785	用作高负荷的齿轮、小轴、销子、重要的螺栓、蒸汽轮机轮盘、转子
51	12CrNi2	785	590	用作渗碳齿轮、小轴、高韧性的活塞杆
52	12CrNi3	930	685	用作高负荷的渗碳齿轮、小轴以及销子等
53	20CrNi3	930	735	用作高负荷的齿轮、轴等
54	30CrNi3	980	785	用作高负荷的齿轮、多槽轴、键等
55	37CrNi3	1130	980	用作大断面重要调质零件、如轴、方向轴、前轴、传动轴、曲轴、操纵杆、凹模等
56	12Cr2Ni4	1080	835	在振动及动载荷下工作的形状复杂的大型渗碳零件、如曲轴、曲柄轴、齿轮等
57	20Cr2Ni4	1180	1080	同 12Cr2Ni4,但对强度要求较高(渗碳及调质零件)
58	20CrNiMo	980	785	用作要求高强度、高韧性、截面尺寸较大的和较重要的调质零件,如卧式锻造机的传动偏心轴、锻压机曲轴等
59	40CrNiMoA	980	835	用作要求高强度、高韧性、截面尺寸较大的和较重要的调质零件、如卧式锻造机的传动偏心轴、锻压机曲轴等
60	18CrMnNiMoA	1180	885	高强度调质钢,用于强度要求较高或尺寸较大的承受高负荷的零件

2)滚动轴承钢

常用滚动轴承钢的牌号、性能特点和应用,见表3-6。

滚动轴承钢的性能及用途　　表3-6

类别	钢　号	主要特点	用途举例
高碳铬轴承钢	GCr6	淬透性差、合金元素少而钢价格低、工艺简单	一般工作条件下小尺寸(<20mm)的各类滚动体
	GCr9		
	GCr9SiMn	淬透性有所提高、耐磨性和回火稳定性有所改善	一般工作条件下中等尺寸的各类滚动体和套圈
	GCr15		
	GCr15SiMn	淬透性高、耐磨性好、接触疲劳性能优良	一般工作条件下大型或特大型轴承套圈和滚动体
渗碳轴承钢	20CrNiMoA	钢的纯洁度和组织均匀性高,渗碳后表面硬度58~62HRC,心部硬度25~40HRC,工艺性能好	承受冲击载荷的中小型滚子轴承,如发动机主轴承
	16Cr2Ni4MoA		
	12Cr2Ni3Mo5A		承受高冲击的和高温下的轴承,如发动机的高温轴承
	20Cr2Ni4A		
	20Cr2Mn2MoA		承受大冲击的特大型轴承,也用于承受大冲击、安全性高的中小型轴承
	20Cr2Ni3MoA		

高碳铬轴承钢:字母G+Cr元素符号和数字。

渗碳轴承钢:字母G+数字+主要合金元素符号和数字+微量合金元素符号+(质量等级符号)。

(1)钢号冠以字母“G”,表示滚动轴承钢类。

(2)高碳铬轴承钢钢号的含碳量不标出,含铬量以千分之几表示,例如GCr15。渗碳轴承钢的牌号表示方法,基本上和合金结构钢相同。

3)合金工具钢

(1)低合金工具钢的牌号。

①当低合金工具钢的平均含碳量≥1.0%时,在牌号中不标出含碳量;当平均含碳量<1.0%时,在牌号中以千分之几表示。例如,Cr12、CrWMn、9SiCr、3Cr2W8V。

②钢中合金元素含量的表示方法,基本上与合金结构钢相同。但对铬含量较低的合金工具钢钢号,其铬含量以千分之几表示,并在表示含量的数字前加“0”,以便把它和一般元素含量按百分之几表示的方法区别开来。例如,Cr06。

常用低合金工具钢的牌号和应用,见表3-7。

(2)高速工具钢。

高速工具钢的钢号一般不标出含碳量,只标出各种合金元素平均含量的百分之几。例如,钨系高速钢的钢号表示为W18Cr4V。钢号冠以字母C者,表示其含碳量高于未冠C的通用钢号。

高速工具钢的牌号和应用,见表3-8。

常用低合金工具钢的牌号和应用　表 3-7

牌号	淬火后 HRC≥	退火状态 HBS	性能特点	用途举例
Cr06	64	241~187	低合金铬工具钢,其差别在于 Cr、C 含量,Cr06 含 C 最高,含 Cr 最低,硬度耐磨性高但较脆;9Cr2 含 C 较低,韧性好	Cr06 可用作锉刀、刮刀、刻刀、剃刀;Cr2 和 9Cr2 除用作刀具外,还可用作量具、模具、轧辊等
Cr2	62	229~179		
9Cr2	62	217~179		
9SiCr	62	241~197	应用最广泛的低合金工具钢,其淬透性较高,回火稳定性较好;8MnSi 可节省 Cr 资源	常用于制造形状复杂、切削速度不高的刀具,如板牙、梳刀、搓丝板、钻头及冷作模具
8MnSi	62	≤229		
CrWMn	62	255~207	淬透性高、变形小、尺寸稳定性好,是微变形钢。缺点是易形成网状碳化物	可用于尺寸精度要求较高的成型刀具,但主要适用于量具和冷作模具
9CrWMn	62	241~197		

常用高速钢的牌号、性能和应用　表 3-8

钢号		W18Cr4V (18-4-1)	9W18Cr4V	W6Mo5Cr4V2 (6-5-4-2)	W6Mo5Cr4V3 (6-5-4-3)
化学成分(%)	C	0.70~0.80	0.90~1.00	0.80~0.90	1.10~1.25
	Mn	≤0.40	≤0.40	≤0.35	≤0.35
	Si	≤0.40	≤0.40	≤0.30	≤0.30
	Cr	3.80~4.40	3.80~4.40	3.80~4.40	3.80~4.40
	W	17.50~19.00	17.50~19.00	5.75~6.75	5.75~6.75
	V	1.00~1.40	1.00~1.40	1.80~2.20	2.80~3.30
	Mo			4.75~5.75	4.75~5.75
淬火硬度		≥63	≥63	HRC≥63	≥63
回火硬度 HRC		63~66	67~68	63~66	>65
应用举例		制造一般高速切削用车刀、刨刀、钻头、铣刀等	在切削不锈钢及其他硬或韧的材料时可显著提高刀具寿命与被加工零件的粗糙度	制造要求耐磨性和韧性很好配合的高速切削刀具。如丝锥、钻头等,并适于采用轧制、扭制热变形加工成型新工艺来制造钻头等刀具	制造要求耐磨性和热硬性较高的、耐磨性和韧性较好配合的形状稍为复杂的刀具,如拉刀

(3)模具钢的牌号和应用。

模具钢是用来制造冷冲模、热锻模、压铸模等模具的钢种。模具钢的性能根据其工作温度的不同,要求也不一样。冷作模具钢在常温条件下工作,承受很大的压力、弯曲力、冲击力、摩擦力,主要损坏形式是磨损、断裂、变形超差。因此,要求冷作模具钢具有高硬度 HRC58~62、高耐磨性、足够的强度与韧性,热处理变形小;热作模具钢在高温条件下工作,承受冲击、挤压、强烈摩擦,主要损坏形式是热疲劳。要求热作模具钢具有高强度、高耐磨性、高的抗热疲劳能力、高的回火稳定性和良好的导热性。

常用模具钢的牌号和应用,见表 3-9。

常用模具钢的性能和应用 表3-9

冲模种类	钢号		
	简单(轻载)	复杂(轻载)	重载
硅钢片冲模	Cr12、Cr12MoV、Cr6WV	同左	
冲孔落料模	T10A、9Mn2V	9Mn2V、Cr6WV、Cr12MoV	Cr12MoV
压弯模	T10A、9Mn2V	—	Cr12、Cr12MoV、Cr6WV
拔丝拉伸模	T10A、9Mn2V	—	Cr12、Cr12MoV
冷挤压模	T10A、9Mn2V	9Mn2V、Cr12MoV、Cr6WV	Cr12MoV、Cr6WV
小冲头	T10A、9Mn2V	Cr12MoV	W18Cr4V、W6Mo5Cr4V2
冷镦模(螺钉螺母),冷镦模(轴承钢、球钢)	T10A、9Mn2		Cr12MoV、Cr8Mo2SiV、W18Cr4V、Cr4W2MoV、8Cr8Mo2SiV2、基体钢
热锻模、热挤压模、热镦模	5CrMnMo(小)、5CrNiMo(大)、6SiMnV、6SiMnV		
压铸模	3Cr2、W8V、4Cr8W2、3W4CrSiV、3W2CrSiV,用于有色金属的压铸模具	Cr2、5CrMnMo、CrWMn、38CrMoAl,用于塑料模具	

(4)量具钢的牌号和应用。

量具钢是用于制造各种量度尺寸和形状的量规、块规、卡尺等工具的钢。量具钢要求具有高硬度(≥HRC62)、高耐磨性、防止因磨损造成的尺寸偏差;热处理变形小、组织稳定(尺寸稳定);良好的加工工艺性。量具由于用途不同和所要求的精度不同,因而所选用的钢种也不同。凡尺寸小、形状简单、精度较低的量具,如量规、样套等,一般用碳钢制造,可用T10A、T12A等高碳工具钢经淬火低温回火后使用。有时也可用15、20等低碳钢渗碳淬火,或用中碳钢50、60等经高频淬火处理来制造精度不高,但使用频繁、碰撞后不致折断的卡板、样板、直尺等量具。凡形状复杂、高精度的精密量具,如塞规、块规等,常用热处理变形小的钢,如CrMn、CrWMn、GCr15等制造。

4)特殊性能钢

特殊性能钢是指具有特殊物理性能、化学性能以及使用性能的钢。在机械制造业中,常用的特殊性能钢有不锈钢、耐热钢和耐磨钢等。

不锈钢和耐热钢牌号采用标准规定的合金元素符号和阿拉伯数字表示,易切削不锈钢、易切削耐热钢在牌号头部加"Y"。

一般用一位阿拉伯数字表示平均含碳量(以千分之几计);当平均含碳量≥1.00%时,用两位阿拉伯数字表示;当含碳量上限<0.10%时,以"0"表示含碳量;当含碳量上限≤0.03%、>0.01%时(超低碳),以"03"表示含碳量;当含碳量上限(≤0.01%时极低碳),以"01"表示含碳量。含碳量没有规定下限时,采用阿拉伯数字表示含碳量的上限数字。合金元素含量表示方法同合金结构钢。

不锈钢的牌号及应用,见表3-10。

不锈钢的牌号及应用　表3-10

钢号		特性	用途
奥氏体钢	301 17Cr－7Ni－低碳	与304钢相比，Cr、Ni含量少，冷加工时抗拉强度和硬度增高，无磁性，但冷加工后有磁性	列车、航空器、传送带、车辆、螺栓、螺母、弹簧、筛网
	301L 17Cr－7Ni－0.1N－低碳	在301钢基础上，降低含C量，改善焊口的抗晶界腐蚀性；通过添加N元素来弥补含C量降低引起的强度不足，保证钢的强度	铁道车辆构架及外部装饰材料
	321 18Cr－9Ni－Ti	在304钢中添加Ti元素来防止晶界腐蚀；适合于在430～900℃温度下使用	航空器、排气管、锅炉汽包
铁素体钢	409L 11.3Cr－0.17Ti－低C、N	因添加了Ti元素，故其高温耐蚀性及高温强度较好	汽车排气管、热交换机、集装箱等在焊接后不热处理的产品
	410L 13Cr－低C	在410钢的基础上，降低了含C量，其加工性，抗焊接变形，耐高温氧化性优秀	发动机排气管，锅炉燃烧室，燃烧器
	430 16Cr	作为铁素体钢的代表钢种，热膨胀率抵，成型性及耐氧化性优良	耐热器具、燃烧器、家电产品、2类餐具、厨房洗涤槽、外部装饰材料、螺栓、螺母、CD杆、筛网
马氏体钢	410 13Cr－低碳	作为马氏体钢的代表钢，虽然强度高，但不适合于在苛酷的腐蚀环境下使用；其加工性好，依热处理面硬化（有磁性）	刀具、机械零件、石油精炼装置、螺栓、螺母、泵杆、1类餐具（刀叉）
	420J1 13Cr－0.2C	淬火后硬度高，耐蚀性好（有磁性）	餐具（刀）、涡轮机叶片
	420J2 13Cr－0.3C	淬火后，比420J1钢硬度高（有磁性）	刀具、管嘴、阀门、板尺、餐具（剪刀、刀）

三、钢的热处理

热处理是采用适当的方式对金属材料或工件在固态的温度范围内进行加热、保温和冷却，以获得预期的组织结构与性能的工艺。任意一个热处理工艺都是由加热、保温、冷却三个阶段组成的。

热处理是机械零件及工具制造过程中的重要工序。它可改善工件的组织和性能，充分发挥材料潜力，从而提高工件使用寿命。就目前机械工业生产状况而言，各类机床中要经过热处理的工件占总质量的60%～70%；汽车、拖拉机中占70%～80%；轴承、各种工模具等几乎都需要热处理。因此，热处理在机械制造工业中占有十分重要的地位。

1. 钢的退火与正火

钢的退火与正火是常用的两种基本热处理工艺，主要用来处理工件毛坯，为以后切削加工和最终热处理做组织准备。因此，退火与正火通常又称为预备热处理。对于一般铸件、焊接件以及性能要求不高的工件，退火、正火都可作为最终热处理。

1）钢的退火

钢的退火是将工件加热到适当温度，保持一定时间，然后缓慢冷却（一般随炉冷却）的热处理工艺。其目的是消除钢的内应力、降低硬度、提高塑性、细化组织、均匀化学成分，以利于后续加工，并为最终热处理做好组织准备。

根据钢的化学成分和退火目的不同，退火常分为：完全退火、球化退火、去应力退火、扩散退火和再结晶退火等。

2）钢的正火

正火是指将工件加热奥氏体化后，在空气中冷却的热处理工艺。正火的目的是细化晶粒、消除网状渗碳体，并为淬火、切削加工等后续工序做组织准备。

正火与退火相比，奥氏体化温度高；冷却速度快，过冷度较大，因此正火后所得到的组织比较细，强度、硬度比退火高一些；同时，正火与退火相比，具有操作简便、生产周期短、生产效率高、成本低等特点。正火的目的：

（1）改善切削性能、低碳钢和低碳合金钢退火后硬度偏低，切削加工时都有“粘刀”现象，正火能适当提高硬度，改善切削加工性。

（2）消除钢状碳化物，为球化退火做组织准备。

（3）用于普通结构零件或某些大型非合金钢工件的最终处理，以代替调质处理，如铁道车辆的车轴。

（4）用于淬火返修件，消除应力、细化组织，防止重新淬火时产生变形与开裂。

2. 钢的淬火

钢的淬火是指将工件加热奥氏体化后，以适当方式冷却获得马氏体或（和）贝氏体组织的热处理工艺。

1）淬火的目的

淬火的目的主要是使钢件得到马氏体或（和）贝氏体组织，提高钢的硬度和强度，与适当的回火相配合，可以更好地发挥钢材的性能潜力。因此，重要的结构件，特别是承受动载荷和剧烈摩擦作用的零件，以及各种类型的工具等都要进行淬火。

2）淬火工艺

（1）淬火加热温度的确定。亚共析钢淬火加热温度均为 Ac_3 以上 30～50℃，共析钢和过共析钢淬火加热温度为 Ac_1 以上 30～50℃。

（2）几种常见淬火方法及应用，见表3-11。

3. 钢的回火

回火是指将淬火后的工件重新加热到 Ac_1 以下的某一温度，保温一定时间，然后冷却到室温的热处理工艺。回火是紧接淬火之后进行的，通常也都是零件进行热处理的最后一道工序。其目的是消除和减小内应力、稳定组织、调整性能，以获得强度和韧性之间较好的配合。

回火方法及其应用，见表3-12。

常见淬火方法及应用　　表 3-11

淬火方法	冷却介质	特点	应用
单介质淬火	水、盐水、油、盐浴和空气	在单一介质中完成淬火冷却	主要应用于形状简单的钢件
双介质淬火	水和油；　盐浴和空气	在两种冷却能力不同的介质中完成淬火冷却。一般选择先水冷后油冷或先盐浴后空冷	主要适用于中等复杂形状的高碳钢工件和较大尺寸的合金钢工件
分级淬火	先盐浴或碱浴，然后空气	在盐浴或碱浴中冷却至略高于 *Ms* 温度停留一段时间，然后出炉空冷	分级淬火能够减小工件中的热应力，并缓和相变产生的组织应力，减少了淬火变形，适用于尺寸比较小且形状复杂的工件的淬火
等温淬火	盐浴或碱浴	在盐浴或碱浴中中快冷至贝氏体转变温度进行等温转变	适用于形状复杂且易于出现回火脆性的工件的淬火
冷处理	制冷设备或低温介质（如冰水、干冰）	消除和减少残余奥氏体、稳定工件尺寸、获得更多的马氏体	适用于量具、精密轴承、精密丝杠、精密刀具等

回火方法及应用　　表 3-12

回火方法	回火温度(℃)	回火目的	应用举例
低温回火	<250	在保持淬火组织高硬度和耐磨性的同时，降低淬火应力，减小钢的脆性	用于高碳钢、合金工具钢制造的刃具、量具、冷作模具、滚动轴承及渗碳件、表面淬火件等
中温回火	250~500	在极大降低淬火应力的同时，使工件获得高的弹性极限和屈服强度，并具有一定的韧性	主要用于处理弹性元件，如各种卷簧、板簧、弹簧钢丝和受小能量多次冲击载荷的结构件
高温回火（调质处理）	>500	可完全消除淬火应力，比正火件的强度较高、有良好的塑性和韧性，即具有良好的综合力学性能	主要用于处理轴类、连杆、螺栓、齿轮等工件

4. 钢的表面热处理

钢的表面热处理是仅改变工件表面组织和性能的热处理工艺，表面淬火和化学热处理是最常用的表面热处理。

1）钢的表面淬火

表面淬火是指仅对工件表层进行淬火的工艺，其目的是使工件表面获得高硬度和耐磨性，而心部保持较好的塑性和韧性，以提高其在扭转、弯曲等交变载荷或在摩擦、冲击、接触应力大等工作条件下的使用寿命。它不改变工件表面化学成分,而是采用快速加热方式,使工件表层迅速奥氏体化,使心部仍处于临界点以下,并随之淬火,使表层硬化。依加热方法的不同,表面淬火方法主要有:感应加热表面淬火、火焰加热表面淬火、电接触加热表面淬火以及电解液加热表面淬火等。目前,生产中应用最多的是感应加热表面淬火和火焰加热表面淬火。

感应加热表面和火焰加热表面淬火的特点及应用,见表3-13。

感应加热表面和火焰加热表面淬火的特点及应用　　表3-13

分类	加热方式	淬火深度(mm)	适用范围
感应加热	高频加热50~300kHz	0.3~2.5	中小型轴、销、套等圆柱形零件,小模数齿轮
	中频加热1~10kHz	3~10	尺寸较大的轴类、大模数齿轮
	工频加热50kHz	10~20	大型(>300)零件表面淬火或棒料穿透加热
火焰加热	氧乙炔或其他可燃气	2~6	主要用于单件或小批生产的各种齿轮、轴、轧辊等

2)钢的化学热处理

钢的化学热处理是将工件置于一定温度的活性介质中保温,使一种或几种元素渗入到工件的表层,以改变其化学成分、组织和性能的热处理工艺,称为化学热处理。这种热处理与表面淬火相比,其特点是表层不仅有组织的变化,而且还有化学成分的变化。

化学热处理由分解、吸收和扩散三个基本过程所组成:即渗入介质在高温下通过化学反应进行分解,形成渗入元素的活性原子;渗入元素的活性原子被钢的表面吸附;被吸附的活性原子由钢的表层逐渐向内扩散,形成一定深度的扩散层。目前在机械制造业中,最常用的化学热处理是渗碳、渗氮。

(1)渗碳。为提高工件表层碳的质量分数并在其中形成一定的含碳量梯度,将工件在渗碳介质中加热保温,使碳原子渗入的化学热处理工艺称为渗碳。

渗碳所用钢种一般是碳的质量分数0.10%~0.25%的低碳和低碳合金钢,如15、20、20r、20CrMnTi等钢。渗碳后的工件都要进行淬火和低温回火,使工件表面获得高的硬度(56~64HRC)、耐磨性和疲劳强度,而心部仍保持一定的强度和良好的韧性。渗碳被广泛应用于要求表面硬而心部韧的工件上,如齿轮、凸轮轴、活塞销等。

(2)渗氮。在一定温度下于一定介质中,使氮原子渗入工件表层的化学热处理工艺,称为渗氮(又叫氮化)。渗氮的目的是为了提高工件表层的硬度、耐磨性、热硬性、耐腐蚀性和疲劳强度。

渗氮处理广泛应用于各种高速转动的精密齿轮、高精度机床主轴、交变循环载荷作用下要求疲劳强度高的零件(如高速柴油机曲轴)以及要求变形小和具有一定耐热、抗腐蚀能力的耐磨零件(如阀门)等。但是渗氮层薄而脆,不能承受冲击和振动,而且渗氮处理生产周期长、生产成本较高。钢件渗氮后不需淬火就可达到68~72HRC的硬度,目前常用的渗氮方法有气体渗氮和离子渗氮两种。

零件不需要渗氮的部分应镀锡或镀铜保护,也可留1mm的余量,在渗氮后磨去。

四、铸铁

1.铸铁的分类

根据铸铁中碳的存在形式不同,铸铁可分为白口铸铁和灰口铸铁两大类。

1)白口铸铁

白口铸铁中的碳,几乎全部以 Fe_3C 形式存在。断口呈银白色,性能硬而脆,很难进行切削加工,工业上极少用来制造机械零件,主要用作炼钢原料或用于可锻铸铁的毛坯。

2)灰口铸铁

灰口铸铁中的碳大部分或全部以自由状态的石墨形式存在,断口呈暗灰色。根据灰口铸铁中石墨存在形式不同,又可分为普通灰口铸铁、可锻铸铁、球墨铸铁和蠕墨铸铁。

(1)普通灰口铸铁,简称灰口铸铁,其石墨形态呈片状。由于片状石墨对金属基体组织的割裂作用和石墨片两尖端在外力作用下形成的应力集中,使普通灰口铸铁的综合力学性能较低,但其减振性、耐磨性、铸造性以及切削加工性较好,主要用于制造承受压力的床身、箱体、机座、导轨等零件。灰铸铁的显微组织,如图 3-1 所示。

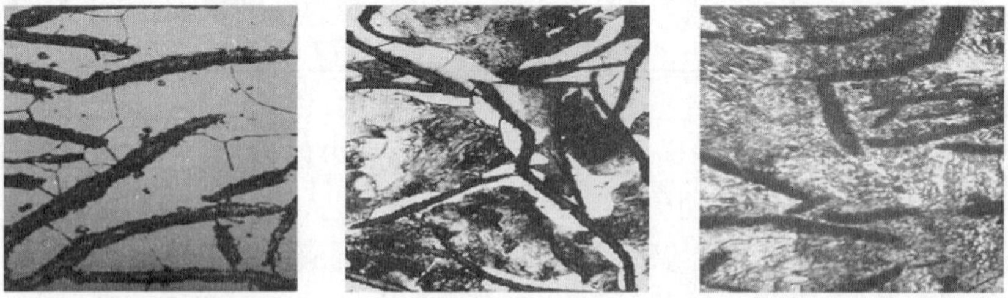

a)铁素体灰铸铁　　b)铁素体—珠光体灰铸铁　　c)珠光体灰铸铁

图 3-1　灰铸铁的显微组织

(2)可锻铸铁。可锻铸铁是由白口铸铁经石墨化退火后得到,其石墨形态呈团絮状。由于团絮状石墨对金属基体的割裂作用减小,故可锻铸铁的抗拉强度、塑性、韧性都比灰口铸铁高,主要用于制造一些形状比较复杂而在工作中承受一定冲击载荷的薄壁小型零件,如管接头、农具等。可锻铸铁的显微组织,如图 3-2 所示。

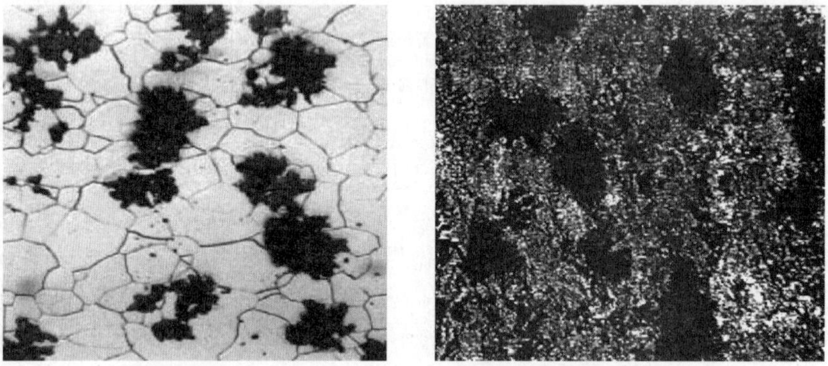

a)铁素体可锻铸铁　　b)珠光体可锻铸铁

图 3-2　可锻铸铁的显微组织

(3)球墨铸铁。球墨铸铁中石墨形态呈球状。由于球状石墨对金属基体的割裂和造成应力集中的作用明显下降,可以充分发挥金属基体的性能。因此,球墨铸铁具有较高的强度、塑性和韧性,在某些情况下可替代中碳钢使用。主要用于制造受力复杂、负荷较大的机械零件,如曲轴、连杆、齿轮、凸轮轴等。球墨铸铁的显微组织,如图 3-3 所示。

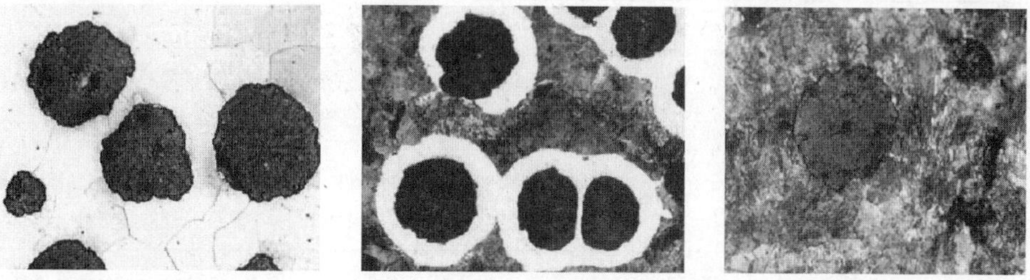

a)铁素体球墨铸铁　　b)铁素体—珠光体球墨铸铁　　c)珠光体球墨铸铁

图 3-3　球墨铸铁的显微组织

(4)蠕墨铸铁中,石墨的形态介于片状石墨和球状石墨之间,大部分呈蠕虫状。蠕虫状石墨对金属基体产生的割裂现象和应力集中明显减小。因此,蠕墨铸铁的力学性能介于灰口铸铁和球墨铸铁之间。蠕墨铸铁的铸造性、减振性、耐磨性、导热性和切削加工性要优于球墨铸铁,与灰口铸铁相近。主要用来制造柴油机的汽缸盖、汽缸套、进(排)气管、钢锭模、玻璃模具、阀体等。蠕墨铸铁的显微组织,如图 3-4 所示。

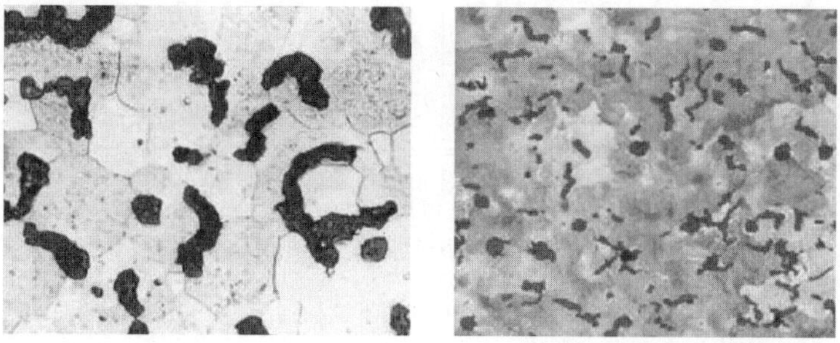

a)铁素体蠕墨铸铁　　b)珠光体蠕墨铸铁

图 3-4　蠕墨铸铁的显微组织

2. 常用铸铁的牌号和应用

1)灰口铸铁的牌号和应用

灰口铸铁的化学成分为:含碳量 = 2.8% ~ 3.5%、含硅量 = 1.2% ~ 2.2%、含锰量 = 0.5% ~ 1.3%、含磷量≤0.30%、含硫量≤0.15%。

灰口铸铁牌号的表示方法为 HT + 数字,其中 HT 是灰铁两字汉语拼音的第一个字母,数字表示最低抗拉强度。常用灰口铸铁的牌号、性能和用途,见表 3-14。

2)可锻铸铁的牌号和应用

可锻铸铁的化学成分为:含碳量 = 2.4% ~ 2.7%、含硅量 = 1.4% ~ 1.8%、含锰量 = 0.5% ~ 0.7%、含磷量≤0.08%、含硫量≤0.25%。

可锻铸铁牌号的表示方法为 KT + 数字,其中 KT 是可铁两字汉语拼音的第一个字母,两组数字分别表示最低抗拉强度和最低伸长率;KTH 表示黑心可锻铸铁;KTZ 表示珠光体基体可锻铸铁。可锻铸铁的牌号、性能和用途,见表 3-15。

常用灰口铸铁的性能和用途　表 3-14

牌号	最低抗拉强度(MPa)	显微组织	用途举例
HT100	≥100	F	适用于载荷小、对摩擦和磨损无特殊要求的不重要铸件，如防护罩、盖、油盘、手轮、支架、底板、重锤、小手柄等
HT150	≥150	F + P	承受中等载荷的铸件，如机座、支架、箱体、刀架、床身、轴承座、工作台、带轮、端盖、泵体、阀体、管路、飞轮、电机座等
HT200	≥200	P	承受较大载荷和要求一定的气密性或耐蚀性等较重要铸件，如汽缸、齿轮、机座、飞轮、床身、汽缸体、汽缸套、活塞、齿轮箱、制动轮、联轴器盘、中等压力阀体等
HT250	≥250	细 P	
HT300	≥300	较细 P	承受高载荷、耐磨和高气密性重要铸件，如重型机床、剪床、压力机、自动车床的床身、机座、机架、高压液压件、活塞环、受力较大的齿轮、凸轮、衬套，大型发动机的曲轴、汽缸体、缸套、汽缸盖等
HT350	≥350	极细 P	

可锻铸铁的性能和用途　表 3-15

牌　号	最低抗拉强度值(MPa)	伸长率(%)	用途举例
KTH300 - 06	≥300	6	主要应用于汽车、拖拉机、农机、铁路、建筑构件、水暖管件
KTH330 - 08	≥330	8	
KTH350 - 10	≥350	10	
KTH370 - 12	≥370	12	
KTZ450 - 06	≥450	6	汽车发动机曲轴、连杆等
KTZ550 - 04	≥550	4	
KTZ650 - 02	≥650	2	
KTZ700 - 02	≥700	2	

3)球墨铸铁的牌号和应用

球墨铸铁的化学成分为：含碳量 = 3.6% ~4.0%、含硅量 = 2.0% ~3.2%、含锰量 = 0.6% ~0.9%、含磷量≤0.1%、含硫量≤0.07%。

球墨铸铁的牌号由 QT + 两组数字组成。其中 QT 是球铁两字汉语拼音的第一个字母，两组数字分别表示最低抗拉强度值和最小伸长率数值。球墨铸铁的牌号、性能和用途，见表 3-16。

球墨铸铁的性能和用途　表 3-16

牌号	基体组织	最低抗拉强度值(MPa)	断后伸长率(%)	用途举例
QT400 - 18	铁素体	≥400	18	承受冲击、振动的零件，如汽车、拖拉机的轮毂、驱动桥壳、差速器壳、拨叉、农机具零件、中低压阀门、上下水及输气管道、压缩机上高低压汽缸、电机机壳、齿轮箱、飞轮壳等
QT400 - 15	铁素体	≥400	15	
QT450 - 10	铁素体	≥450	10	
QT500 - 7	铁素体 + 珠光体	≥500	7	机器座架、传动轴、飞轮、电动机架、内燃机的机油泵齿轮、铁路机车车辆轴瓦等

续上表

牌号	基体组织	最低抗拉强度值(MPa)	断后伸长率(%)	用途举例
QT600－3	珠光体＋铁素体	≥600	3	载荷大、受力复杂的零件,如汽车、拖拉机的曲轴、连杆、凸轮轴、汽缸套,部分磨床、铣床、车床的主轴,机床蜗杆、蜗轮,轧钢机轧辊、大齿轮,小型水轮机主轴,汽缸体,桥式起重机大小滚轮等
QT700－2	珠光体	≥700	2	
QT800－2	珠光体或回火组织	≥800	2	
QT900－2	贝氏体或回火马氏体	≥900	2	高强度齿轮,如汽车后桥螺旋锥齿轮,大减速器齿轮,内燃机曲轴、凸轮轴等

4)蠕墨铸铁的牌号和应用

蠕墨铸铁的化学成分为:含碳量＝3.5%～3.9%,含硅量＝2.4%～2.8%,含锰量＝0.1%～0.7%,含磷量≤0.1%,含硫量≤0.01%～0.03%。

蠕墨铸铁的牌号由RuT＋数字组成。其中RuT是蠕铁两字汉语拼音的第一个字母,数字表示最低抗拉强度值。蠕墨铸铁的牌号、性能和用途,见表3-17。

蠕墨铸铁的性能和用途　　表3-17

牌号	最低抗拉强度值(MPa)	断后伸长率(%)	用途举例
RuT260	≥260	3	增压器进气壳体、汽车底盘零件等
RuT300	≥300	1.5	排气管、变速器壳体、汽缸盖、液压件、纺织机零件、钢锭等
RuT340	≥340	1.0	重型机床件大型齿轮箱体、盖、座,飞轮,起重机卷筒等
RuT380	≥380	0.75	活塞环、汽缸套、制动盘、钢珠研磨盘、吸淤泵体等
RuT420	≥420	0.75	

单元3.2　有色金属材料

有色金属是指铁及铁碳合金以外的其他金属。由于有色金属具有某些黑色金属所不具备的特殊的物理、化学性能,因此有色金属在机械制造、航空、航海、汽车以及化工部门得到广泛应用。

一、铜及铜合金

1.纯铜

1)结构与性能

纯铜呈紫红色,故又称为"紫铜"。其密度为8.9g/cm^3,熔点为1083℃;具有面心立方晶格,无同素异构转变,无磁性;具有良好的导电性和导热性;在大气、淡水和冷凝水中具有良好的耐蚀性。

纯铜的强度不高(σ_b＝200～250MPa),硬度较低(40～50HB),塑性好(δ＝45%～50%)。冷变形后,其强度可提高到400～500MPa,硬度可达到100～200HB,但伸长率下降。纯铜主要用于配制铜合金、制作导线以及耐蚀材料等。

2)牌号与用途

(1)纯铜(工业纯铜):含氧量在 0.02% ~0.10% 之间,用 T(铜)表示,如 T1 ~ T4,顺序号越大,纯度越低。

(2)无氧铜:含氧量 < 0.003%,用 TU(无氧铜)表示,如 TU1、TU2。

纯铜的牌号、性能与用途,见表 3-18。

纯铜的牌号、性能与用途 表 3-18

组　别	牌　号	代　号	化学成分(%)				用　　途
			Cu	杂质元素			
			不小于	Bi	Pb	总量	
纯铜	一号纯铜	T1	99.95	0.001	0.003	0.05	导电、导热、耐蚀器具材料(电线蒸发器、雷管、储藏器等)
	二号纯铜	T2	99.90	0.001	0.005	0.10	
	三号纯铜	T3	99.70	0.002	0.010	0.30	
	四号纯铜	T4	99.50	0.003	0.050	0.50	
无氧铜	一号无氧铜	TU1	99.97	0.001	0.003	0.03	电真空器材、高导性导线
	二号无氧铜	TU2	99.85	0.001	0.004	0.05	

2. 铜合金

根据加入合金元素的不同,分为黄铜、青铜和白铜。

1)黄铜

以 Zn 为主加元素的铜合金称为黄铜,分为 Cu—Zn 二元合金的普通(简单)黄铜和在 Cu—Zn基础上加入其他合金元素形成的特殊(复杂)黄铜,各种黄铜牌号见表 3-19。

(1)普通黄铜牌号:H(黄) + 铜质量分数,如 H80。

(2)特殊黄铜牌号:H(黄) + 第一合金元素 + 铜质量分数-第一合金元素质量分数-第二合金元素质量分数,如 HAl59-3-2。

各 种 黄 铜 牌 号 表 3-19

组别	代号	主要化学成分(%)(重量)			杂质总和(%)(重量)	应 用 举 例
		铜	锌	其他合金元素		
普通黄铜	H96	95.0 ~97.0	余量		≤0.2	用来制作散热器的管道、叶片、装饰品、深冲压类零件等
	H90	88.0 ~91.0			≤0.2	
	H80	79.0 ~81.0			≤0.3	
	H68	67.0 ~70.0			≤0.3	
	H62	60.5 ~63.5			≤0.5	用来制造铆钉、螺母、垫圈等零件
	H59	57.0 ~60.0			≤1.0	
铅黄铜	HPb63-3	62.0 ~65.0	余量	铅 2.4 ~3.0	≤0.75	钟表或汽车用零件
	HPb59-1	57.0 ~60.0		铅 0.8 ~1.9	≤1.0	
铝黄铜	HAl60-1-1	58.0 ~61.0	余量	铝 0.7 ~1.5 砷 0.1 ~0.6 铁 0.7 ~1.5	≤0.7	齿轮、涡轮、衬套、螺旋桨的耐腐蚀零件等

2)青铜

Cu—Sn 合金是应用最早的青铜,现将除 Zn、Ni 以外的合金元素为主加元素的铜合金称为青铜。锡青铜有较高的力学性能,较好的耐蚀性、减磨性和铸造性能;对过热和气体的敏感性小、焊接性能好、无铁磁性、收缩系数小。锡青铜在大气、海水、淡水和蒸汽中的抗蚀性都比黄铜高。铝青铜有比锡青铜高的力学性能和耐磨、耐蚀、耐寒、耐热、无铁磁性,有良好的流动性、无偏析倾向,可得到致密的铸件。在铝青铜中加入铁、镍和锰等元素,可进一步改善合金的各种性能。

青铜也分为压力加工和铸造产品两大类。常见青铜的牌号、性能及应用,见表3-20。

青铜的牌号、性能及应用　　表3-20

组别	牌号	化学成分(%)(重量)				杂质总和(%)(重量)	应用举例
		锡	铝	铅	其他		
锡青铜	QSn4-3	2.5~4.5		1.5~3.5	锌2.7~3.3	≤0.3	
	QSn4-4-2.5	3.0~5.0			锌3.0~5.0	≤0.2	
	QSn6.5-0.1	6.0~7.0			磷0.10~0.25	≤0.1	
	QSn6.5-0.4	6.0~7.0			磷0.26~0.40	≤0.1	
铝青铜	QAl5		4.0~6.0			≤1.6	
	QAl7		6.0~8.0			≤1.6	
铍青铜	QBe2	铍1.80~2.10			镍0.2~0.5	≤0.5	

(1)压力加工青铜牌号:Q(青)+主加元素及含量+辅加元素含量,如QAl5。

(2)铸造青铜牌号:ZCu+合金元素及含量,如ZCuSn10。

3)白铜

以Ni为主加元素的铜合金称为白铜,分为普通(简单)白铜和特殊(复杂)白铜,也可分为耐蚀用白铜和电工用白铜。

(1)普通白铜牌号:B(白)+镍质量分数,如B30。

(2)特殊白铜牌号:B(白)+第二合金元素+Ni质量分数+第二合金元素质量分数,如BMn3-12。

各种白铜牌号,见表3-21。

各种白铜牌号　　表3-21

组别	牌号	化学成分						杂质总和(%)
		镍+钴	铁	锰	铝	锌	铜	
普通白铜	B0.6	0.57~0.63					余量	≤0.1
	B5	4.4~5.0						≤0.5
	B19	18~20						≤1.3
	B25	24~26						≤1.8
铝白铜	BAl6~1.5	5.6~6.5						≤1.1

二、铝及铝合金

1. 工业纯铝

1)结构与性能

铝是一种轻金属,密度2.72g/cm^3,熔点660.37℃,无同素异构转变,特点是:

(1)密度小,熔点低,强度、硬度低,塑性、韧性高。

(2)优良的导电与导热性。

(3)优良的耐蚀性。

2)纯铝的牌号及用途

压力加工产品用L表示,后面的顺序号表示杂质的含量。

(1)工业纯铝:L1 ~ L7(99.7% ~98%),编号大,纯度低。

(2)高纯铝:L04 ~ L01(99.996% ~99.93%),编号大,纯度高。

2. 铝合金

1)铝合金的性能及分类

某些铝合金经热处理后强度显著提高,特别是比强度(σ_b/ρ)很高,重要的航空材料。主要分为形变铝合金和铸造铝合金。

2)铝合金的热处理

与钢的热处理不同,铝无同素异构转变,因此铝合金主要是通过固溶强化和时效处理两种方式来进行强化。

(1)固溶处理:将合金加热至单相固溶体区保温后快速冷却,得到过饱和固溶体的热处理工艺。固溶强化效果不明显。

(2)时效处理:将过饱和固溶体在室温放置很长时间或者加热至某一温度保温一段时间,随着时间的延长,强度、硬度升高,这种热处理工艺称为时效处理(前者为自然时效,后者为人工时效),这种强化方法称为时效强化。

3)变形铝合金

要求有良好的冷热加工性,不允许有过多的第二相,一般合金元素含量<5%,高强度合金中合金元素含量=8% ~14%。分为可热处理强化铝合金(硬铝、超硬铝及锻铝)和不能热处理强化铝合金(防锈铝),分别表示为LY、LC、LD和LF,其后为顺序号。变形铝合金的主要牌号、成分、力学性能及用途,见表3-22。

变形铝合金的主要牌号、成分、力学性能及用途 表3-22

类别	代号(旧牌号)	热处理状态	力学性能			用途
			σ_b(MPa)	δ(%)	HB	
防锈铝合金	5A05(LF5)	退火	270	23	70	中载零件、铆钉、焊接油箱、油管
	3A21(LF21)		130	23	30	管道、容器、铆钉、轻载零件及制品
硬铝合金	2A01(LY1)	固溶处理+自然时效	300	24	70	中等强度、工作温度不超过100℃的铆钉
	2A11(LY11)		420	18	100	中等强度构件和零件,如骨架、螺旋桨叶片、铆钉
	2A12(LY12)		480	11	131	高强度的构件及150℃以下工作的零件,如骨架、梁、铆钉

续上表

类　别	代号(旧牌号)	热处理状态	力学性能			用　途
			σ_b(MPa)	δ(%)	HB	
超硬铝合金	7A04(LC4)	固溶处理+人工时效	600	12	150	主要受力构件及高载荷零件,如飞机大梁,加强框、起落架
	7A09(LC9)					同上
锻造铝合金	2A50(LD5)		420	13	105	形状复杂和中等强度的锻件及模锻件
	2A70(LD7)		440	13	120	高温下工作的复杂锻件和结构件、内燃机活塞
	2A14(LD10)		480	10	135	高载荷锻件和模锻

4)铸造铝合金

铸造铝合金除了要有足够的力学性能及耐蚀性外,还要有优良的铸造性能。共晶合金的铸造性能最好,但由于有大量脆性相,使脆性增加,因此实际使用的并非都是共晶合金,只是比变形铝合金的合金元素高一些,一般合金元素含量=8%~25%。用ZL(铸铝)表示,第一位数表示合金系(1:Al—Si,2:Al—Cu,3:Al—Mg,4:Al—Zn),后两位数为顺序号,常用铸造铝合金的牌号、性能及应用见表3-23。

常用铸造铝合金的牌号、性能及应用　　表3-23

类别	牌号	代号	铸造方法	热处理方法	力学性能			用途举例
					σ_b(MPa)	δ(%)	HBS	
铝硅合金	ZAlSi7Mg	ZL101	金属型	固溶处理+不完全时效	205	2	60	形状复杂的零件,如飞机仪表零件、抽水机壳体、柴油机零件等
			砂型		195	2	60	
			砂型变质处理	固溶处理+完全时效	225	1	70	
	ZAlSi12	ZL102	金属型	退火	145	3	50	形状复杂的仪表壳体、水泵壳体、工作温度在200℃以下高气密性、低载零件等
			砂型变质处理		135	4	50	
铝硅合金	ZAlSi9Mg	ZL104	金属型	固溶处理+完全时效	235	2	70	在200℃以下工作的内燃机汽缸头、活塞等
			砂型变质处理		225	2	70	
铝铜合金	ZAlCu5Mn	ZL201	砂型	固溶处理+自然时效	295	8	70	在300℃以下工作的零件,如发动机机体、汽缸体等
				固溶处理+不完全时效	335	4	90	

续上表

类别	牌号	代号	铸造方法	热处理方法	力学性能			用途举例
					σ_b (MPa)	δ (%)	HBS	
铝铜合金	ZAlCu4	ZL203	砂型	固溶处理+不完全时效	215	3	70	形状简单的中载零件，如托架、在200℃以下工作并切削加工性好的零件等
铝镁合金	ZAlMg10	ZL301	砂型	固溶处理+自然时效	280	10	60	在大气或海水中工作的零件，在150℃以下工作，承受大振动载荷的零件等
	ZAlMg5Si	ZL303	砂型 金属型		145	1	55	腐蚀介质中工作的中载零件，严寒大气及200℃以下工作的海轮配件等
铝锌合金	ZAlZn11Si7	ZL401	金属型	人工时效	245	1.5	90	在200℃以下工作，结构形状复杂的汽车、飞机、仪表零件等

单元3.3 材料的选择及运用

一、选材的一般原则

1.材料的使用性能

使用性能指的是零件在使用时所应具备的材料性能，包括力学性能、物理性能和化学性能。对大多数零件而言，力学性能是主要的性能指标，表征力学性能的参数主要有强度极限 σ_b、弹性极限 σ_e、屈服强度 σ_s 或 $\sigma_{0.2}$、伸长率 δ、断面收缩率 ψ、冲击韧性 a_k 以及硬度 HRC 或 HBS 等。这些参数中，强度是力学性能的主要性能指标，只有在强度满足要求的情况下，才能保证零件正常工作，且经久耐用。几种常见零件的工作条件、失效形式以及要求的力学性能指标，见表3-24。

几种常见零件的受力情况、失效形式以及要求的力学性能　表3-24

零件	工作条件			常见失效形式	要求的主要力学性能
	应力种类	载荷性质	其他		
普通紧固螺栓	拉应力 切应力	静		过量变形、断裂	屈服强度、抗剪强度
传动轴	弯应力 扭应力	循环 冲击	轴颈处摩擦、振动	疲劳破坏、过量变形、轴颈处磨损	综合力学性能

续上表

零件	工作条件			常见失效形式	要求的主要力学性能
	应力种类	载荷性质	其　他		
传动齿轮	压应力 弯应力	循环 冲击	强烈摩擦，振动	磨损、麻点剥落、齿折断	表面硬度及弯曲疲劳强度、接触疲劳抗力，心部屈服强度、韧性
弹簧	扭应力 弯应力	循环 冲击	振动	弹性丧失、疲劳断裂	弹性极限、屈服比、疲劳强度
油泵柱塞副	压应力	循环 冲击	摩擦，油的腐蚀	磨损	硬度、抗压强度
冷作模具	复杂应力	循环 冲击	强烈摩擦	磨损、脆断	硬度，足够的强度、韧性
压铸模	复杂应力	循环 冲击	高温度、摩擦、金属液腐蚀	热疲劳、脆断、磨损	高温强度、热疲劳抗力、韧性与红硬性
滚动轴承	压应力	循环 冲击	强烈摩擦	疲劳断裂、磨损、麻点剥落	接触疲劳抗力、硬度、耐磨性
曲轴	弯应力 扭应力	循环 冲击	轴颈摩擦	脆断、疲劳断裂、咬蚀、磨损	疲劳强度、硬度、冲击疲劳抗力、综合力学性能
连杆	拉应力 压应力	循环 冲击		脆断	抗压疲劳强度、冲击疲劳抗力

可以看出，在设计机械零件和选材时，应根据零件的工作条件、损坏形式，找出对材料力学性能的要求，这是材料选择的基本出发点。

2. 材料的工艺性能

材料的工艺性能好坏，主要指零件加工成合格产品的难易程度，零件加工的难易程度受三个方面影响。一是材料本身性能的影响，包括材料的铸造、压力加工、切削加工、热处理和焊接等性能。二是零件结构工艺性影响，结构设计不合理，不仅会增大加工难度，使加工工时延长，生产成本增加，还有可能影响零件的使用寿命，甚至造成零件无法加工、设备无法装配。三是现有生产条件影响，是指生产产品的设备能力、人员技术水平以及外协可能性等。例如，生产重型机械产品时，在现场没有大容量的炼钢炉和大吨位的起重运输设备条件下，常常选用铸造和焊接联合成型的工艺，即首先将大件分成几小块来铸造，然后再用焊接拼成大件。

总之，良好的加工工艺性可以大大减少加工过程的动力、材料消耗、缩短加工周期以及降废品率等。优良的加工工艺性能是降低产品成本的重要途径。

3. 材料的经济性能

每台机器产品成本的高低是劳动生产率和重要标志。产品的成本主要包括：原料成本、加工费用、成品率以及生产管理费用等。材料的选择也要着眼于经济效益,尽量减少材料的品种规格,以减少采购、运输和保管费用。要了解市场供应信息,优先选用国产材料和资源充裕的材料。此外,还应考虑零件的寿命及维修费,若选用新材料,还要考虑研究试验费。

材料的比价对选材有一定的参考价值。表 3-25 为常用金属材料的相对价格。

常用金属材料的相对价格 表 3-25

材料	相对价格	材料	相对价格
碳素结构钢	1	铬不锈钢	5
低合金高强度结构钢	25	铬镍不锈钢	15
优质碳素结构钢	3 ~ 1.5	普通黄铜	13 ~ 17
易切钢	7	锡青铜、铝青铜	19
合金结构钢(铬镍除外)	1.7 ~ 2.5	灰铸铁件	-1.8
铬镍合金结构钢	5	球墨铸铁件	-1.4
滚动轴承钢	3	可锻铸铁件	-1.5
碳素工具钢	6	碳素铸钢件	2.5 ~ 3
低合金工具钢	3 ~ 4	铸造铝合金、铜合金	8 ~ 10
高速钢	16 ~ 20	铸造锡基轴承合金	23
硬质合金	150 ~ 200	铸造铅基轴承合金	10

二、典型零件的材料选择

1. 轴杆类零件

轴杆零件的结构特点是其轴向尺寸远比径向尺寸大。这类零件包括各种传动轴、机床主轴、丝杠、光杠、曲轴、偏心轴、凸轮轴、连杆、拔叉等。

1)轴的工作条件

轴是机械工业中重要的基础零件之一。大多数轴都在常温大气中使用,其受力情况如下:

(1)传递转矩,同时还承受一定的交变弯曲应力。

(2)轴颈承受较大的摩擦。

(3)大多承受一定的过载或冲击载荷。

2)选材

多数情况下,轴杆类零件是各种机械中重要的受力和传动零件,要求材料具有较高的强度、疲劳极限、塑性与韧性,即要求具有良好的综合力学性能。因此,这类零件几乎都采用锻造成型方法,常用中碳钢和合金钢材料。中碳钢中 45 钢使用最多,合金钢中 40Cr、40CrNi、20CrMnTi、18Cr2Ni4W 等也常用。这些材料一般须经调质处理,以使零件具有较好的综合力学性能。

其制造工艺流程如下:

棒料锻造→正火或退火→粗加工→调质处理→精加工。

在满足使用要求的前提下,某些具有异截面的轴,如凸轮轴、曲轴等,也常采用 QT450-10,QT500-5,QT600-2 等球墨铸铁毛坯,以降低制造成本。与锻造成型的钢轴相比,球墨铸铁有良好的减振性、切削加工性以及较低的缺口敏感性;此外,它还有较高的力学性能,疲劳强度与中碳钢相近,耐磨性优于表面淬火钢,经过热处理后,还可使其强度硬度韧性有所提高。因此,对于主要考虑刚度的轴以及主要承受静载荷的轴,采用铸造成型的球墨铸铁是安全可靠的。对于在高温或介质中使用的轴,可考虑使用具有相应耐热、耐磨、耐腐蚀的材料。

2. 齿轮类零件

齿轮主要是用来传递转矩,有时也用来换挡或改变传动方向,有的齿轮仅起分度定位作用。齿轮的转速可以相差很大,齿轮的直径可以从几毫米到几米,工作环境也有很大的差别,因此齿轮的工作条件是复杂的。

1)齿轮的工作条件

大多数重要齿轮的受力共同特点是:由于传递转矩,齿轮根部承受较大的交变弯曲应力;齿的表面承受较大的接触应力,在工作过程中相互滚动和滑动,表面受到强烈的摩擦和磨损;由于换挡起动或啮合不良,轮齿会受到冲击。因此,作为齿轮的材料应具有以下主要性能:高的弯曲疲劳强度和接触疲劳强度;齿面有高的硬度和耐磨性;轮齿心部要有足够的强度和韧性。

2)选材

对于传递功率大、接触应力大、运转速度高而又受较大冲击载荷的齿轮,通常选择低碳钢或低碳合金钢,如20Cr、20CrMnTi等制造,并经渗碳与渗碳后热处理,最终表面硬度要求为56~62HRC。属于这类齿轮的一般有精密机床的主轴传动齿轮、走刀齿轮和变速器的高速齿轮。

其制造工艺流程如下:

棒料镦粗→正火或退火→机械加工成型→渗碳或碳氮共渗→淬火加低温回火。

对于小功率齿轮,通常选择中碳钢,并经表面淬火和低温回火,最终表面硬度要求为45~50HRC或52~58HRC。属于这类齿轮的,通常是机床的变速齿轮。其中硬度较低的,用于运转速度较低的齿轮;硬度较高的,用于运转速度较高的齿轮。

一些低应力、低冲击载荷条件下工作的齿轮,可用HT250、HT300、HT350、QT600-3、QT700-2等材料来制造。较为重要的齿轮,一般都用合金钢制造。具体选用哪种材料,应按照齿轮的工作条件而定。

此外,在选择齿轮材料时还应考虑以下3点:

(1)应根据齿轮的模数、断面尺寸、齿面和心部要求的硬度与强韧性,选择淬透性相适应的钢号。钢的淬透性过低,则齿轮的强度达不到要求;淬透性过高,会使淬火应力和变形增大,材料价格也较高。

(2)某些高速、重载的齿轮,为避免齿面咬合,配合的齿轮应选用不同材料制造。

(3)在齿轮副中,小齿轮的齿根较薄,而受载次数较多。因此,小齿轮的强度硬度应比大齿轮高,即材料较好,以利于两者磨损均匀,受损程度及使用寿命较为接近。

3. 箱体类零件

箱体是工程中重要的一类零件,如工程中所用的床头箱、变速器、进给箱、溜板箱、内燃机的缸体等,都是箱体类零件。由于箱体类零件结构复杂,外形和内腔结构较多,难以采用别的成型方法,几乎都是采用铸造方法成型。所用的材料均为铸造材料。

对于受力较大、要求高强度、受较大冲击的箱体，一般选用铸钢；对于受力不大，或主要是承受静力，不受冲击的箱体可选用灰铸铁；对于受力不大、要求重量轻或导热性好的箱体，可选用铝合金制造。

大多数大箱体类零件，都要在相应的热处理后使用。如选用铸钢材质，为了消除粗晶组织、偏析以及铸造应力，应进行完全退火或正火；铸铁件，一般要进行去应力退火；铝合金件，应根据成分不同，选择退火或淬火时效处理。

复习思考题

一、解释下列符号、数字的含义

Q235-AF、Q235-C、Q195-B、Q255-D、40、45、08、20、T8、T10A、T12A、HT200、HT300、KTH300-06、QT400-17、H62、HPb59-1、ZQSn10-1。

二、简答题

1. 低碳钢、中碳钢以及高碳钢是如何根据含碳量划分的？分别举例说明它们的用途。
2. 简述合金钢的分类及牌号的表示方法。
3. 简述灰口铸铁的性能特点。
4. 与钢相比，灰口铸铁有哪些优缺点？
5. 退火的主要目的是什么？生产上常用的退火操作有哪几种？
6. 正火与退火的主要区别是什么？生产中应如何选择正火与退火？
7. 淬火的目的是什么？常用的淬火方法有哪几种？
8. 回火的目的是什么？常用的回火操作有哪几种？
9. 表面淬火的目的是什么？常用的表面淬火方法有哪几种？
10. 化学热处理包括哪几个基本过程？常用的化学热处理方法有哪几种？
11. 滑动轴承合金应具备哪些性能？
12. 铅基轴承合金与锡基轴承合金相比，有哪些优缺点？

三、将下列两组牌号与其对应的材料名称连起来

HT250	珠光体可锻铸铁
KTH350-10	黑心可锻铸铁
KTZ500-04	蠕墨铸铁
QT600-02	灰口铸铁
RuT420	球墨铸铁

ZL301	铸造锡青铜
H70	铸造铝合金
ZCuSn10-1	铅基巴氏合金
ZChPbSb16-16-2	普通黄铜

单元4　连　　接

知识目标

1. 了解键连接、销连接的类型、特点和应用；
2. 掌握螺纹连接的类型、主要参数、应用，熟悉螺纹连接的防松方法及螺纹连接的拆装；
3. 熟悉联轴器、离合器的功用、类型以及应用；
4. 了解弹簧的功用、类型以及应用。

能力目标

1. 能够识别键、销连接的形式以及在实际中的应用；
2. 正确识别不同类型的联轴器、离合器以及弹簧；
3. 会正确拆装螺纹连接。

连接是将两个或两个以上的零件连成一体的结构。由于实际的需要，工业上广泛采用各种连接，将生产的零件组合成机械。连接可分为两大类：

（1）不可拆连接，是指只有毁坏零件才可能分离的连接，如焊接、铆接等。

（2）可拆连接，是指不必毁坏零件就可以分离的连接。如齿轮的周向固定用的键连接（图4-1）、轴承座和机架间的销连接（图4-2）、管子间的螺纹连接（图4-3）、动车转向架牵引传动装置上的联轴器（图4-4）等。

本单元主要介绍可拆连接的类型、结构、特点以及应用。

图4-1　齿轮的周向固定

图4-2　轴承座和机架间的销连接

图4-3　管子间的螺纹连接

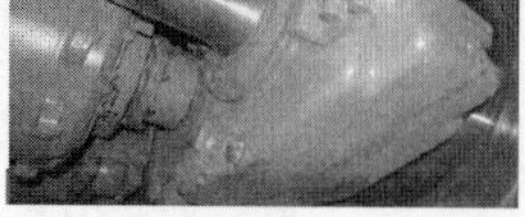

图4-4　动车转向架牵引传动装置

单元 4.1 键连接和销连接

一、键连接

键连接是通过键实现轴和轴上零件间的周向固定,以传递运动和转矩。其中,有的键还能起到轴向固定和导向作用。这种连接结构简单、工作可靠、装拆方便,因此在机械中应用很广泛。

按照键的结构形式不同,键连接可分为平键连接、半圆键连接、楔键连接和切向键连接等。

1. 平键连接

平键,是依靠两个侧面作为工作面,靠键与键槽侧面的挤压来传递转矩的键如图 4-5 所示。平键按用途不同,可分为普通型平键、导向型平键、滑键三种。

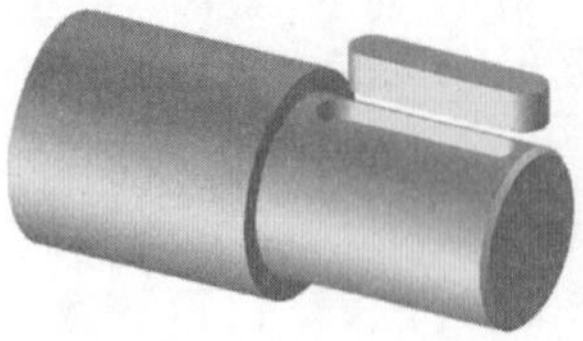

图 4-5 轴上的平键连接

1)普通平键连接

普通平键用于静连接,即轴与轮毂间无相对轴向移动的连接。如图 4-6 所示,按键端部形状可分为 A 型(圆头)、B 型(方头)、C 型(单圆头)三种。A 型用于端铣刀加工的轴槽,轴上应力集中较大,但键在轴上轴向定位较好;B 型用于盘铣刀加工的轴槽,应力集中较小;C 型一般用于轴端。普通型平键对中性好,定位精度高,拆装方便,但无法实现轴上零件的轴向固定,用于高速或承受冲击、变载荷的轴,其应用最广泛。

a)A型键　b)B型键　c)C型键

图 4-6 普通平键类型

2)导向平键连接

导向平键用于动连接,即轴与轮毂间有相对轴向移动的连接,如图 4-7 所示。导向平键较普通平键长,为防止键体在轴中松动,用两个螺钉将其固定在轴上,工作时键对轴上滑动零件起导向作用。导键适用于轴向移动距离不大的场合,如机床变速器中的滑移齿轮。

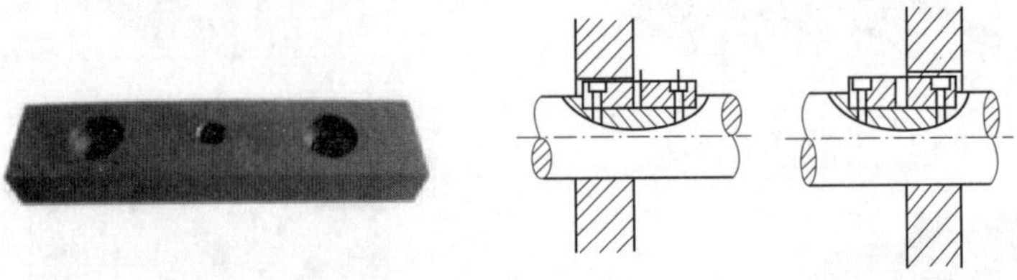

a)　b)

图 4-7 导向平键与导向平键连接

3)滑键连接

滑键也用于动连接,滑键与轴上的零件固定为一体,如图 4-8 所示,工作时二者一起沿长长的轴槽滑动,滑键用于轴上零件在轴上移动距离较大的场合,以免使用长导键。

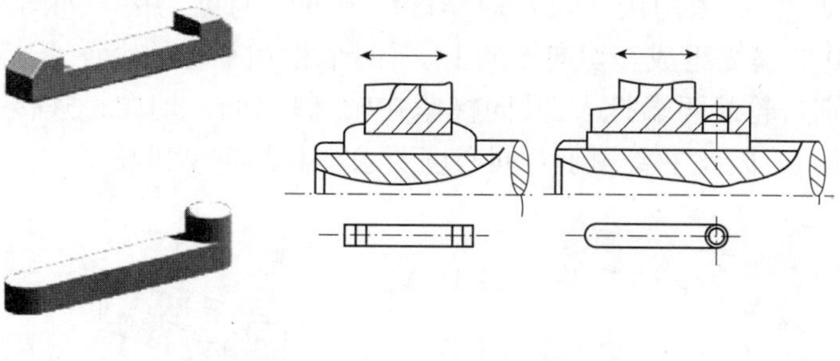

a) b)

图4-8 滑键与滑键连接

2. 半圆键连接

半圆键的两个侧面为半圆形,工作时靠两侧面受挤压传递转矩,键在轴槽内绕其几何中心摆动,适应轮毂槽底部的斜度,如图4-9所示。半圆键用于静连接、定心性好、装配方便,但对轴的强度削弱较大,主要用于轻载场合。

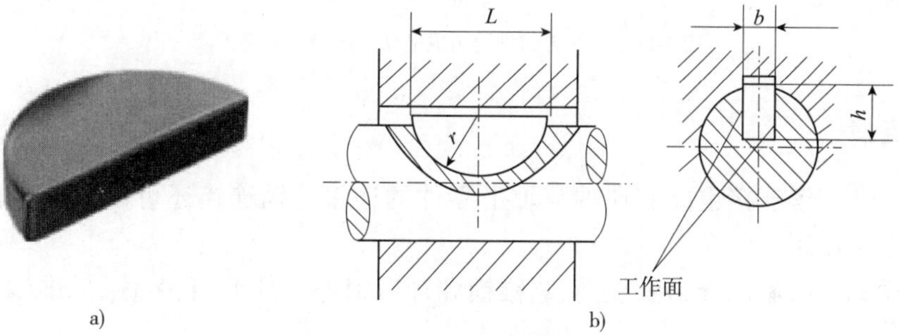

a) b)

图4-9 半圆键及半圆键连接

3. 楔键连接

楔键的上、下两面是工作面。如图4-10所示,键的上表面和轮毂槽底面均制成1:100的斜度,装配时将键用力打入槽内,使轴与轮毂之间的接触面产生很大的径向压紧力,转动时靠接触面的摩擦力来传递转矩及单向轴向力。可分普通楔键(图4-10a)和钩头楔键(图4-10b)两种形式。钩头楔键与轮毂端面之间应留有余地,以便于拆卸。楔键的定心性差,在冲击、振动或变载荷下,连接容易松动。适用于载荷平稳、低速运转的场合。

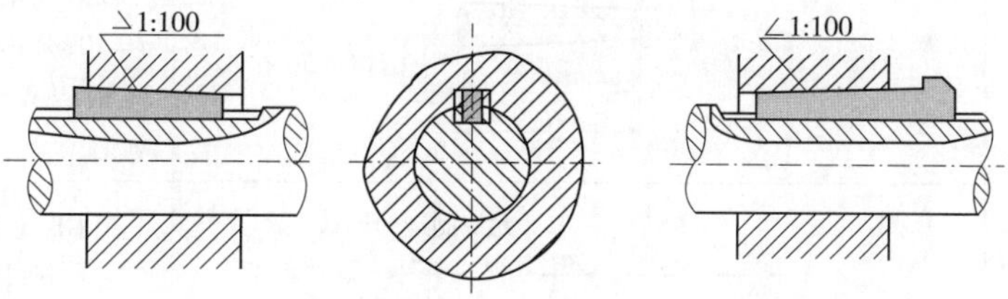

a)普通楔键 b)钩头楔键

图4-10 楔键与楔键连接

4. 切向键连接

传递较大转矩时，可采用由一对普通楔键组成的切向键连接。如图4-11所示，切向键由一对斜度1:100的楔键组成。切向键的上、下两个相互平行的窄面为工作面。装配时，楔键的斜面相对分别自轮毂两端打入，共同楔紧在轴、毂之间。切向键连接传动能力较大，但由于打紧使轴毂偏心，因此主要用于对同心度要求不高的重型机械上。

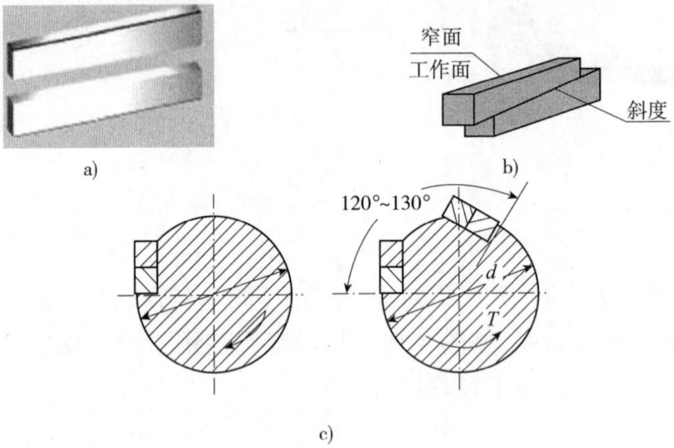

图4-11　一对普通楔键组成的切向键及切向键连接

二、销连接

除键连接外，销连接也能实现轴与轴上零件的连接。销连接还可以固定零件之间的相互位置，起定位作用。

根据销的形状，可以分为圆柱销、圆锥销和开口销等。其类型、名称、标准编号以及标记见表4-1。

销的名称标准编号以及标记　　表4-1

名称及标准编号	图　例	标记及说明
圆柱销 GB/T 119.1—2000	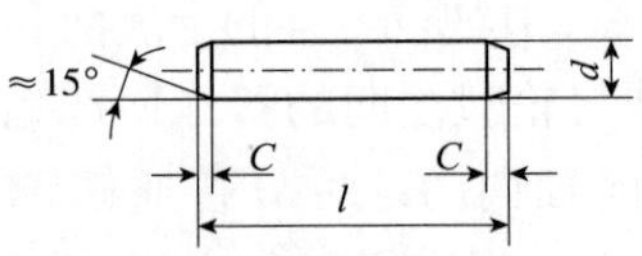	销 GB/T 119.1 6m6×30 表示圆柱销，公称直径 $d=6$，公差m6，公称长度 $l=30$，材料为钢，不淬火，不经表面处理
圆锥销 GB/T 117—2000	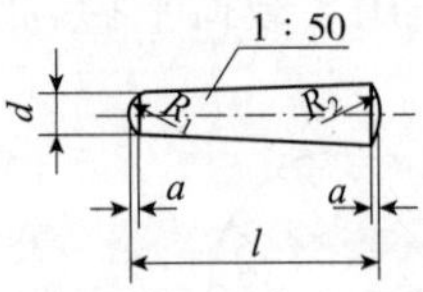	销 GB/T 117 10×60 表示A型圆锥销，其公称直径 $d=10$，公称长度 $l=60$，材料为35钢，热处理28～38HRC、表面氧化
开口销 GB/T 91—2000	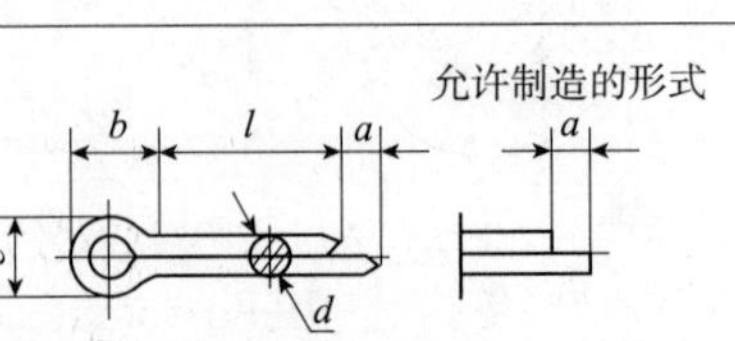	销 GB/T 91 5×50 表示开口销，其公称直径 $d=5$，长度 $l=50$，材料为低碳钢，不经表面处理

1. 圆柱销

圆柱销依靠少量过盈固定在孔中，对销孔的尺寸、形状、表面粗糙度等要求较高，销孔在装配前须铰削。通常，被连接件的两孔应同时钻铰。装配时，在销上涂上润滑油，用铜棒将销打入孔中。经过多次装拆后，连接的紧固性及精度降低，故只宜用于不常拆卸处。

2. 圆锥销

圆锥销有1:50的锥度，装配时，被连接件的两孔也应同时钻铰，但必须控制孔径，钻孔时按圆锥销小头直径选用钻头，用1:50锥度的铰刀铰孔。铰孔时用试装法控制孔径，以圆锥销自由插入全长的80%～85%为宜，然后用软锤敲入。圆锥销装拆比圆柱销方便，多次装拆对连接的紧固性及定位精度影响较小，因此应用广泛。

拆卸带内螺纹的圆柱销和圆锥销时，可用拔销器拔出，有螺尾的圆锥销可用螺母旋出，通孔中的圆锥可以从小头向外敲出。

3. 开口销

开口销常与带孔螺栓和六角开槽螺母配对使用，把销插入螺栓的孔与螺母的槽中，以防螺母松脱。

单元4.2　螺纹连接

一、螺纹连接概述

1. 螺纹的主要参数

螺纹连接中的螺栓（图4-12）和螺母（图4-13），它们上面的螺纹是应用最广泛的普通螺纹。通过螺栓和螺母轴线把螺纹剖开，可以清楚看到普通螺纹牙型上的主要参数有（图4-14）：

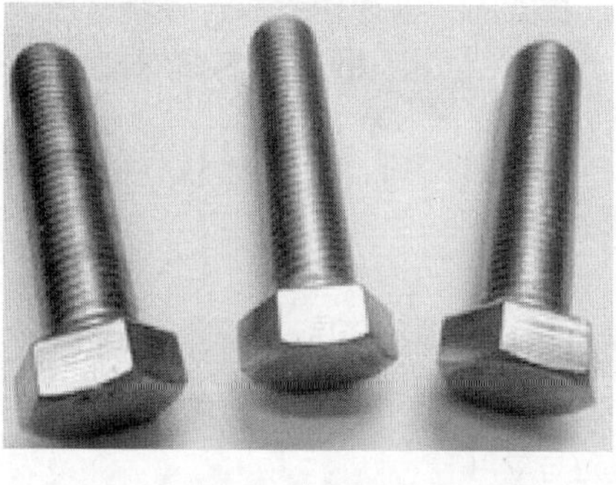

图4-12　螺栓

图4-13　螺母

（1）大径 d（外径）——螺纹的最大直径，规定它为公称直径。

（2）小径 d_1（内径）——螺纹的最小直径。

（3）中径 d_2——螺纹牙的厚度与牙间宽度相等处的圆柱直径。

（4）螺距 p——相邻两牙对应点间的轴向距离。

（5）导程 s——同一条螺旋线上的相邻两牙对应点间的轴向距离。对于单线螺纹，$s=p$；

对于螺纹线数为 n 的多线螺纹，$s = np$。

(6)升角 ψ——在螺纹中径的圆柱面上，螺纹的切线与其轴线的垂直平面间的夹角。

(7)牙型角 α——在轴向截面内，螺纹牙型两侧边的夹角。

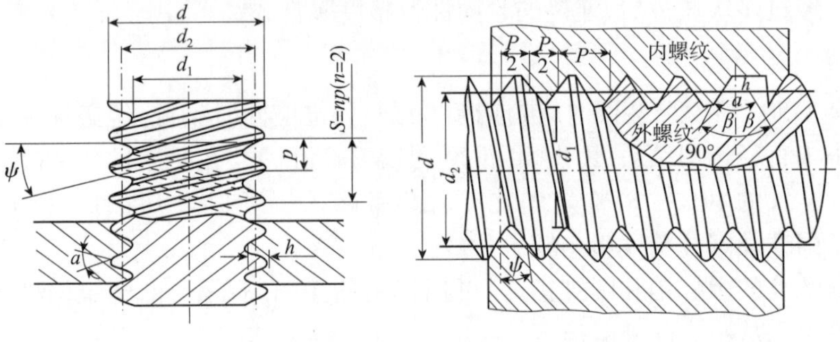

图 4-14　螺纹的主要参数

2. 螺纹的分类

螺纹的分类有很多种方法，按螺纹的旋向分为左旋螺纹（图 4-15）、右旋螺纹（图 4-16）；按螺旋线根数分为单线螺纹、多线螺纹；按回转体的内外表面分为外螺纹、内螺纹；按螺旋的作用分为连接螺纹、传动螺纹；按母体的形状分为圆柱螺纹、圆锥螺纹；按螺纹的牙型分为矩形螺纹、三角形螺纹、梯形螺纹、锯齿形螺纹（图 4-17）。

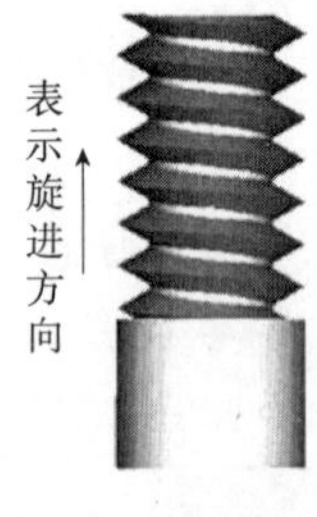

图 4-15　左旋螺纹

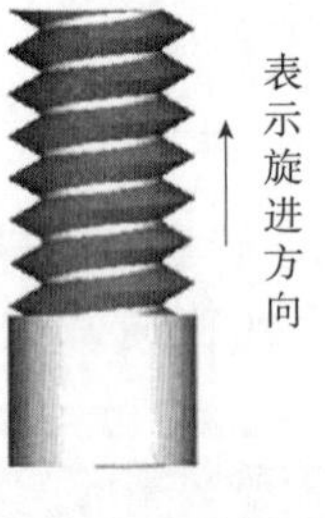

图 4-16　右旋螺纹

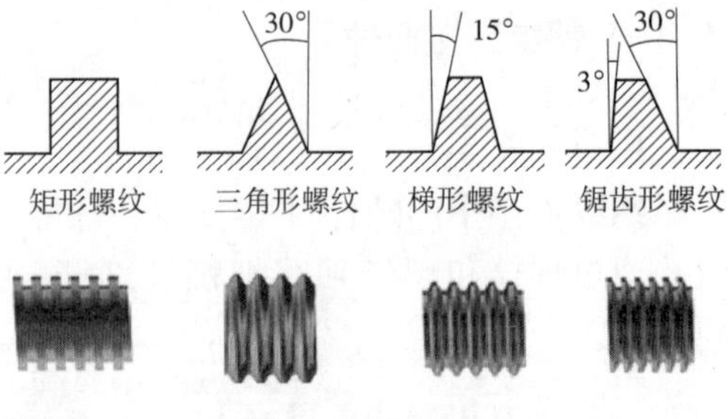

图 4-17　螺纹的牙型

二、螺纹连接的类型与螺纹连接件

1. 螺纹连接的类型

螺纹连接的基本形式主要有：螺栓连接、双头螺柱连接、螺钉连接、紧定螺钉连接。其基本类型与应用，见表 4-2。

螺纹连接的基本类型与应用　　表 4-2

类型	螺栓连接	双头螺柱连接	螺钉连接	紧定螺钉连接
结构	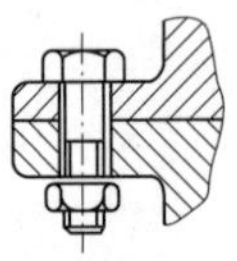	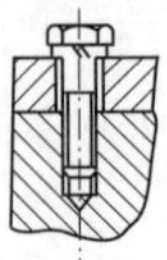	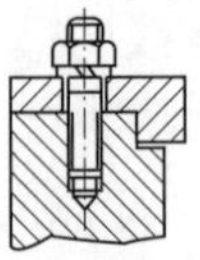	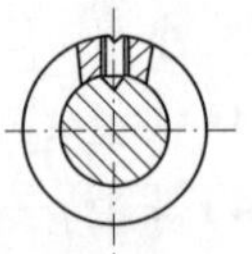

续上表

类型	螺栓连接	双头螺柱连接	螺钉连接	紧定螺钉连接
特点及应用	无须在连接件上加工螺纹，连接件不受材料的限制，主要用于连接件不太厚，并能从两边进行装配的场合	拆卸时只需拧下螺母，螺柱仍留在机体螺纹孔内，故螺纹孔不易损坏。主要用于连接件较厚面又需经常装拆的场合	主要用于连接件较厚，或结构上受到限制，不能采用螺栓连接，且不需经常装拆的场合，经常拆装很容易使螺纹孔损坏	紧定螺钉的末端顶住其中一连接件的表面或进入该零件上相应的凹坑中，以固定两零件的相对位置，多用于轴与轴上零件的连接，传递不大的力或转矩

2. 螺纹连接件

常用的标准螺纹连接件有螺钉、螺栓、双头螺柱、螺母、垫圈等，这些标准螺纹连接件的品种、类型很多，见图4-18。其规定画法与标记，见表4-3。

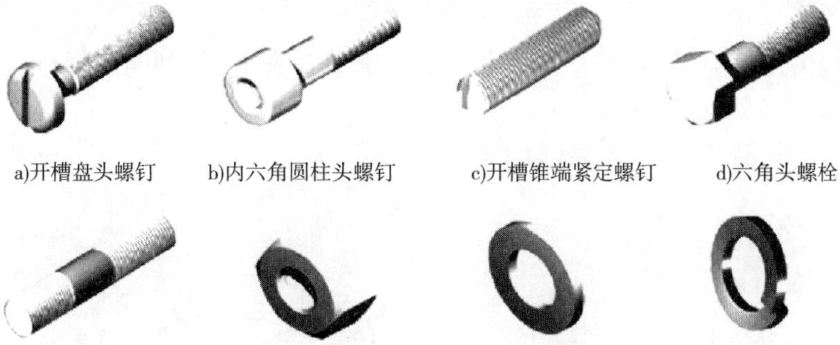

a)开槽盘头螺钉　b)内六角圆柱头螺钉　c)开槽锥端紧定螺钉　d)六角头螺栓

e)双头螺柱　f)I型六角螺母　g)平垫圈　h)弹簧垫圈

图4-18　常用的螺纹连接件

常用螺纹连接件及其标记示例　　表4-3

名称及视图	规定标记示例	名称及视图	规定标记示例
开槽盘头螺钉 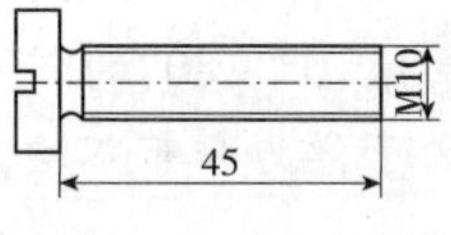	螺钉 GB/T 67—2000 M10×45	双头螺柱 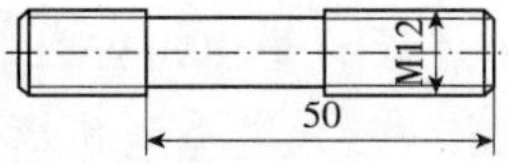	螺柱 GB/T 899—1988 M12×50
内六角圆柱头螺钉 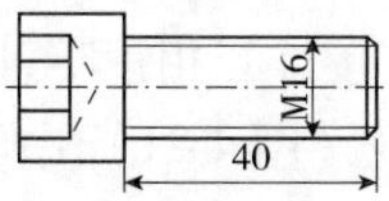	螺钉 GB/T 70.1—2000 M16×40	I 型六角螺母 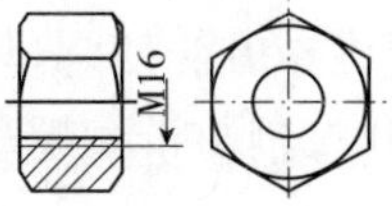	螺母 GB/T 6170—2000 M16
开槽锥端紧定螺钉 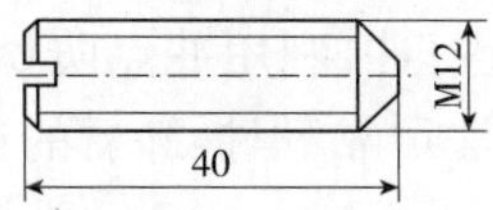	螺钉 GB/T 71—1985 M12×40	平垫圈 A 级 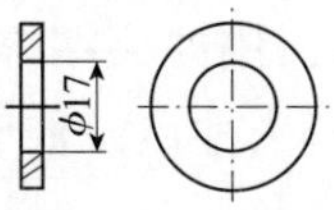	垫圈 GB/T 97.1—2002 16-200HV

续上表

名称及视图	规定标记示例	名称及视图	规定标记示例
六角头螺栓 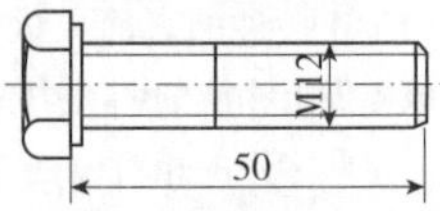	螺钉 GB/T 5782—2000 M12×50	标准型弹簧垫圈 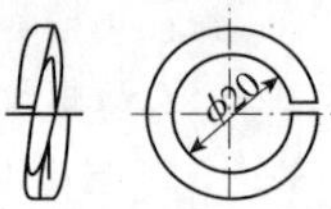	垫圈 GB/T 93—1987 20

三、螺纹连接的防松

螺纹连接用于有振动或冲击场合时，会发生松动，为防止螺钉或螺母松动，必须有可靠的防松装置。防松方法很多，按其工作原理可分为摩擦力防松、机械防松、冲击防松、粘接法防松等。

1. 摩擦力防松

摩擦力防松的形式有锁紧螺母（双螺母）防松、弹簧垫圈防松、弹簧圆螺母防松三种。以弹簧垫圈防松为例，其装配方法如下：

（1）将弹簧垫圈套在螺柱（或螺钉）上（图 4-19）。

图 4-19　弹簧垫圈的防松

（2）用手将六角螺母（或螺钉）拧入螺柱（或螺孔）上。

（3）用扳手卡住螺母（或螺钉），按顺时针方向旋转，使螺母（或螺钉）将弹簧垫圈压平，靠弹簧垫圈的弹力而产生的附加摩擦力，防止螺母（或螺钉）松动。

特别提示：这种防松装置的垫圈用弹性较好的材料 65Mn 制成，开有 70°～80°的斜口，并在斜口处上下拨开。这种形式容易刮伤螺母和被连接件表面，同时由于弹力分布不均，螺母容易偏斜。它构造简单，防松可靠，一般应用在不经常装拆的场合。

2. 机械方法防松

这类防松装置是利用机械方法使螺母与螺栓（或螺钉）、螺母与被连接件互相锁牢，以达到防松的目的，常用的有开口销与带槽螺母防松（图 4-20）、止动垫圈防松（图 4-21）、串联钢丝防松（图 4-22）。

3. 冲击防松

冲击防松也叫永久防松，用冲头在螺栓杆末端与螺母的旋合缝处打冲，利用冲点防松。有端面冲点、侧面冲点、心钉头冲点三种形式，见图 4-23。这种防松方法可靠，但拆卸后的连接件不能再使用。

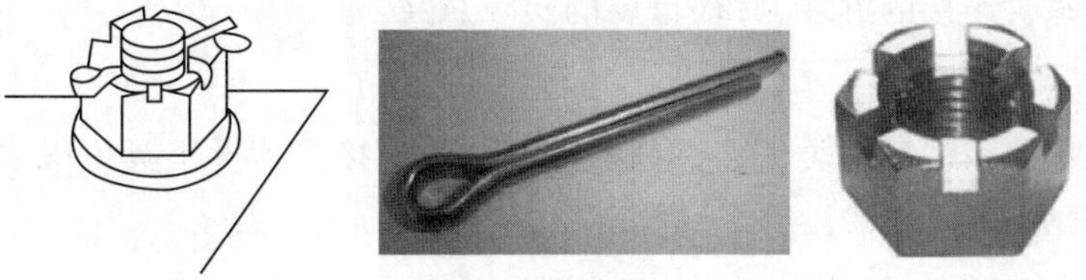

图4-20　开口销与六角开槽螺母

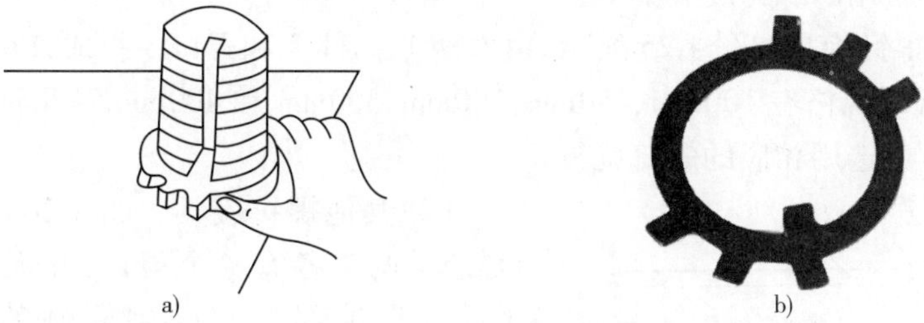

图4-21　圆螺母用止动垫圈

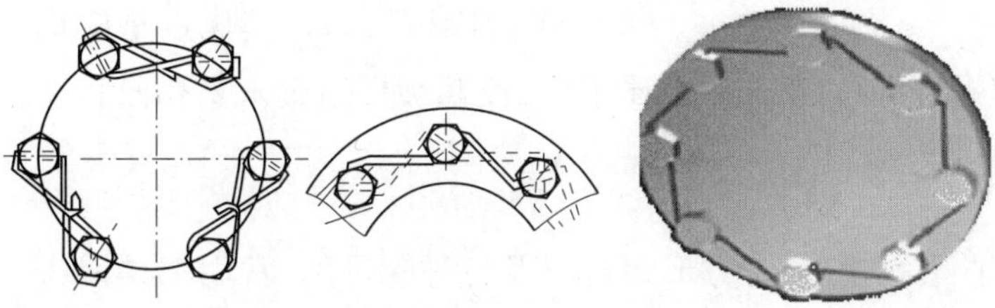

图4-22　串联钢丝

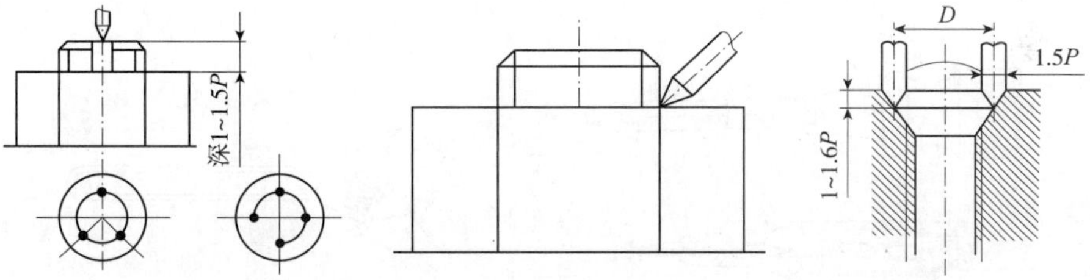

图4-23　冲点法防松方式

4. 粘接防松

粘接防松也叫化学防松，一般采用厌氧胶粘剂，涂于螺纹旋合表面。拧紧后，胶粘剂能自行固化，防松效果良好，如图4-24所示。

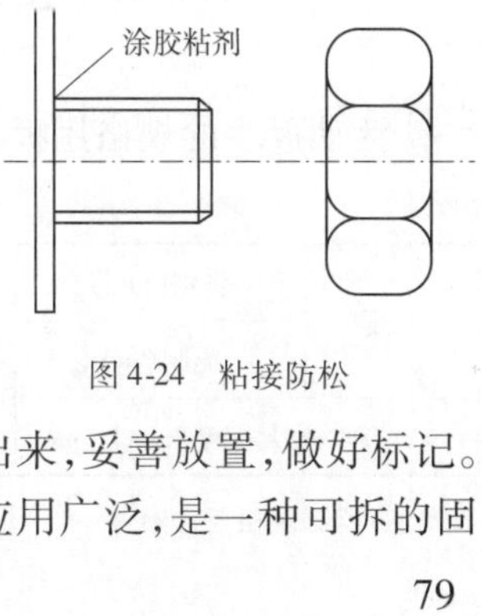

图4-24　粘接防松

四、螺纹连接的拆装

设备的拆卸就是采用适当的方法正确地解除零部件在机构中相互间的约束和固定形式，把它们有次序地、尽量完好地分解出来，妥善放置，做好标记。要防止零部件的拉伤、损坏、变形和丢失等。螺纹连接在机械中应用广泛，是一种可拆的固定连接,掌握好螺纹连接的拆装,有很重要的实际意义。

1. 螺纹连接的装拆工具

由于螺栓、螺柱和螺钉种类繁多,形状各异,螺纹连接的装拆工具也很多。使用时,应根据具体情况合理选用。

1)螺钉旋具

它用于拧紧或松开头部带沟槽的螺钉。一般螺钉旋具的工作部分用碳素工具钢制成,并经淬火处理。常用的螺钉旋具如下:

(1)一字槽螺钉旋具如图4-25所示,由木柄1、刀体2和刃口3组成,以刀体部分的长度代表其规格。常用规格有100mm、150mm、200mm、300mm和400mm等几种。使用时,应根据螺钉沟槽的宽度选用相应的螺钉旋具。

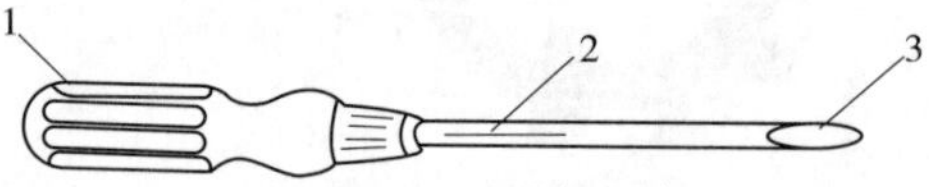

图4-25 一字槽螺钉旋具

1-木柄;2-刀体;3-刃口

(2)其他螺钉旋具。图4-26a)所示为弯头螺钉旋具,两头各有一个刃口,互成垂直位置,适用于螺钉头顶部空间受到限制的拆装场合。图4-26b)所示为十字槽螺钉旋具,主要用来拧紧头部带十字槽的螺钉,其优点是旋具不易从槽中滑出。图4-26c)为快速螺钉旋具,工作时推压手柄,使螺旋杆通过来复孔而转动,可以快速拧紧或松开小螺钉,提高装拆速度。

2)扳手

扳手是用来拧紧六角形、正方形螺钉以及各种螺母的,常用工具钢、合金钢或可锻铸铁制成,其开口处要求光整、耐磨。扳手分为通用、专用和特殊三类。

(1)通用扳手。也叫活动扳手,如图4-27所示。它由扳手体4、固定钳口2、活动钳口1和螺杆3组成。

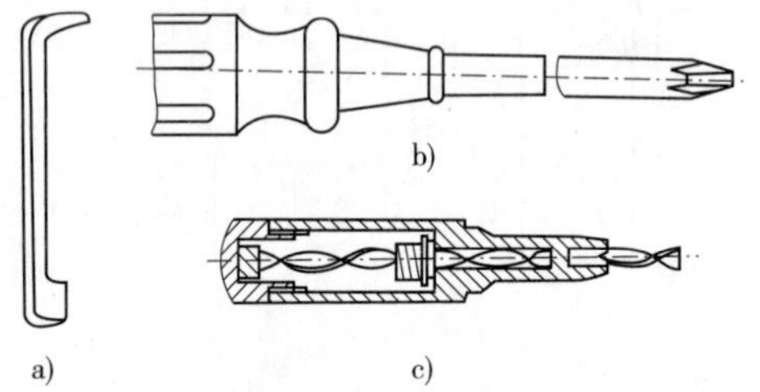

图4-26 其他螺钉旋具

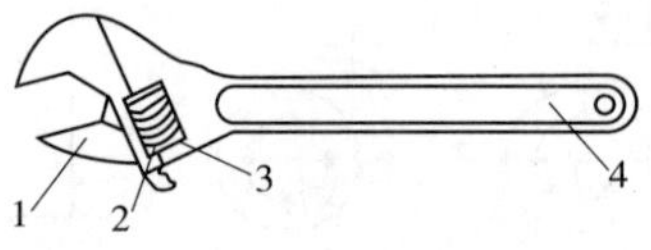

图4-27 活动扳手

1-活动钳口;2-固定钳口;3-螺杆;4-扳手体

活动扳手的规格用扳手长度表示,见表4-4。

活动扳手的规格 表4-4

长度	公制(mm)	100	150	200	250	300	375	450	600
	英制(in)	4	6	8	10	12	15	18	24
开口最大宽度(mm)		14	19	24	30	35	46	55	65

注:英制规格仅作参考。

使用活动扳手时，应让其固定钳口承受主要作用力（图 4-28），否则容易损坏扳手。钳口的开度应适合螺母对边间距尺寸，过宽会损坏螺母。不同规格的螺母（或螺钉），应选用相应规格的活动扳手。扳手手柄不可任意接长，以免拧紧力矩过大而损坏扳手或螺母。活动扳手操作费时，活动钳口容易歪斜，往往会损坏螺母或螺钉头部表面。

（2）专用扳手。专用扳手只能扳一个尺寸的螺母或螺钉，根据其用途的不同可分为：

①开口扳手。用于装拆六角形或方头的螺母或螺钉，有单头和双头之分，如图 4-29 所示。它的开口尺寸是与螺母或螺钉的对边间距的尺寸相适应的，并根据标准尺寸做成一套。常用的十件一套双头扳手（两端开口）尺寸分别为：5.5 × 7、8 × 10、9 × 11、12 × 14、14 × 17、17 × 19、19 × 22、22 × 24、24 × 27、30 × 32（单位为 mm）。

②整体扳手。整体扳手可分为正方形、六角形、十二角形（梅花扳手）等，如图 4-30 所示。梅花扳手只要转过 30°，就可改换方向再扳，适用于工作空间狭小，不能容纳普通扳手的场合，应用较广泛。

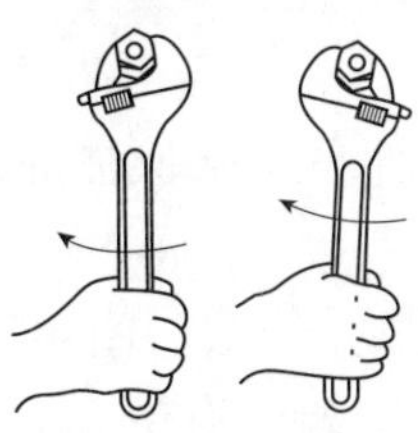

图 4-28　使用活动扳手示意图

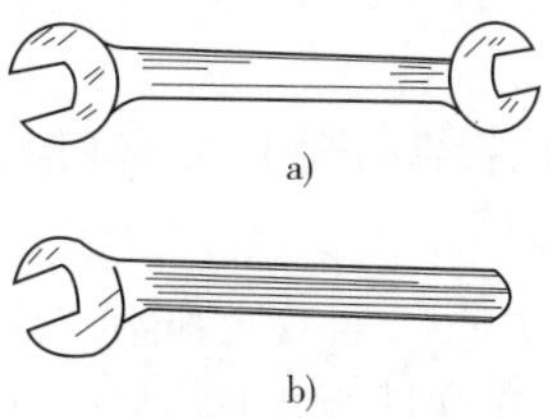

图 4-29　开口扳手

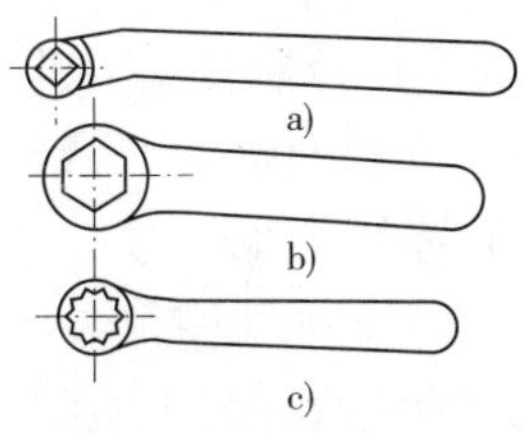

图 4-30　整体扳手

③成套套筒扳手。由一套尺寸不等的梅花套筒组成，如图 4-31 所示。使用时，扳手柄方榫插入梅花套筒的方孔内，弓形手柄能连续地转动，使用方便，工作效率较高。

④锁紧扳手。专门用来锁紧各种结构的圆螺母，其结构多种多样，常用的如图 4-32 所示。

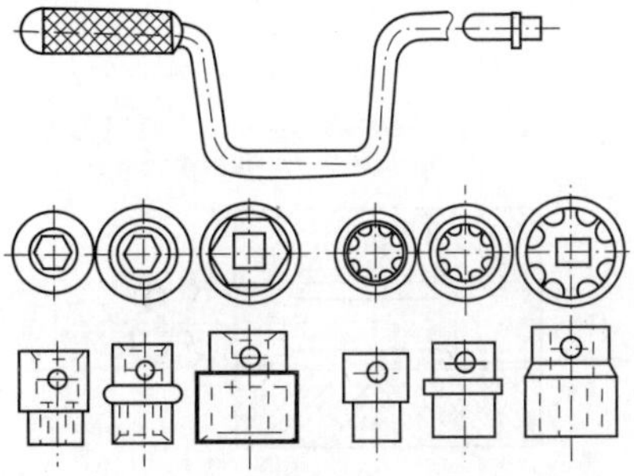

图 4-31　成套套筒扳手

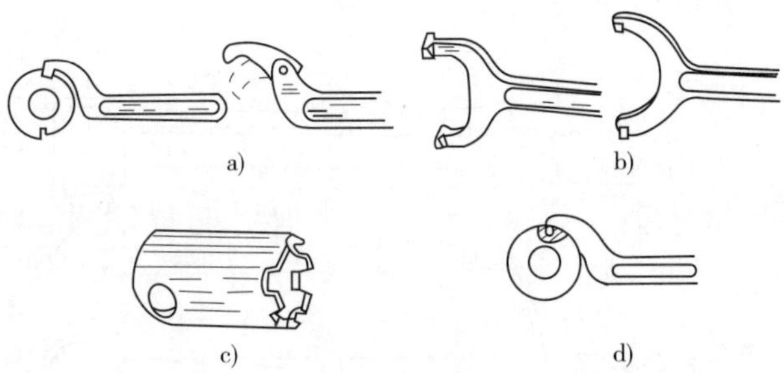

图 4-32　锁紧扳手

⑤内六角扳手。如图 4-33 所示，用于装拆内六角螺钉。成套的内六角扳手，可供装拆 M4 ~ M30 的内六角螺钉。

（3）特种扳手。特种扳手就是根据某些特殊要求而制造的。图 4-34 所示为棘轮扳手，它使用方便，效率较高。工作时，正转手柄，棘爪 1 在弹簧 2 的作用下进入内六角套筒 3（棘轮）缺口内，套筒便随之转动，拧紧螺母或螺钉。当扳手反转时，棘爪从套筒缺口的斜面上滑过去，因而螺母或螺钉不会随着反转，这样反复摆动手柄就可逐渐拧紧螺母或螺钉。

除了以上介绍的普通扳手以外，在成批生产和装配流水线上广泛采用风动、电动扳手。为了满足不同需要，还可采用各种专用工具，如定扭矩扳手、液力拉伸器、装拆双头螺柱工具等。

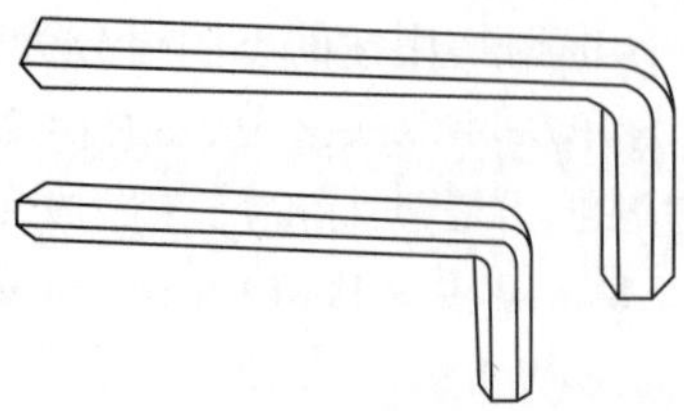

图 4-33　内六角扳手

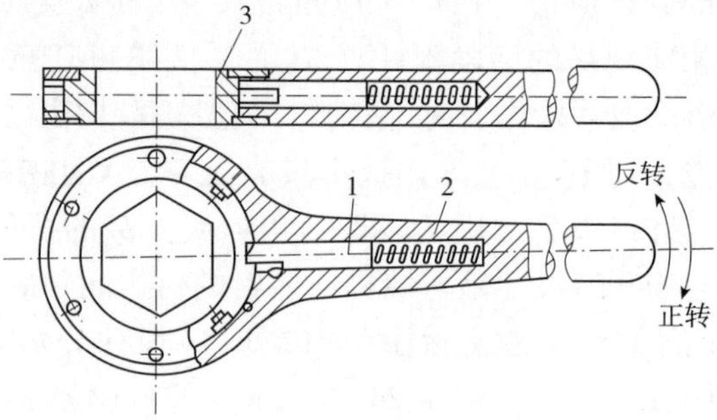

图 4-34　特种扳手

1-棘爪；2-弹簧；3-六角套筒

2. 螺纹连接装配工艺

1）控制预紧力的方法

规定预紧力的螺纹连接，常用控制扭矩法、控制扭角法、控制螺栓伸长法来保证准确的预紧力。

（1）控制扭矩法。用测力扳手使预紧力达到给定值的方法称为控制扭矩法。图 4-35 所示为控制拧紧力矩的测力扳手。在弹性扳手柄 3 的一端装有手柄 6，另一端装有带方头的柱体 2。方头上，套装上一个可更换的梅花套筒 1（可用于拧紧螺钉或螺母）。柱体 2 上还装有一个长指针 4，刻度盘 7 固定在柄座 5 上。工作时，由于扳手杆和刻度板一起向旋转的方向弯曲，因此指针就可在刻度板上指出拧紧力矩的大小。

（2）控制螺栓伸长法。通过控制螺栓伸长量来控制预紧力的方法称为控制螺栓伸长法。如图 4-36 所示，螺母拧紧前，长度为 L_1，按预紧力要求拧紧后，长度应为 L_2。通过测量 L_1 和 L_2 便可确定拧紧力矩是否准确。

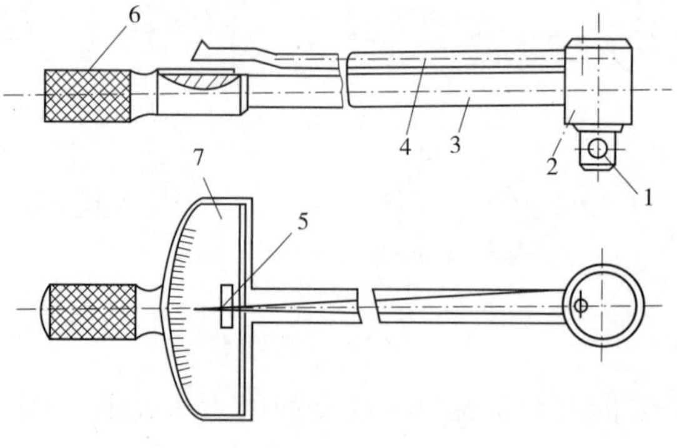

图 4-35　测力扳手

1-梅花套筒；2-柱体；3-弹性扳手柄；4-长指针；

5-柄座；6-手柄；7-刻度盘

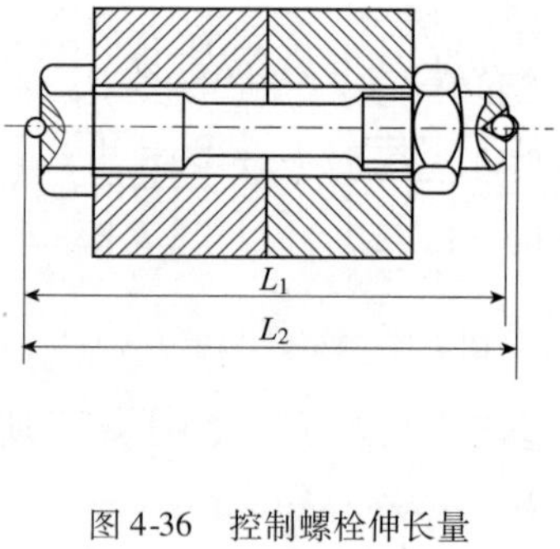

图 4-36　控制螺栓伸长量

（3）控制螺母扭角法。通过控制螺母拧紧时应转过的角度来控制预紧力的方法称为控制螺母扭角法。其原理和测量螺栓伸长法相同，即在螺母拧紧消除间隙后，测得转角 φ_1，按预紧力要求可确定旋转角 φ_2，旋紧时通过测量 φ_2 来确定预紧力。

2）双头螺柱的装配要点

（1）应保证双头螺柱与机体螺纹的配合有足够的紧固性，保证在装拆螺母的过程中，无任何松动现象。通常，螺柱的紧固端应采用具有足够过盈量的配合，如图4-41所示；也可以阶台形式紧固在机体上，有时也采用把最后几圈螺纹做得浅些，以达到紧固配合的目的。当双头螺柱旋入软材料螺孔时，其过盈量要适当大些；还可以把双头螺柱直接拧入无螺纹的光孔中，称为光孔上丝。

（2）双头螺柱的轴心线必须与机体表面垂直，装配时，可用直角尺进行检验。如发现较小的偏斜时，可用丝锥校正螺孔后再装配，或将装入的双头螺柱校正至垂直。偏斜较大时，不得强行校正，以免影响连接的可靠性。

（3）装入双头螺柱时，必须用油润滑，以免拧入时产生咬住现象，也便于以后的拆卸。

（4）常用的拧紧双头螺柱的方法有如下几种：

①两个螺母拧紧。如图4-37、图4-38所示，将两个螺母相互锁紧在双头螺柱上，然后扳动上面一个螺母，把双头螺柱拧入螺孔中。

②长螺母拧紧。如图4-39、图4-40所示，用止动螺钉阻止长螺母与双头螺柱之间的相对转动，然后扳动长螺母，拧紧双头螺柱。松开止动螺钉，即可拆掉长螺母。

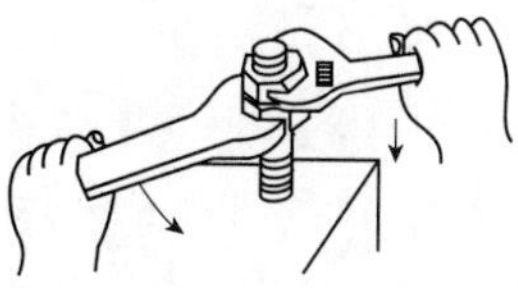

图4-37　两螺母拧紧

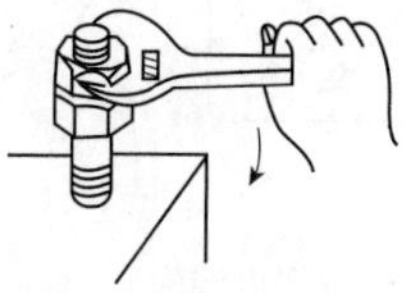

图4-38　扳动上面螺母

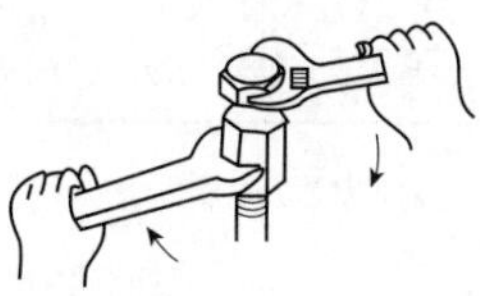

图4-39　安上止动螺钉

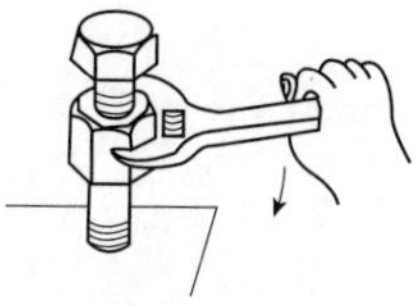

图4-40　扳动长螺母

③专用工具拧紧。图4-41所示为双头螺柱拧入工具。三个滚柱放在工具体空腔内，由限位套筒确定其圆周和轴向位置。限位套筒由凹槽挡圈固定，滚柱松开和夹紧由工具体内腔曲线控制。滚柱应夹在螺柱的光杆部分，按图4-42所示箭头方向转动工具体即可拧入双头螺柱，反之则可松开螺柱。拆卸双头螺柱的工具，其凹槽曲线方向应和拧入工具的曲线方向相反。

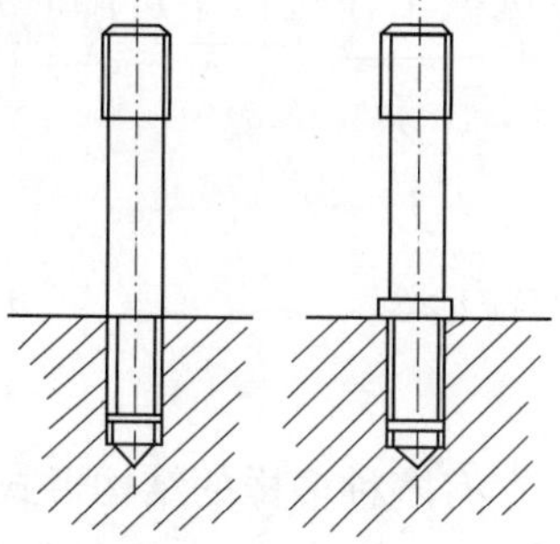

a)　　b)

图4-41　螺柱紧固

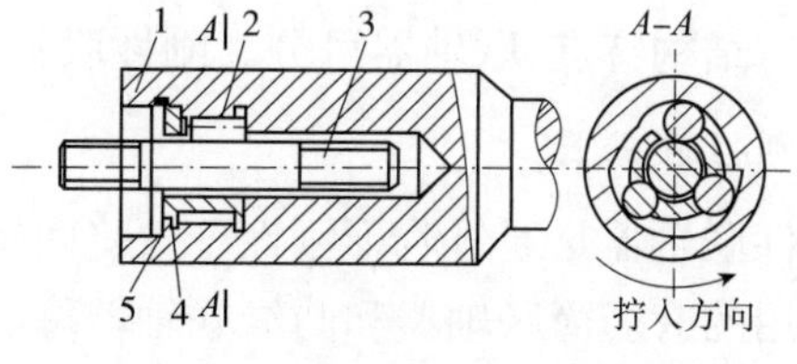

图4-42　专用工具拧紧

1-双头螺柱拧入工具；2-滚柱；3-螺柱；4-限位套筒；5-凹槽挡圈

3）螺母和螺钉的装配要点

螺母和螺钉装配除了要按一定的拧紧力矩来拧紧以外，还应注意以下几点：

（1）螺杆不产生弯曲变形，螺钉头部、螺母底面应与连接件接触良好。

（2）被连接件应均匀受压，互相紧密贴合，连接牢固。

（3）成组螺栓或螺母拧紧时，应根据被连接件形状和螺栓的分布情况，按一定的顺序逐次（一般为2～3次）拧紧螺母（图4-43）。在拧紧长方形布置的成组螺母时（图4-43a），应从中间开始，逐渐向两边对称地扩展；在拧紧圆形或方形布置的成组螺母时（图4-43b），必须对称地进行（如有定位销，应从靠近定位销的螺栓开始），以防止螺栓受力不一致，甚至变形。

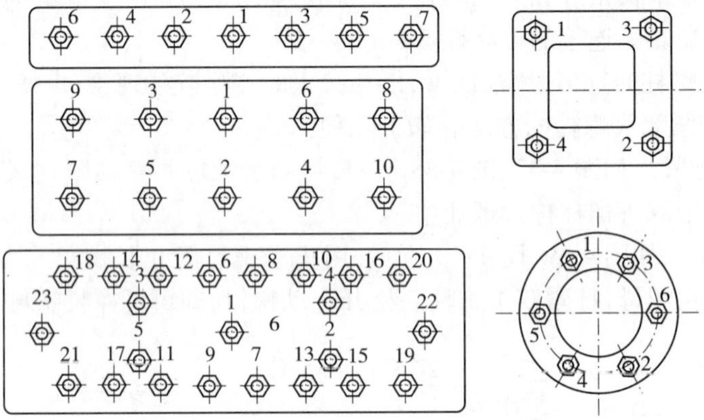

a）　　b）

图4-43　成组螺栓或螺母装配

图中数字代表紧固顺序

单元4.3　联轴器和离合器

联轴器和离合器是机械传动中常用的部件。主要用来连接轴与轴（有时也连接轴与其他回转零件），以传递运动和转矩，有时也可用作安全装置。用联轴器连接的两根轴只有当机器停车后才能拆卸分离。采用离合器连接的两根轴，在机械工作过程中可随时接合或分离。

一、联轴器

按照结构特点，联轴器可分为刚性联轴器和弹性联轴器两大类。

1. 刚性联轴器

刚性联轴器是通过若干刚性零件将两轴连接在一起的，它有多种多样的结构形式。

常用的有套筒联轴器和凸缘联轴器等。

1）套筒联轴器（图4-44）

套筒联轴器属于刚性联轴器，它通过联轴套连接两轴，所连接两轴的直径可以相同，也可以不相同，联轴套与轴之间可以通过销连接传递转矩，也可以通过键连接或花键连接传递转矩。套筒联轴器结构简单、制造方便、成本低、占用径向尺寸小,但是装配和拆卸都不方便。套筒联轴器适用于低速、轻载、工作平稳的连接。

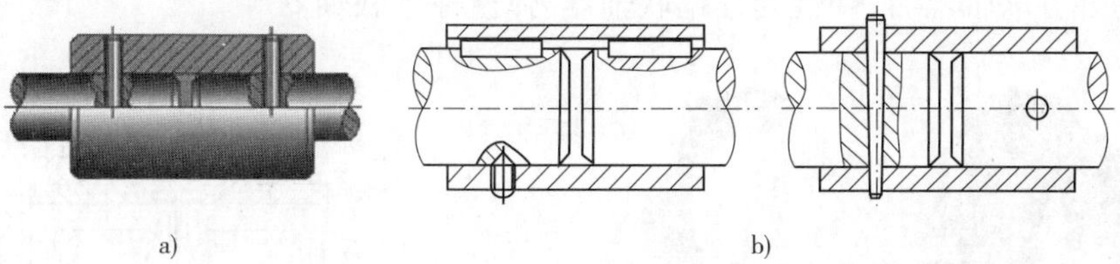

a)　　　　b)

图4-44　套筒联轴器

2)凸缘联轴器

如图4-45所示,凸缘联轴器由两个带凸缘的半联轴器和一组螺栓组成。这种联轴器有两种对中方式:一种是通过分别具有凸槽和凹槽的两个半联轴器的相互嵌合来对中,半联轴器采用普通螺栓连接;另一种是通过铰制孔用螺栓与孔的紧配合对中,当尺寸相同时,后者传递的转矩较大,且装拆时轴不必做轴向移动。

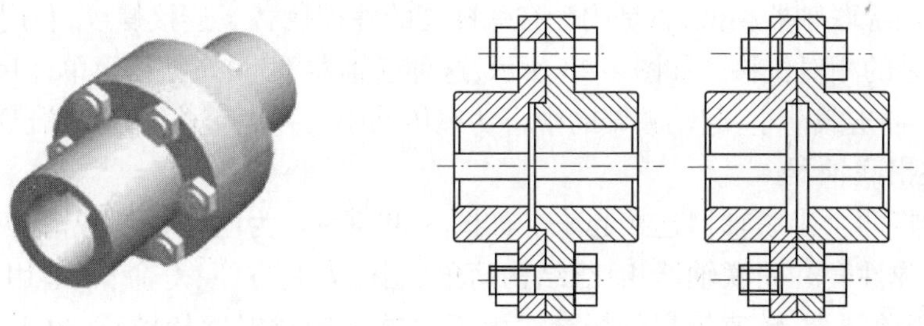

a)　　　　b)

图4-45　凸缘联轴器

3)万向联轴器

万向联轴器主要由两个叉形接头1和3及一个十字体2通过刚性铰接而构成,故又称铰链联轴器,如图4-46所示。它广泛用于汽车、机床等机械传动系统中。

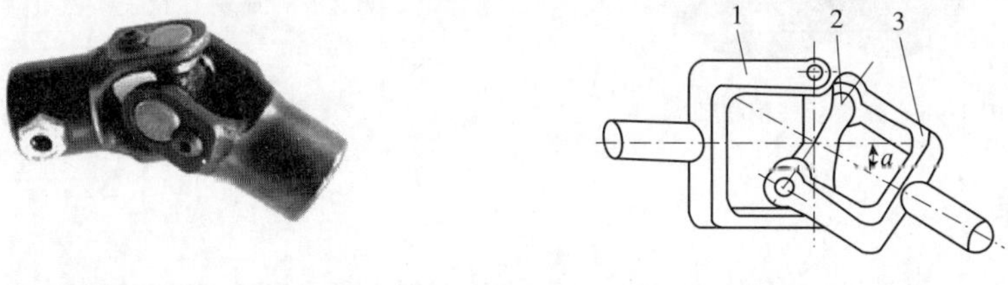

a)　　　　b)

图4-46　万向联轴器

1、3-叉形接头;2-十字体

4)齿式联轴器

齿式联轴器是由两个具有外齿轮的轴套和两个具有内齿圈的外壳所组成,是可移式刚性联轴器中用途最广泛的一种联轴器,如图4-47所示。

2. 弹性联轴器

弹性联轴器包含有各种弹性零件的组成部分，因而在工作中具有较好的缓冲与吸振能力。常用的弹性联轴器有：弹性套柱销联轴器、弹性柱销联轴器等。

a)

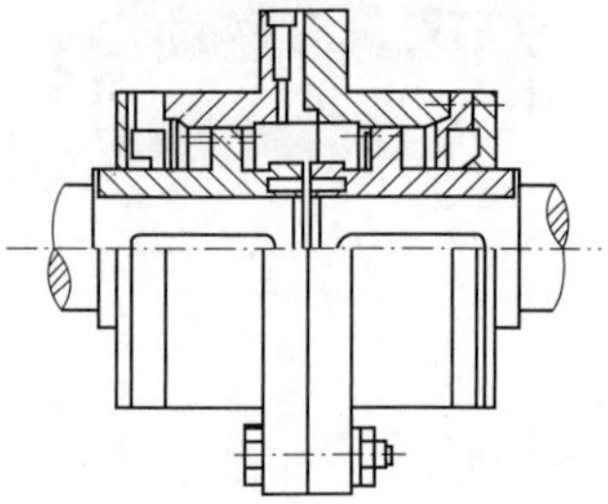
b)

图 4-47　齿式联轴器

1）弹性套柱销联轴器

其构造与凸缘联轴器相似，只是用套有弹性套的柱销代替了连接螺纹，利用弹性套的弹性变形来补偿两轴的相对位移。如图 4-48 所示，这种联轴器重量轻、结构简单，但弹性套易磨损、寿命较短，用于冲击载荷小、起动频繁的中小功率传动中。弹性套柱销联轴器已标准化。

2）弹性柱销联轴器

弹性柱销将两个半联轴器连接起来。如图 4-49 所示，为防止柱销脱落，两侧装有挡板。这种联轴器与弹性套柱销联轴器相比，结构简单、制造安装方便、寿命长，适用于轴向窜动较大、正反转或起动频繁、转速较高的场合。由于尼龙柱销对温度较敏感，故工作温度限制在 −20 ~ 70℃的范围内。

图 4-48　弹性套柱销联轴器

图 4-49　弹性柱销联轴器

二、离合器

离合器应保证机器不论在停车或运转中都能随时接合或分离，而且迅速可靠。离合器按其工作原理可分为牙嵌式离合器、摩擦式离合器和特殊功用离合器三类。

1. 牙嵌式离合器

牙嵌式离合器是用爪牙状零件组成嵌合副的离合器，如图 4-50 所示。其常用牙型有正三角形、正梯形、锯齿形、矩形，见图 4-51。牙嵌式离合器结构简单、外廓尺寸小，两轴接合后不会发生相对移动，但接合时有冲击，故只能在低速或停车时接合，否则凸牙容易损坏。

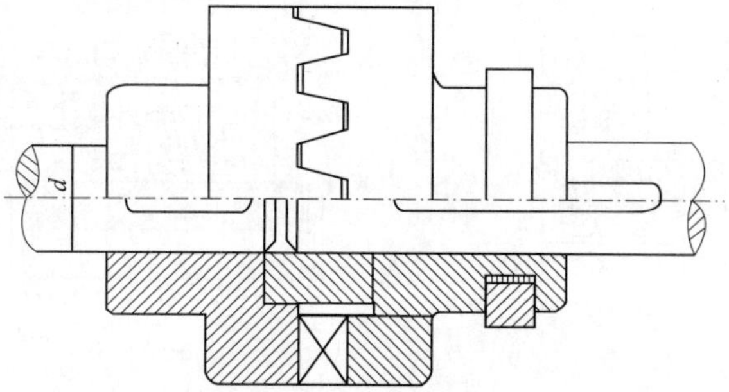

图 4-50　牙嵌式离合器

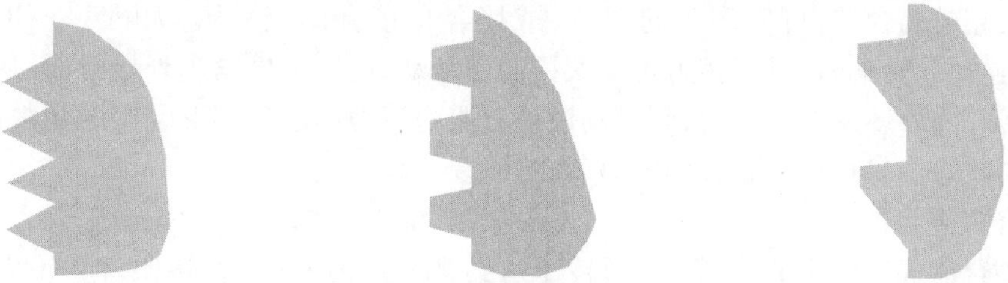

a)正三角形　　b)正梯形　　c)锯齿形

图 4-51　牙嵌式离合器齿形

2. 摩擦式离合器

摩擦式离合器通过操纵机构可使摩擦片紧紧贴合在一起，利用摩擦力的作用，使主、从动轴连接。如图 4-52 所示，这种离合器需要较大的轴向力，传递的转矩较小，但在任何转速条件下，两轴均可以分离或接合，且接合平稳，冲击和振动小，过载时摩擦片之间可打滑，起保护作用。为了提高离合器传递转矩的能力，可适当增加摩擦片的数量。图 4-53 为摩擦片。摩擦片的材料分为：石棉衬、夹布胶本、皮革等（不需润滑）；钢、青铜、粉末冶金等（需要润滑）。

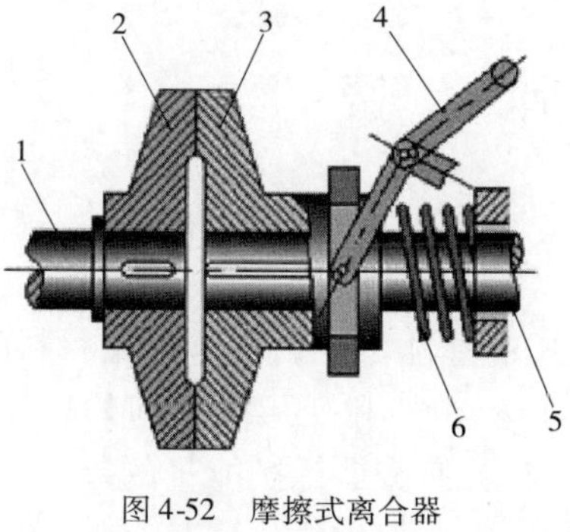

图 4-52　摩擦式离合器

1-主动轴；2-主动圆盘；3-从动圆盘；4-杠杆；5-从动轴；6-弹簧

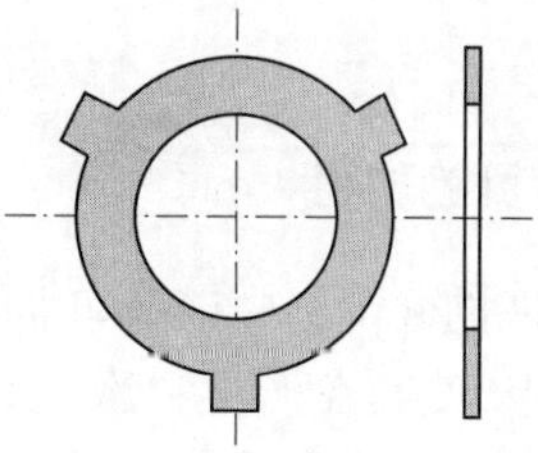

图 4-53　摩擦片

3. 特殊功用离合器

1）安全离合器

采用弹簧自动压紧，当离合器接合面上产生的作用力的轴向分量超过压紧力时，离合器产生分离，如图 4-54 所示。

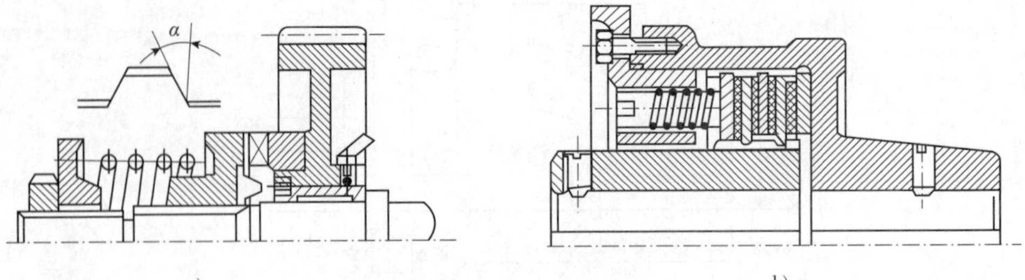

图 4-54　安全离合器

2)超越离合器

滚柱式超越离合器,可实现单向超越(或接合),接合比较平稳,无噪声。如图 4-55 所示,当外环逆时针转动时,以摩擦力带动滚柱向前滚动,进一步楔紧内外接触面,从而驱动星轮一起旋转。当外环反向转动时,则带动滚柱克服弹簧力而滚到楔形空间的宽敞位置,离合器处于分离状态。自行车后轮轴中就有棘轮式超越离合器。

3)离心式离合器

这种离合器式依靠离心力工作,当转速达到某一定值时,离合器便自动接合。图 4-56 是离心式离合器实物图。

图 4-55　超越离合器

图 4-56　离心式离合器

单元 4.4　弹　　簧

一、弹簧的功用

弹簧是机械设备中以及日常生活中广泛使用的弹性零件。它是利用材料的弹性和本身结构的特点,使其在产生和恢复弹性变形时,实现机械能和变形能之间的转换,如地铁车辆上的车钩缓冲装置和转向架弹簧减振装置等。因此,弹簧是转换能量的零件。其功能有:缓冲减振、控制运动、储存能量、测量力和力矩。

二、弹簧的类型

按性质不同分为:压缩弹簧、拉伸弹簧、扭转弹簧和弯曲弹簧。

按外形分为:螺旋弹簧、碟形簧、环形簧、盘弹簧和板簧,其名称、图形以及承受力情况,见表 4-5。

弹簧的分类及形状　　表4-5

名　称	图　形	说　明
拉伸弹簧		承受拉力
压缩弹簧	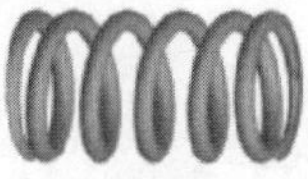	承受压力
圆锥螺旋弹簧		承受压力
扭转弹簧		承受扭矩
弯曲弹簧		
碟形弹簧		承受压力
环形弹簧		
板弹簧		承受弯矩

实训：螺纹连接的拆装

我们在日常生活中或多或少都拆装过零部件。例如，自行车上零部件的更换。但生活中的零部件拆装多数没有精度要求。在机械工业中，工件装配完成的情况将直接影响整体部件的质量；合理的拆卸方法可以提高工作效率、防止零部件的损坏。本实训中，以滑动轴承为例，学习螺纹连接的拆装方法和注意点。

1. 拆装结构图

图4-57为滑动轴承的装配结构图、图4-58为拆装滑动轴承的顺序图。

2. 读图

图4-57、图4-58中两滑动轴承结构不同，但连接方法相同，轴承座和轴承盖都采用了双头螺柱连接，要求双头螺柱与轴承座配合紧固，轴心线必须与轴承盖上表面垂直，装入双头螺柱时，必须用油润滑，以便拆卸。

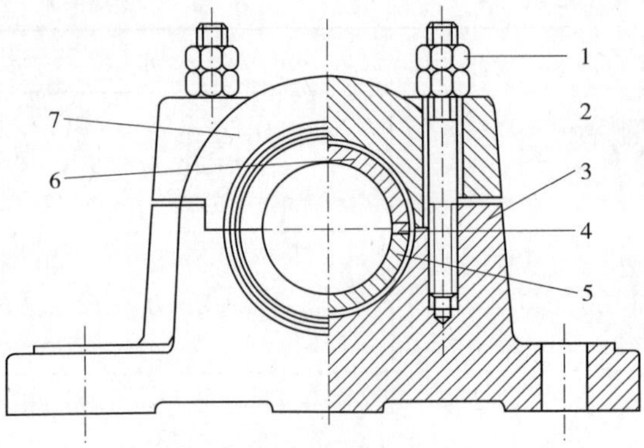

图4-57　滑动轴承装配结构图
1-螺母;2-双头螺柱;3-轴承座;4-下轴瓦;
5-垫片;6-上轴瓦;7-轴承盖

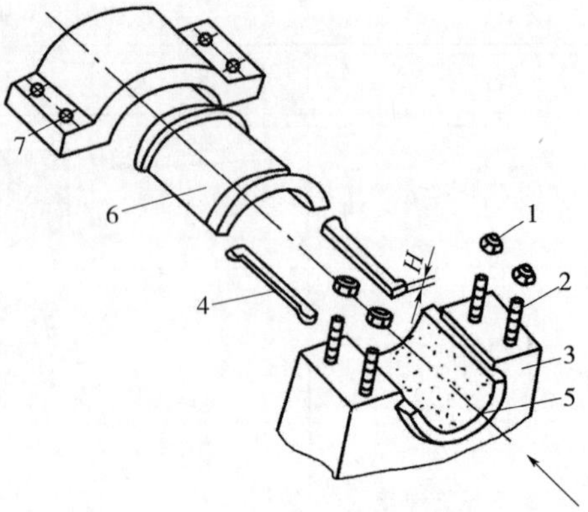

图4-58　拆装滑动轴承顺序图
(图注同图4-57)

3. 工作准备(表4-6)

准备设备、工具和材料清单　　表4-6

序号	名 称 及 说 明	数　量
1	双头螺柱、螺钉、螺母、螺栓、弹簧垫圈	各1
2	开口销、止动垫圈、紧定螺钉	各1
3	开口扳手、活扳手、长螺母和止动螺钉	各1
4	90°角尺	1
5	手电钻、钻头	各1

4. 工作步骤

拆装双头螺柱。

1)用双螺母拆装双头螺柱

(1)识读装配图4-57、图4-58,了解装配关系、技术要求和配合性质。

(2)根据图样要求,选择双头螺柱1个、六角螺母2个、长螺母1个、止动螺钉1个(图4-59)。

(3)选择开口扳手和活扳手各1把、机械油(N32)适量、90°角尺1把。

(4)在机体的螺孔内加注机械油(N32)润滑,以防拧入时产生螺纹拉毛现象,同时也可防锈。

(5)按图样要求,将双头螺柱用手拧入机体螺孔内(图4-60)。

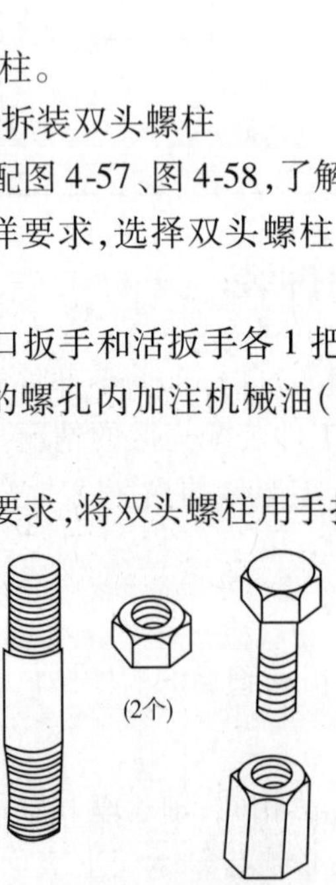

图4-59　螺柱、螺母

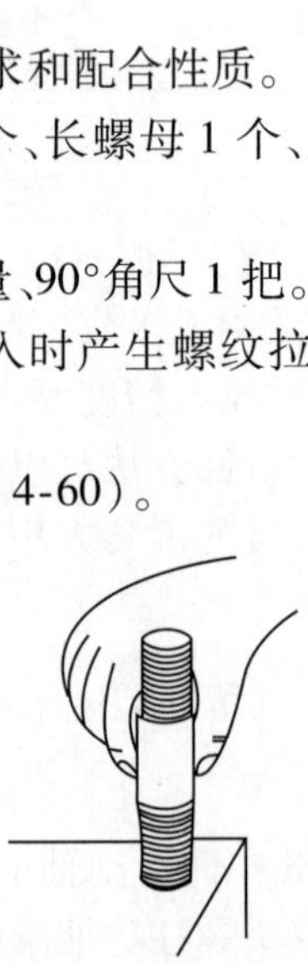

图4-60　双头螺柱

(6)用手将两个螺母拧在双头螺柱上,并相互稍微锁紧(图4-61)。

(7)用一个扳手卡住上螺母,用右手按顺时针方向旋转;用另一个扳手卡住下螺母,用左手按逆时针方向旋转,将双螺母锁紧。

(8)用扳手按顺时针方向扳动上螺母,将双头螺柱锁紧在机体上(图4-62)。

(9)用右手握住扳手,按逆时针方向扳动上螺母,用左手握住另一个扳手,卡住下螺母不动,使两螺母松开,卸下两个螺母。

(10)用90°角尺检验或目测双头螺柱的中心线,应与机体表面垂直(图4-63)。

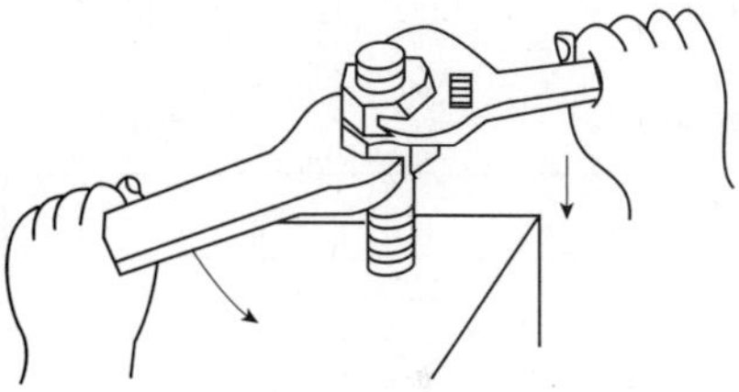

图　4-61

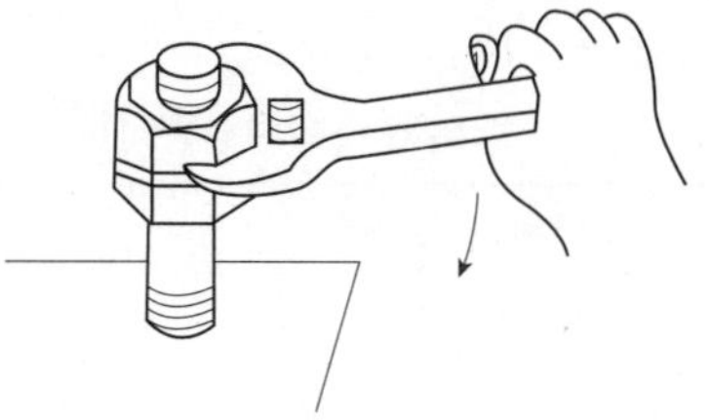

图　4-62

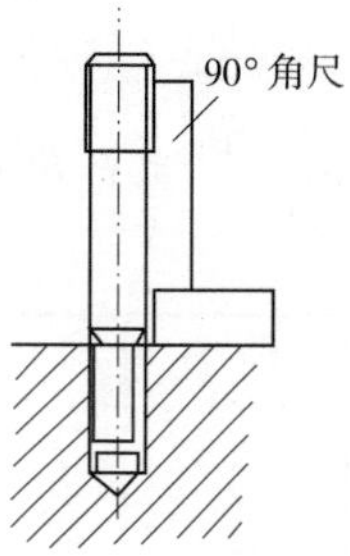

图　4-63

(11)检查后,若稍有偏差时,如对精度要求不高,可用锤子锤击校正(图4-64),或拆下双头螺柱用丝锥回攻,校正螺孔;如对精度要求较高,则要更换双头螺柱。若偏差较大时,不能强行以锤击校正,否则会影响连接的可靠性。

(12)将轴承盖套入双头螺柱上(图4-65)。

(13)用手将螺母拧入螺柱上,压住轴承盖。

(14)用扳手卡住螺母,按顺时针方向旋转,压紧轴承盖(图4-66)。

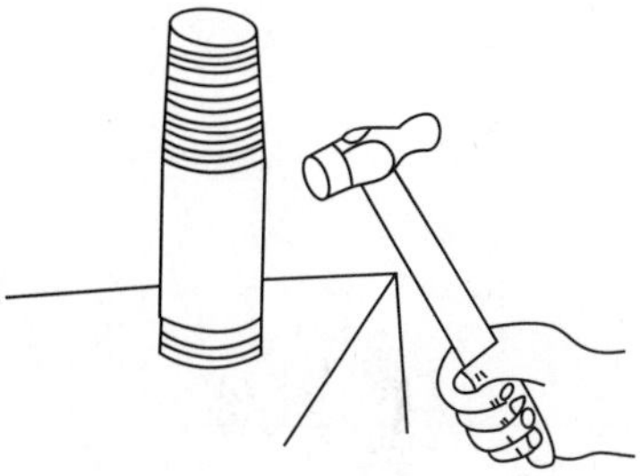

图　4-64

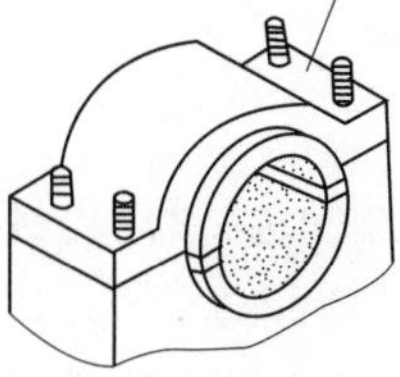

图　4-65

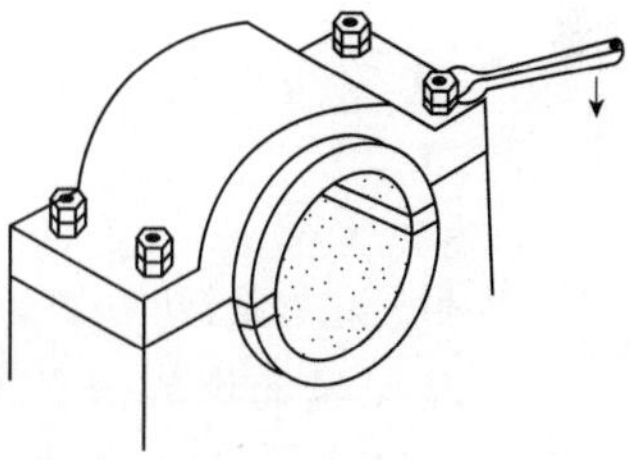

图　4-66

(15)将其余三个螺母拧入螺柱,并用扳手拧紧,使之与第一个螺母相互锁紧,防止松动。

(16)拆卸时,用扳手卡住下螺母,按逆时针方向旋转,将双头螺柱从机体中拧出。

2)用长螺母拆装双头螺柱

(1)按用双螺母拆装双头螺柱的第(1)~(5)步骤,将双头螺柱拧入机体螺孔内。

(2)将长螺母拧入双头螺柱上,拧入深度约为1/2长螺母厚(图4-67)。

(3)在长螺母上再拧入一个止动螺钉,并用扳手拧紧(图4-68)。

(4)用扳手按顺时针方向拧动长螺母,将双头螺柱拧紧在机体上(图4-69)。

(5)用扳手按逆时针方向拧松止动螺钉,用手拧出止动螺钉和长螺母。

(6)按用双螺母装拆双头螺柱的第(12)~(15)步骤安装轴承盖,并拧上两个螺母。

(7)拆卸时,按用双螺母装拆双头螺柱的第(16)步骤进行。

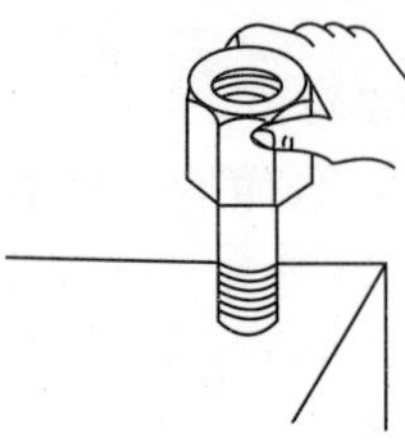

图 4-67

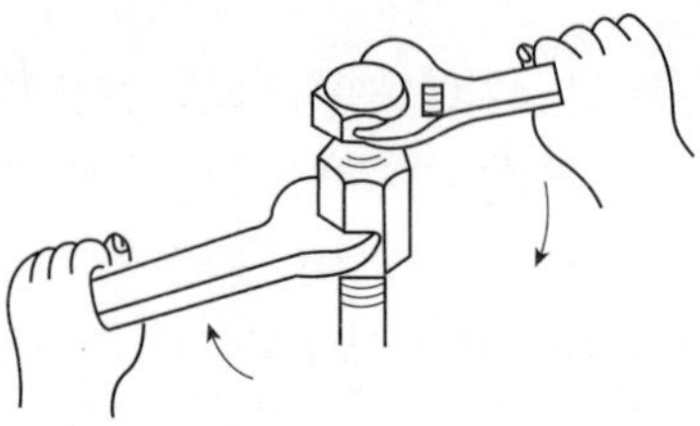

图 4-68

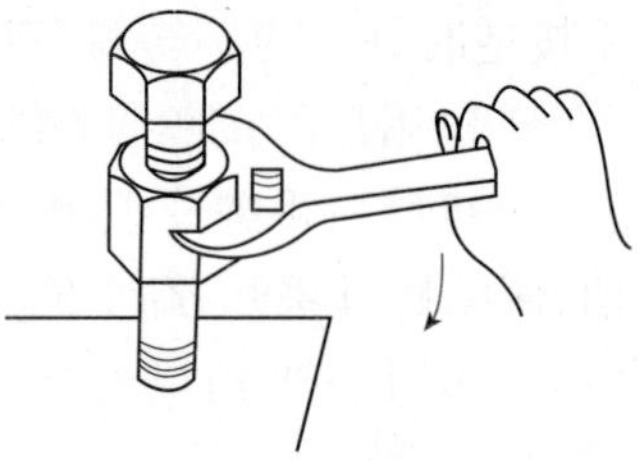

图 4-69

5. 生产质量检测(表 4-7)

拆装双头螺柱连接训练记录与成绩评定 表 4-7

项 次	项目和技术要求	实 训 记 录	配分	得分
1	装配顺序正确		10	
2	螺柱与轴承座配合紧固		10	
3	螺柱轴心线必须与轴承盖上表面垂直		15	
4	装入双头螺柱时,必须用油润滑		10	
5	双螺母连接应能起到防松目的		15	
6	拆卸顺序正确		15	
7	拆卸时无零件损坏		15	
8	拆卸后的零件按顺序摆放,保管齐全		10	
总得分:				

复习思考题

一、填空题

1. 键、销都是(　　　),它们在机械工业中应用极广。

2. 按照键的结构形式不同,键连接可分为(　　)、(　　)、(　　)和(　　)等。

3. 销连接主要用于固定(　　)之间的相互位置。

4. 螺纹紧固件多为(　　)的通用零件,在机械工业中应用广泛。

5. 两轴线易对中、无相对位移的轴宜选(　　)联轴器;两轴线不易对中、有相对位移的长轴宜选(　　)联轴器;起动频繁、正反转多变、使用寿命要求长的大功率重型机械宜选(　　)联轴器;起动频繁、经常正反转、受较大冲击载荷的高速轴宜选有弹性元件的(　　)联轴器。

6. 离合器按其工作原理可分为(　　)离合器、(　　)离合器和(　　)离合器三类。

二、判断题

1. 键连接主要用来实现轴与轴上零件的轴向固定。 (　　)

2. 切向键连接主要用于对同心度要求不高的重型机械上。 (　　)

3. 销起定位作用时，一般不承受载荷。（　　）
4. 螺栓连接用于两被连接件均为通孔，无需太多装配空间的场合。（　　）
5. 紧定螺钉连接用于固定两被连接件的相互位置。（　　）
6. 平键连接的一个优点是轴与轮毂的对中性好。（　　）
7. 在平键连接中，平键的两侧面是工作面。（　　）
8. 楔形键连接不可以用于高速转动的连接。（　　）
9. 楔键连接以两侧面为工作面传递转矩。（　　）
10. 键是标准件。（　　）
11. 平键的 3 个尺寸，都是按轴的直径在标准中选定的。（　　）
12. 在机器运转过程中，联轴器可随时实现两连接轴的分离和接合。（　　）

三、选择题

1. 普通螺纹的牙型为（　　）。
   A. 三角形　B. 梯形　C. 矩形　D. 锯齿形
2. （多选）常用的普通平键适用于（　　）场合。
   A. 高速　B. 高压　C. 高精度　D. 高温
3. （多选）根据键端形状不同，普通平键分为（　　）。
   A. A 型（圆头）　B. B 型（方头）　C. C 型（半圆头）　D. D 型（菱形）
4. （多选）普通平键尺寸由（　　）组成。
   A. 键宽　B. 键高　C. 键长　D. 键型
5. （多选）螺纹的主要参数有（　　）导程、牙型角等。
   A. 大径　B. 中径　C. 小径　D. 螺距
6. 被连接件厚度不大，被连接件加工成光孔的螺纹连接应采用（　　）。
   A. 螺栓连接　B. 双头螺柱连接
   C. 螺钉连接　D. 紧钉螺钉连接
7. （　　）防松适用于受冲击、振动的场合和重要的连接。
   A. 机械　B. 摩擦
8. （多选）螺纹连接的基本形式有（　　）。
   A. 螺栓　B. 双头螺柱　C. 螺钉　D. 紧定螺钉
9. （　　）连接的轴与轴上零件的对中性好，特别适用于高速精密传动。
   A. 楔键　B. 平键　C. 切向键
10. 以下哪些连接不能用作轴向固定。（　　）
    A. 平键连接　B. 销连接
    C. 螺钉连接　D. 过盈连接

四、名词解释

1. 可拆连接：
2. 螺纹的螺距：
3. 螺纹的导程：
4. 联轴器：

5. 离合器:

五、简答题

1. 简述螺纹连接的主要类型、特点以及应用。
2. 常用的可拆连接和不可拆连接有哪些?
3. 螺母和螺钉的装配要点是什么?
4. 键连接的种类和各种类型键的适用场合是什么?
5. 螺纹连接常用的防松方法有哪些?
6. 销连接有何作用?
7. 联轴器和离合器在功能上的共同点和区别是什么?
8. 螺纹的主要参数有哪些?

单元5　机　　构

知识目标

1. 了解平面机构的组成及运动简图；
2. 掌握铰链四杆机构的类型、应用以及演化；
3. 知道凸轮机构的分类及应用；
4. 熟悉间歇运动机构类型及应用。

能力目标

1. 能够判断铰链四杆机构的基本类型；熟悉铰链四杆机构演化后派生机构的实际应用；
2. 会分析凸轮机构运动；
3. 会制作简单的机构。

机构，指由两个或两个以上构件通过活动连接形成的构件系统。按组成的各构件间相对运动的不同，机构可分为平面机构（如平面连杆机构、圆柱齿轮机构等）和空间机构（如空间连杆机构、蜗轮蜗杆机构等）；按运动副类别可分为低副机构（如连杆机构等）和高副机构（如凸轮机构等）；按结构特征可分为连杆机构、齿轮机构、斜面机构、棘轮机构等；按所转换的运动或力的特征可分为匀速和非匀速转动机构、直线运动机构、换向机构、间歇运动机构等。机构在实际生产中广泛应用，如铲土机（图5-1）为了保证铲斗平行移动，防止泥土流出，采用了平面连杆机构；港口起重机（图5-2）调运货物是利用平面连杆机构中的双摇杆机构实现的。

本单元主要介绍平面机构、平面四杆机构、凸轮机构、间歇运动机构类型、特点以及应用。

图5-1　铲土机

图5-2　起重机

单元5.1 平面机构

一、平面机构概述

1. 构件的自由度

构件是机构中运动的单元体,因此它是组成机构的基本要素。构件的自由度是构件可能出现的独立运动。任何一个构件在空间自由运动时皆有六个自由度。而对于一个做平面运动的构件,则只有三个自由度,如图5-3所示,构件1可以在 xoy 平面内绕构件2转动,也可以沿 x 轴或 y 轴方向移动。

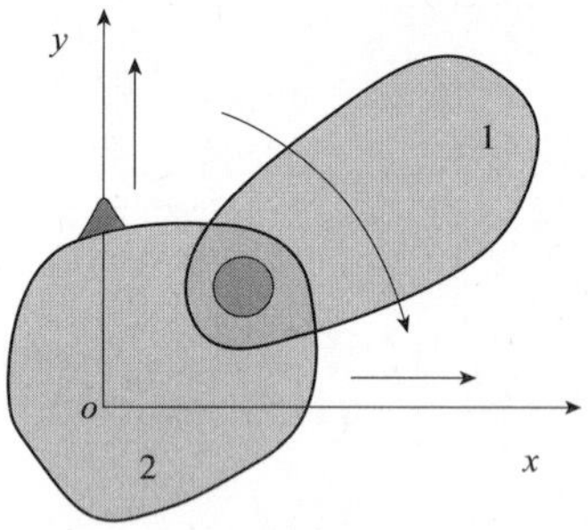

图5-3 平面机构自由度

2. 约束与运动副

平面机构中每个构件都不是自由构件,而以一定的方式与其他构件相互连接。这种使两构件直接接触并能产生一定相对运动的连接,称为运动副。两构件组成运动副后,就限制了两构件间的相对运动,对于相对运动的这种限制称为约束。根据组成运动副两构件之间的接触特性,运动副可分为低副和高副。

3. 运动副及其分类

1)低副

两构件以面接触的运动副称为低副。根据它们之间的相对运动是转动还是移动,运动副又可分为转动副和移动副。

(1)转动副。若组成运动副的两构件之间只能绕某一轴线做相对转动,这种运动副称为转动副。通常,转动副的具体形式是用铰链连接,即由圆柱销和销孔所构成的转动副,如图5-4所示。

(2)移动副。若组成运动副的两构件只能做相对直线移动的运动副,如图5-5所示。活塞与汽缸体所组成的运动副即为移动副。

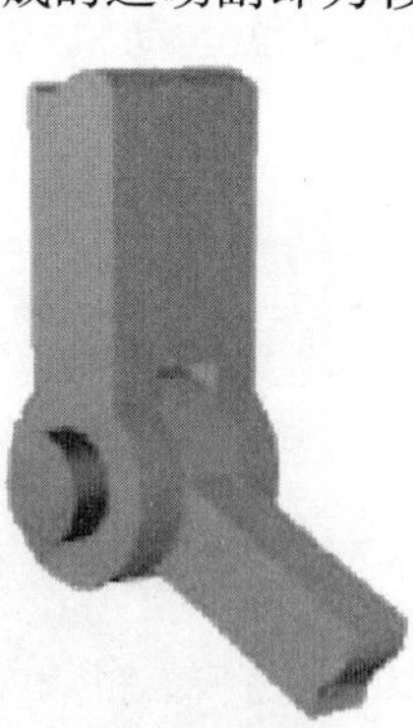
图5-4 转动副

图5-5 移动副

平面机构中的低副引入两个约束，仅保留一个自由度。

2）高副

两构件以点或线接触的运动副成为高副。如图5-6所示，凸轮与从动杆及两齿轮分别在其接触处组成高副，平面机构中的高副引入一个约束，保留了两个自由度。

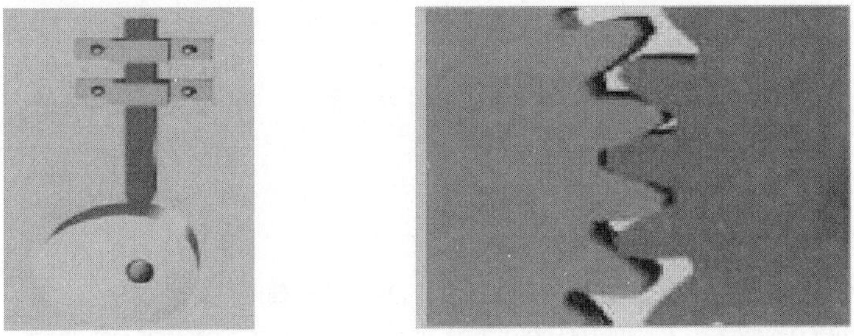

图5-6　高副

二、平面机构运动简图

用规定的符号和线条按一定的比例表示构件的尺寸和运动副的相对位置，并能完全反映机构特征的简图，叫作平面机构运动简图。

1. 运动副的表示方法

平面机构运动简图中，运动副的表示方法如下：

（1）转动副构件组成转动副时，其表示方法见图5-7。图面垂直于回转轴线时用图5-7a）表示；图面不垂直于回转轴线时用图5-7b）表示。表示转动副的圆圈，其圆心必须与回转轴线重合。一个构件具有多个转动副时，则应在两条交叉处涂黑，或在其内画上斜线，见图5-7c）。

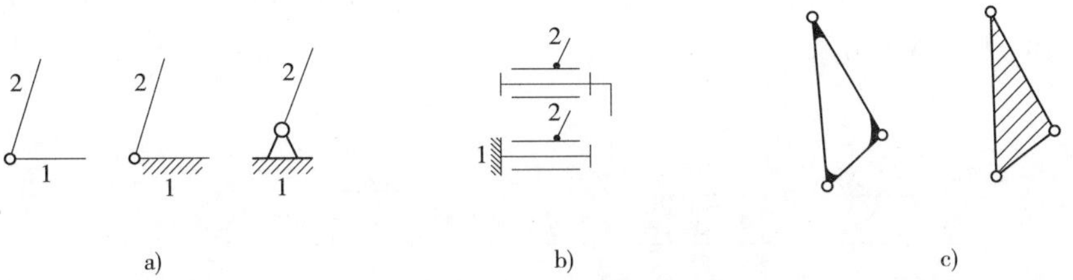

图5-7　转动副符号简图

（2）移动副两构件组成移动副时，其导路必须与相对移动方向一致。其表示方法见图5-8。

（3）两构件组成平面高副时，其运动简图中应画出两构件接触处的曲线轮廓，对于凸轮、滚子，习惯画出其全部轮廓；对于齿轮，常用点画线画出其节圆，见图5-9。

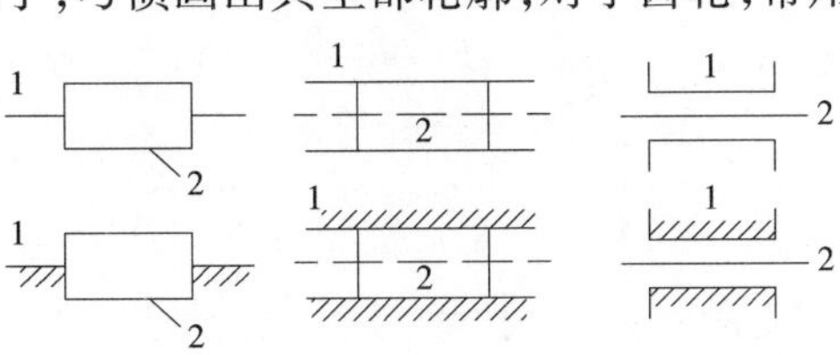

图5-8　移动副符号简图

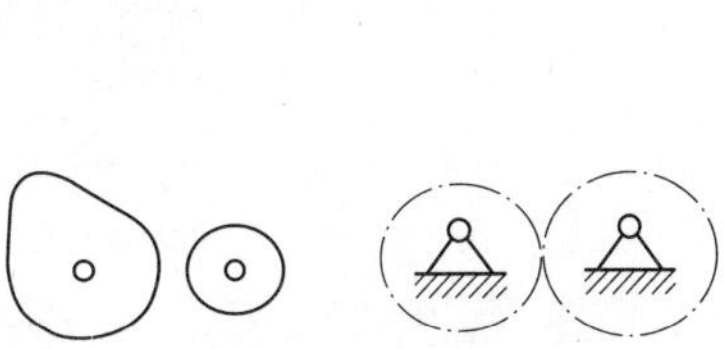

图5-9　高副符号简图

(4)构件与运动副符号，见图5-10。

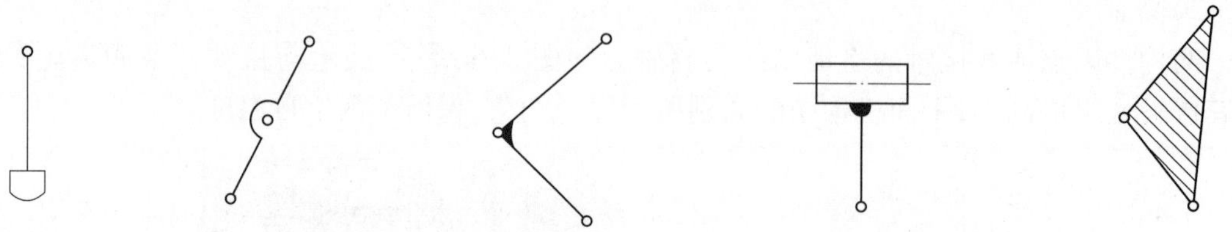

图5-10　构件表示方法

2. 平面机构运动简图的绘制

机构简图的绘制步骤如下：

(1)认真研究机构的结构及动作原理，分清固定件，确定主动件。

(2)沿着运动传递路线，分析两构件间相对运动的性质，以确定运动副的类型和数目。

(3)测量出运动副间的相对位置。

(4)确定比例尺，$\mu_l = \dfrac{\text{实际尺寸(m)}}{\text{图上尺寸(mm)}}$，绘制机构运动简图。从运动件开始，按传动顺序标出各构件的编号和运动副的代号。在原动件上标出箭头，以表示其运动方向。

【例5-1】　绘制发动机配气机构(图5-11a)的机构运动简图。

(1)明确机构的组成。从主动件开始(按运动传递的顺序依次进行)，即主动件(凸轮)1按顺时针方向转动，从动件(滚子)2绕转动副 C 转动，从动件3绕转动副 D 摆动，构件4做往复运动。故配气机构由5个构件、3个转动副 A、C、D、一个移动副 F 和两个高副 B 和 E 组成。

(2)选择视图平面。一般选择与各构件运动平面相互平行的平面作为绘制机构简图的视图平面。

(3)绘制机构简图。选择适当的比例，从主动件开始依次绘图，就可以得到配气机构的机构运动简图，见图5-11b)。

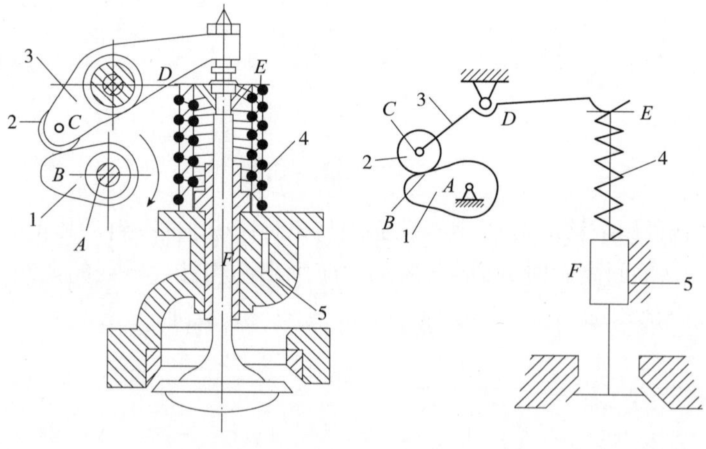

a)　　b)

图5-11　发动机配气机构及其运动简图

1-主动件(凸轮)；2-从动件(滚子)；3-从动件；4、5-构件

单元5.2　平面四杆机构

一、铰链四杆机构类型与应用

平面四杆机构的基本形式是铰链四杆机构。其他形式的四杆机构都可看成是在它的基础上通过演化而成的。

由四个构件用铰链连接而成的机构称为铰链四杆机构。如图5-12所示,机构中固定不动的构件*AD*称为机架,与机架相连的构件*AB*和*CD*称为连架杆。如果连架杆能绕轴线做360°的回转运动,称为曲柄;若只能在某一角度(小于360°)内摆动,称为摇杆。与机架不相连接的构件*BC*称为连杆。

铰链四杆机构可按有无曲柄、摇杆,分为以下三种基本形式。

1. 曲柄摇杆机构

定义:在铰链四杆机构中,若两连架杆之一为曲柄,另一个是摇杆,此机构称为曲柄摇杆机构。

应用:在曲柄摇杆机构中,当曲柄为主动件时,可将曲柄的连续回转运动转换成摇杆的往复摆动,如汽车刮水器(图5-13)。当摇杆为主动件时,可将摇杆的往复摆动转换成曲柄的连续回转运动,如缝纫机踏板机构(图5-14)。

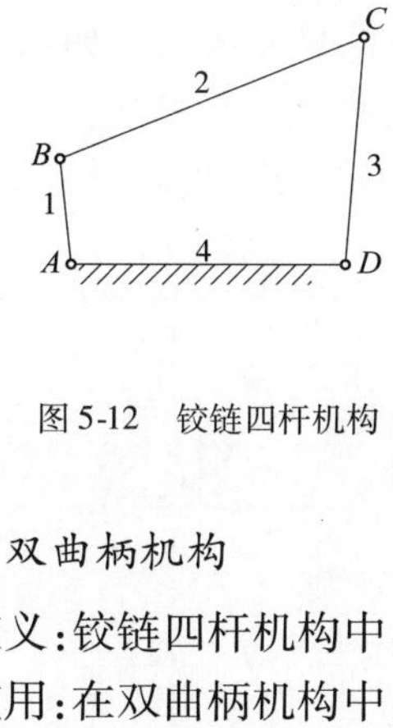

图5-12　铰链四杆机构

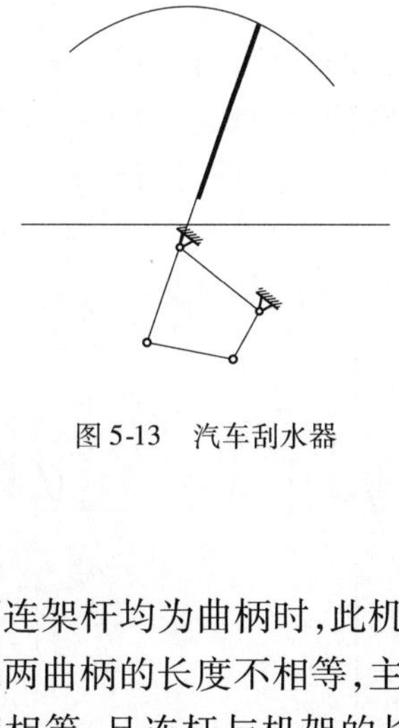
图5-13　汽车刮水器

图5-14　缝纫机踏板机构

2. 双曲柄机构

定义:铰链四杆机构中,若两连架杆均为曲柄时,此机构称为双曲柄机构。

应用:在双曲柄机构中,如果两曲柄的长度不相等,主动曲柄等速回转一周,从动曲柄变速回转一周。如果两曲柄的长度相等,且连杆与机架的长度也相等,称为平行双曲柄机构。车门开闭机构为反向平行双曲柄机构的应用,如图5-15所示。

3. 双摇杆机构

定义:铰链四杆机构中,若两连架杆均为摇杆时,此机构称为双摇杆机构。

应用:在双摇杆机构中,两摇杆可分别为主动件,当主动摇杆摆动时,通过连杆带动从动摇杆做摆动运动。如汽车转向机构中的双摇杆机构(图5-16),当*AB*摇杆摆动时,通过连杆*BC*,使*CD*也摆动,实现转向。

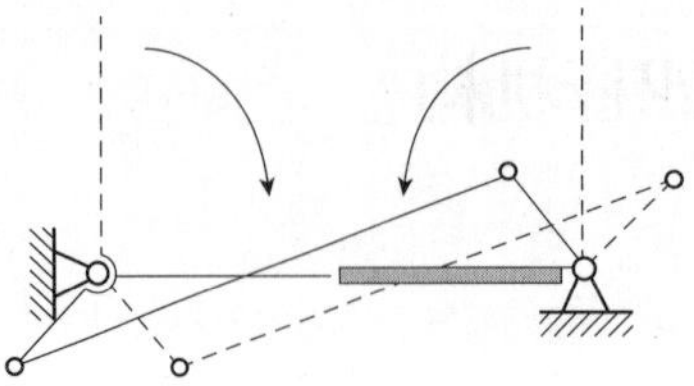

图 5-15　车门开闭机构

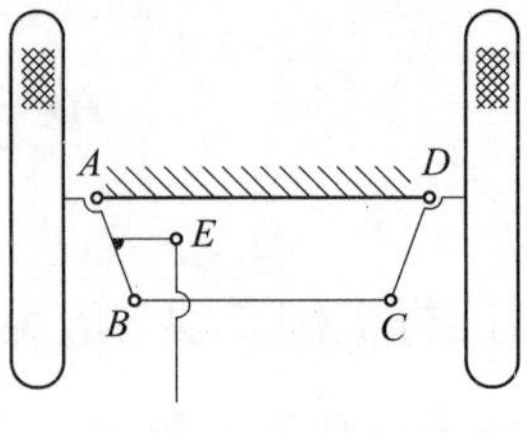

图 5-16　汽车转向机构

二、平面四杆机构的演化

在实际机械中，平面连杆机构的形式是多种多样的，但其中绝大多数是在铰链四杆机构的基础上发展和演化而成的。

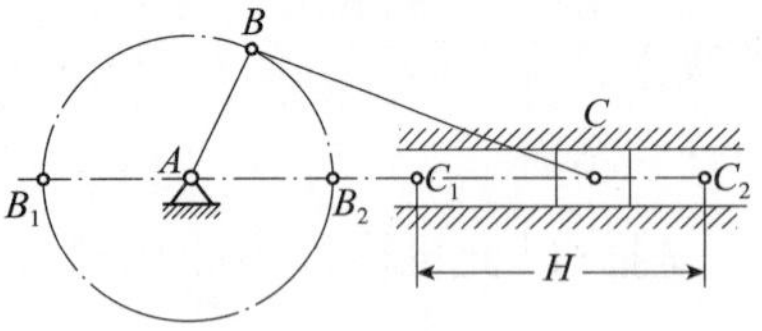

图 5-17　曲柄滑块机构

1. 曲柄滑块机构

如图 5-17 所示，由曲柄 AB、连杆 BC、滑块 C 以及机架组成的平面连杆机构，称为曲柄滑块机构。

在曲柄滑块机构中，若曲柄为主动件，当曲柄连续回转时，通过连杆带动滑块做往复直线运动；反之，若滑块为主动件，当滑块做往复直线运动时，通过连杆带动曲柄做连续回转运动。

2. 导杆机构

连架杆中至少有一个构件为导杆的平面四杆机构，称为导杆机构。

导杆机构可以看成是通过改变曲柄滑块机构中固定件的位置演化而成的。如图 5-18a）所示的曲柄滑块机构，当取杆 1 为固定件时，即可得到如图 5-18b）所示的导杆机构。在该导杆机构中，与构件 3 组成移动副的构件 4 称为导杆。构件 3 称为滑块，可相对导杆滑动，并可随导杆一起绕 A 点回转。在导杆机构中，通常取杆 2 为主动件。

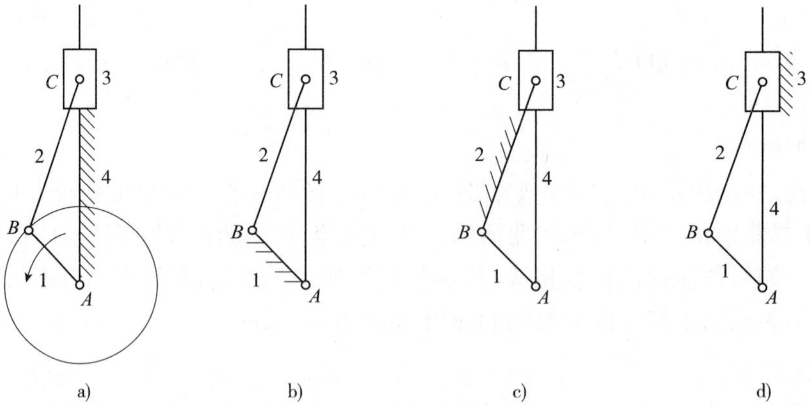

图 5-18　导杆机构

导杆机构分转动导杆机构与摆动导杆机构两种，当机架 1 的长度 l_1 小于杆 2 的长度 l_2 时，主动件杆 2 与从动件（导杆）4 均可做整周回转，即为转动导杆机构；当机架 1 的长度 l_1 大于杆2的长度 l_2 时，主动件杆做整周回转时，从动件只能做往复摆动，即为摆动导杆机构。图5-19所示为牛头刨床中摆动导杆机构的应用实例。杆 BC 为主动件，做等速回转运动。为了实现滑枕做往复直线运动，在机架 A 处导杆的导槽中设置了一个滑块，使导杆在摆动时能上下移动。杆 BC 为传动丝杠，在 C 点处与铰链（螺母）连接，杆 BC 的长度可调节，从而实现滑枕行程的调节。

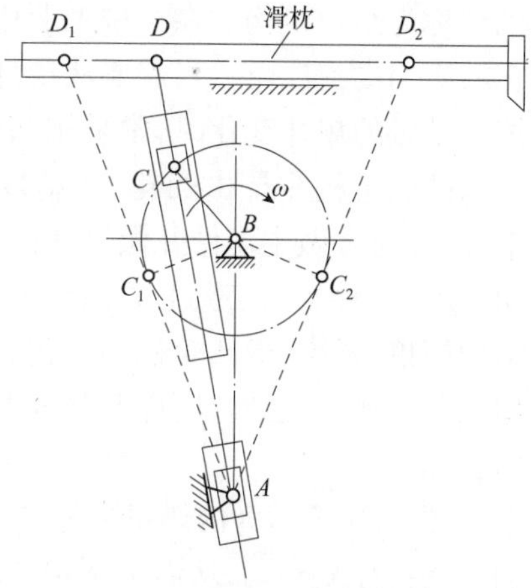

图5-19　牛头刨床中摆动导杆机构

当取杆2为固定件（机架）时，即可得到图5-18c）所示的曲柄摇块机构。此机构一般以杆1（或杆4）为主动件。$l_1 < l_2$ 时，杆1可做整周回转，$l_1 > l_2$ 时，杆1只能做摆动。当杆1做整周回转或摆动时，导杆4相对滑块3滑动，并一起绕 C 点摆动。滑块3只能绕机架上 C 点摆动，称为摇块。当杆4为主动件在摇块3中移动时，杆1则绕 B 点回转或摆动。图5-20所示为应用曲柄摇块机构的自翻卸料装置。车箱（杆1）可绕车架（机架2）上的 B 点摆动，活塞杆（导杆4）、液压缸（摇块3）可绕车架上的 C 点摆动，当液压缸中的活塞杆运动时，车箱绕 B 点转动，转到一定角度时，货物自动卸下。

当取构件3为固定件时，即可得到图5-18d）所示的移动导杆机构。此机构通常以杆1为主动件，杆1回转时，杆2绕 C 点摆动，杆4仅相对固定滑块做往复移动。图5-21所示的抽水机即采用了移动导杆机构。摆动手柄1，在杆2的支承下（杆2自身绕机架上 C 点摆动），活塞杆4在固定滑块（唧筒3，即机架）内上下往复移动，实现抽水的动作。

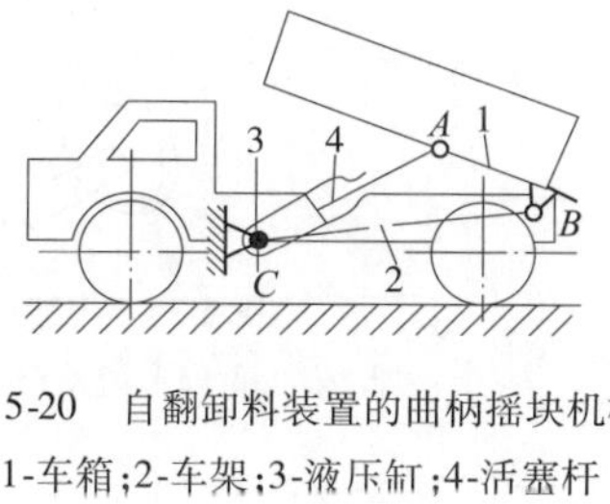

图5-20　自翻卸料装置的曲柄摇块机构
1-车箱；2-车架；3-液压缸；4-活塞杆

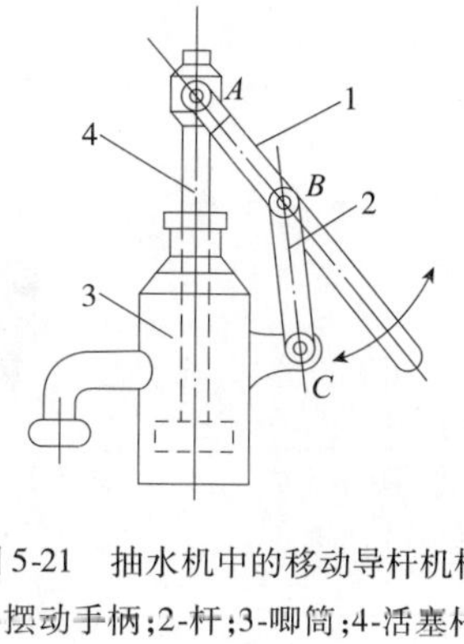

图5-21　抽水机中的移动导杆机构
1-摆动手柄；2-杆；3-唧筒；4-活塞杆

单元5.3　凸轮机构

一、凸轮机构概述

机械的回转或滑动件（如轮或轮的突出部分），它把运动传递给紧靠其边缘移动的滚轮或在槽面上自由运动的针杆。这种具有曲面工作轮廓或边缘的构件，称为凸轮，含有凸轮的机构称为凸轮机构。在机械工业中,凸轮机构是一种常用的机构,特别是在自动化机械中,它的应用更为广泛。当需要从动件按照复杂的运动规律运动或从动件的位移、速度、加速度按照预定的规律变化时,常采用凸轮机构实现。

凸轮机构主要由凸轮、从动件和机架三个基本构件组成,如图 5-22 所示。在凸轮机构中,凸轮通常做主动件并做等速回转或移动,借助其曲线轮廓(或凹槽)使从动件做相应的运动(摆动或移动)。通过改变凸轮轮廓的外形,可使从动件实现设计要求的运动。凸轮机构结构简单、紧凑,但凸轮机构中包含有高副,因此不宜传递较大的动力,而且凸轮的曲线轮廓加工制造比较复杂。所以凸轮机构一般适用于实现特殊要求的运动规律且传力不太大的场合。

图 5-23 所示为内燃机中控制气阀开闭的凸轮机构。它通过连续转动的凸轮的轮廓,驱动气阀杆往复移动,从而按预定的时间打开或关闭气阀,完成配气要求。弹簧的作用是使气阀组件紧贴凸轮的轮廓曲面。

图 5-24 所示为自动车床刀架进给机构。当凸轮 4 转动时,其轮廓迫使从动杆 3 往复摆动,通过固定在从动杆上的扇形齿轮 2,带动刀架下部的齿条,使刀架 1 前后移动,完成所需要的进刀和退刀运动。

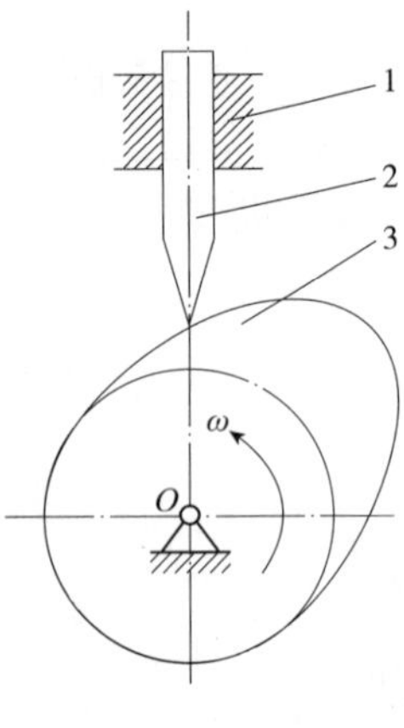

图 5-22 凸轮机构的基本组成

1-机架;2-从动件;3-凸轮

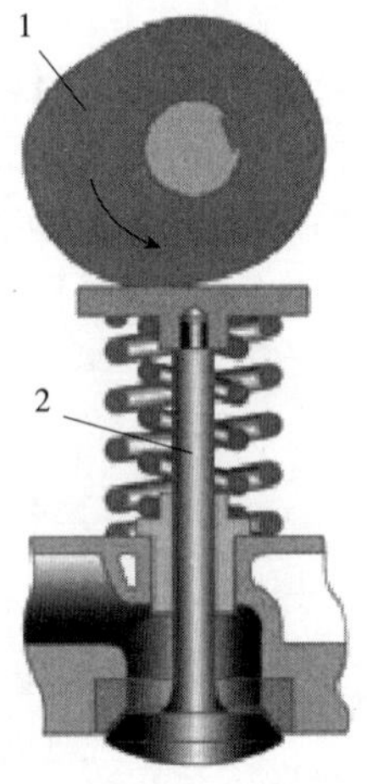

图 5-23 内燃机气阀控制机构

1-凸轮;2-气阀杆

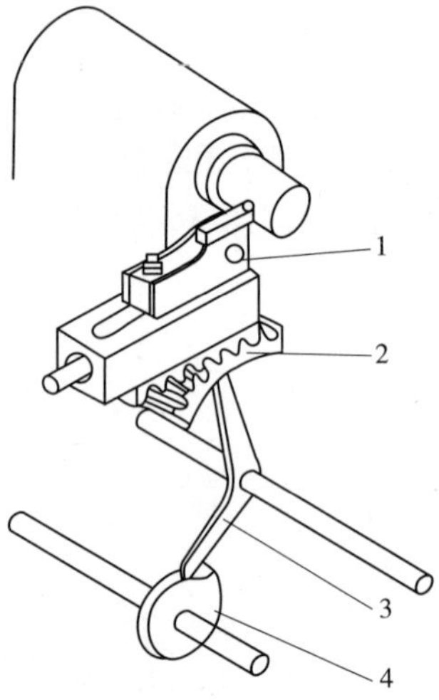

图 5-24 刀架进给机构

1-刀架;2-扇形齿轮;3-从动件;4-凸轮

二、凸轮机构的分类及应用特点

1. 凸轮机构的基本类型

1)按凸轮的形状分类

(1)盘形凸轮。仅具有径向廓线尺寸变化并绕其轴线旋转的凸轮,称为盘形凸轮。盘形凸轮是一个具有变化半径的圆盘形构件,结构简单,是凸轮的最基本形式。盘形凸轮分为两种:利用外轮廓推动从动件运动的,称为盘形外轮廓凸轮(图 5-22 ~ 图 5-24);利用曲线沟槽推动从动件运动的,称为盘形槽凸轮(图 5-25)。

盘形凸轮做等速回转时，从动件在垂直于凸轮轴线的平面内运动（往复移动或摆动），因此，盘形凸轮属于平面凸轮，盘形凸轮机构属于平面凸轮机构。由于从动件的行程或摆动太大会引起凸轮径向尺寸变化过大，不利于机构正常工作并增大结构尺寸，因此盘形凸轮机构一般用于从动件行程或摆动较小的场合。当盘形凸轮的回转中心趋于无穷远时，即成为移动凸轮，移动凸轮通常做往复直线移动。图5-26为移动凸轮模型，图5-27所示移动凸轮机构为采用靠模车削手柄装置。工件1回转时，移动凸轮（靠模板）3和工件一起向右做纵向移动，由于移动凸轮的曲线轮廓的推动，从动件（刀架）2带着车刀按一定规律做横向移动，从而车削出具有凸轮表面形状的手柄。移动凸轮机构多用于靠模仿形机械中。

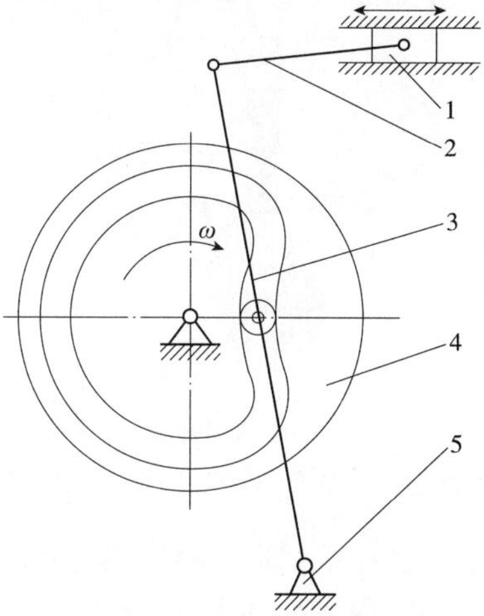

图5-25　盘形槽凸轮送料机构

1-滑块；2-连杆；3-摆杆；4-盘行槽凸轮；5-机架

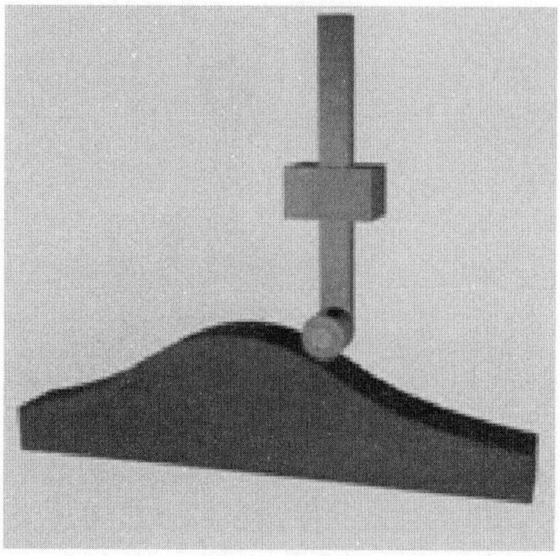

图5-26　移动凸轮

（2）柱体凸轮。轮廓曲线位于圆柱面上并绕其轴线旋转的凸轮称为圆柱凸轮。圆柱凸轮是具有曲线沟槽的圆柱体构件。轮廓曲线位于圆柱端部并绕其轴线旋转的凸轮，称为端面凸轮（图5-28）。

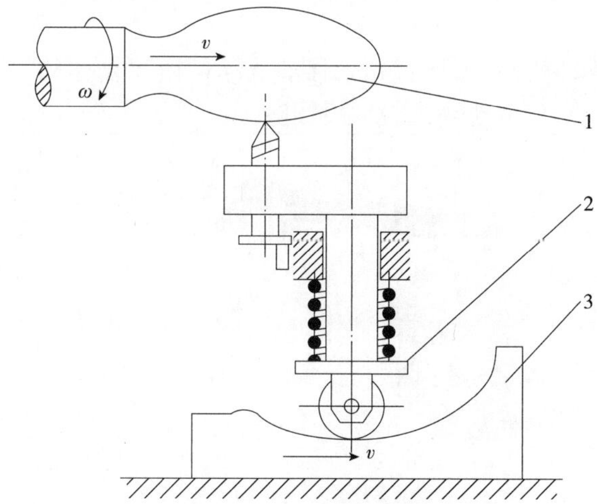

图5-27　移动凸轮机构

1-工件；2-从动件（刀架）；3-移动凸轮（靠模板）

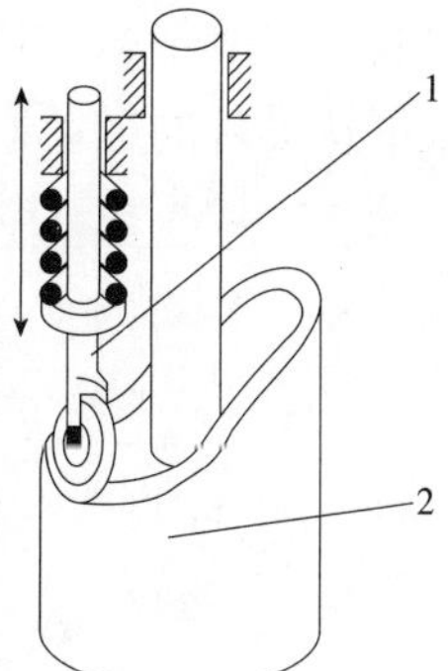

图5-28　端面凸轮机构

1-从动件；2-端面凸轮；3-机架

圆柱凸轮和端面凸轮统称柱体凸轮。在柱体凸轮机构中,当凸轮等速回转时,从动件在平行于凸轮轴线的平面内运动,因此,凸轮与从动件的相对运动是空间运动。圆柱凸轮和端面凸轮属于空间凸轮,柱体凸轮机构属于空间凸轮机构。在柱体凸轮机构中,从动件可以通过直径不大的圆柱凸轮或端面凸轮获得较大的行程。

空间凸轮中,还有锥体凸轮和球体凸轮等类型,由于应用较少,本书不予介绍。

2)按从动件的端部结构形式分类

根据从动件的端部结构形式,凸轮机构分为:尖顶、滚子、平底和曲面(包括球面)四种类型,见图 5-29。

a)尖顶从动件　　b)滚子从动件　　c)平底从动件

图 5-29　从动件端部结构形式

(1)尖顶从动件,能与复杂凸轮轮廓保持接触,结构简单、紧凑,可准确地实现任意运动规律,但点接触,易磨损,承载能力小,多用于传力小、速度低、传动灵敏的场合。

(2)滚子从动件,尖顶处安装滚子,滚子接触,摩擦阻力小,不易磨损,承载能力较大;但运动规律有局限性,滚子轴处有间隙,不宜高速。

(3)平底从动件,接触处为平面,结构紧凑,润滑性能好,摩擦阻力较小,传动效率高,故常用于高速凸轮机构。但凸轮轮廓不允许呈凹形,因此运动规律受到一定限制。

(4)曲面从动件,接触处为曲面(球面),其特点介于滚子形式与平底形式之间。

3)按从动件的运动形式分类

根据从动件的运动形式可分为移动和摆动两种。见图 5-30,移动从动件做往复移动,其运动轨迹为一段直线;摆动从动件做往复摆动,其运动轨迹为一段圆弧。

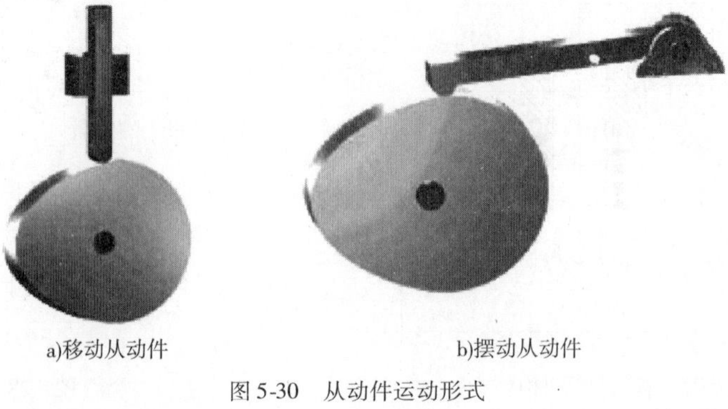

a)移动从动件　　b)摆动从动件

图 5-30　从动件运动形式

2. 凸轮机构的应用特点

(1)凸轮机构可以用在对从动件运动规律要求严格的场合,也可以根据实际需要任意拟定从动件的运动规律,如运动轨迹、位移量、速度、加速度,以及间歇运动的运动时间与间歇时间的比例、停歇次数等。

(2)凸轮机构可以高速起动,动作准确可靠。

(3)凸轮机构是高副机构,两构件接触处为点接触或线接触,单位面积上承载压力较高,难以保持良好的润滑,故容易磨损,寿命低。

(4)凸轮机构能传递较复杂的运动,但精确分析和设计凸轮的轮廓曲线比较困难,制造和维修也较困难。随着电子计算机和数控机床的广泛应用,凸轮轮廓型面的设计、制造将变得方便、容易。

单元5.4　间歇运动机构

在许多机械中,有时需要将原动件的等速连续转动变为从动件的周期性停歇间隔单向运动(又称步进运动)或者是时停时动的间歇运动,如自动机床中的刀架转位和进给、成品输送及自动化生产线中的运输机构等的运动都是间歇性的。

能实现间歇运动的机构称为间歇运动机构,间歇运动机构很多,本节介绍在生产中广泛应用的既可做步进运动又可做间歇运动的两种机构:棘轮机构和槽轮机构。

一、棘轮机构

1. 棘轮机构的工作原理

含有棘轮和棘爪的间歇运动机构称为棘轮机构。棘轮是具有齿形表面或摩擦表面的轮子,由棘爪推动做步进运动。棘爪是在两个构件之间的一种爪形中介构件,用以阻止上述两个构件在某一方向的相对运动。

图5-31所示为典型的齿式棘轮机构。该机构主要由棘轮1、棘爪2和机架组成。当曲柄4按图示方向连续回转时,摇杆(空套在棘轮轴上)做往复摆动。当摇杆向左摆动时,装在摇杆上的棘爪嵌入棘轮的齿槽内,并推动棘轮按逆时针方向转过一个角度;当摇杆向右摆动时,棘爪在棘轮的齿背上滑过并回到原位,此时棘轮静止不动。为了保证棘轮的可靠静止,该机构还装有止回棘爪5。这样,当曲柄做连续回转时,摇杆带动棘爪推动棘轮做周期性停歇间隔的单向运动——步进运动。

图5-32所示为一种结构简单的摩擦式棘轮机构。其传动过程与齿式棘轮机构相似,也是将摇杆1的往复摆动转换为棘轮3的步进运动,但实现这个过程的“棘爪”是一偏心楔块2,“棘轮”则是一无齿的摩擦轮。与齿式棘轮机构比较,摩擦式棘轮机构具有下列特点:

(1)齿式棘轮机构的棘轮转角变化是以棘轮的轮齿为单位的(即有级变化),摩擦式棘轮机构棘轮转角大小的变化不受轮齿的限制,即属于无级变化。

(2)利用摩擦力使棘轮做步进运动,不能承受较大的载荷,否则将产生滑动。

(3)传动噪声小。

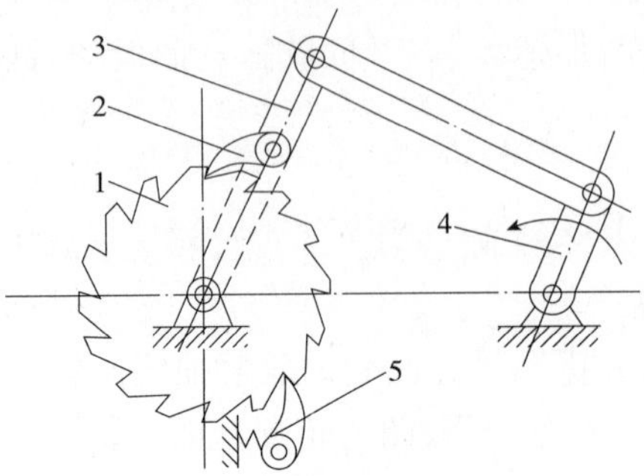

图 5-31　齿式棘轮机构

1-棘轮;2-棘爪;3-摇杆;4-曲柄;5-止回棘爪

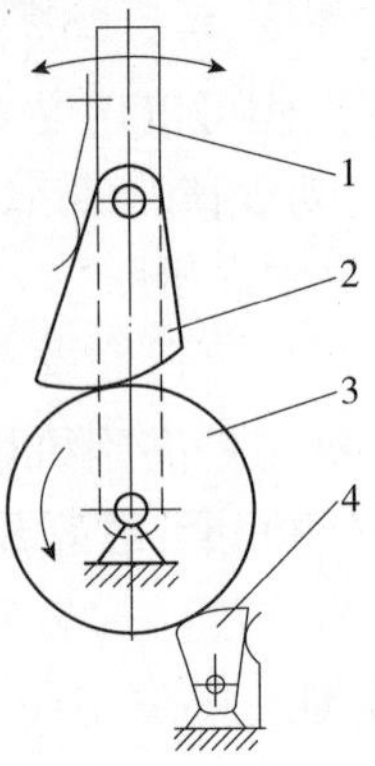

图 5-32　摩擦式棘轮机构

1-摇杆;2-棘爪;3-棘轮;4-止回棘爪

2. 棘轮机构的其他应用形式

(1)可变向棘轮机构。需要经常改变棘轮回转方向的机械,可采用可变向棘轮机构。图 5-33 所示为两种常用的可变向棘轮机构。棘轮的齿形做成对称齿形,如矩形、等腰梯形。

在图 5-33a)所示机构中,棘爪可绕自身轴线翻转,当棘爪处于实线位置时,棘轮沿逆时针方向做步进运动;当棘爪翻转到双点画线位置时,棘轮沿顺时针方向做步进运动。在图 5-33b)所示的机构中,只要将棘爪提起并旋转 180°后再放下,便可改变棘轮步进运动的方向。

(2)双动式棘轮机构。图 5-34 所示为双动式棘轮机构。机构采用两个棘爪,分别与棘轮接触。当主动件做往复摆动时,两个棘爪能先后使棘轮沿同一方向做步进运动。棘爪的爪端形状分直头和钩头两种,前者推动棘轮(图 5-34a),后者拉动棘轮(图 5-34b)。主动件往复摆动一次时,两棘爪先后推动或拉动棘轮共两次,因此棘轮步进运动的停歇时间较短。这种机构也可以将一个棘爪悬空,而只使一个棘爪工作。

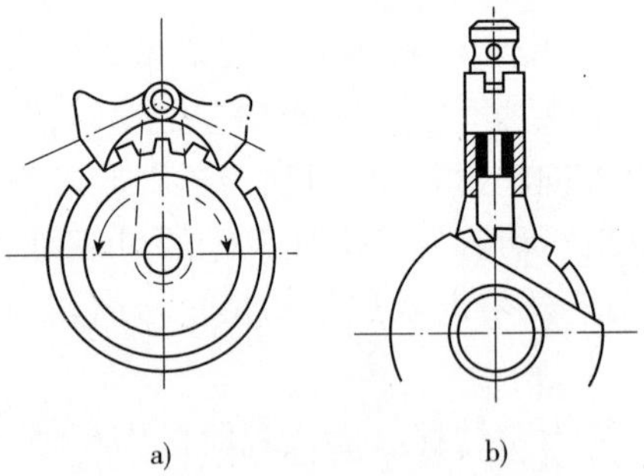

图 5-33　可变向棘轮机构

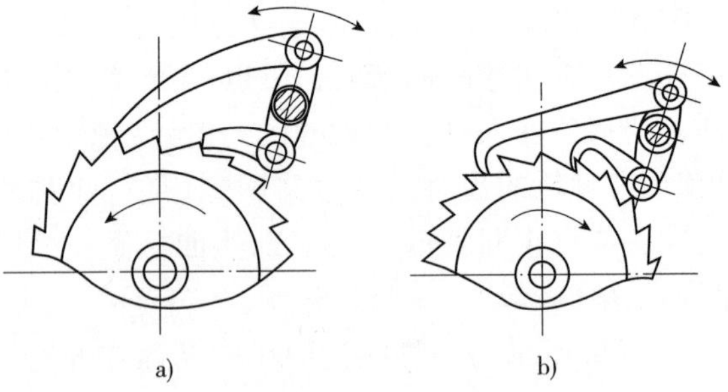

图 5-34　双动式棘轮机构

3. 棘轮机构的应用实例

齿式棘轮机构具有结构简单、制造容易、运动可靠和棘轮转角调节方便等优点,但在其工作过程中,棘爪与棘轮接触和分离的瞬间存在刚性冲击,运动平稳性较差。此外,棘爪在棘轮齿背上滑行时会产生噪声并使齿尖磨损。因此,齿式棘轮机构不适于高速传动,常用于主动件速度不大、从动件行程需要改变的场合,如机床的自动进给、送料、自动计数、制动、超越等。当需要无级调节棘轮的转角时，则应采用摩擦式棘轮机构。摩擦式棘轮机构传递运动平稳、无噪声，但易产生打滑而使传动精度不高，常用作超越离合器。下面介绍几种常见的应用实例：

(1)牛头刨床的横向进给机构。图5-35所示刨床主运动经过曲柄、连杆使摇杆往复摆动，装在摇杆上的棘爪推动棘轮做步进运动，刨床滑枕每往复运动一次(刨削一次)，棘轮连同丝杠转动一次，实现工作台的横向进给。工作台每次进给量的大小(即棘轮转角的大小)通过改变遮板位置进行调节。由于采用了可变向棘轮机构，因此每完成一次刨削工步后，只要将棘爪提起并回转180°(这时工作台横向进给方向相反)，就可以继续下一工步的刨削，而不必将工件空返回原位，节省了非机动时间。

(2)防逆转棘轮机构。图5-36所示为起重设备中常应用的防止逆转的棘轮机构。鼓轮3和棘轮4用键连接于轴上，当轴按图示方向回转时，转动的鼓轮提升重物5，棘爪2在同步转动的棘轮齿背表面滑过，到达需要高度时，轴、鼓轮和棘轮停止转动，此时棘爪在弹簧1作用下嵌入棘轮的齿槽内，可防止鼓轮逆转，从而保证了起重工作的安全可靠。

(3)自行车后轴的齿式棘轮机构。图5-37所示为自行车后轮轴上的棘轮机构，当脚蹬踏板时，经链轮1和链条2带动内圈具有棘齿的小链轮3顺时针转动，再经过棘爪推动后轮轴顺时针转动，从而驱使自行车前进。

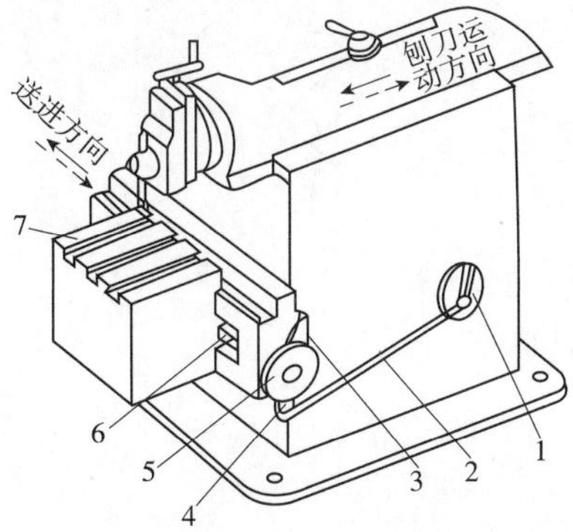

图5-35　牛头刨床进给棘轮机构

1-曲柄；2-连杆；3-棘爪；4-摆杆；5-棘轮；6-丝杠；7-工作台

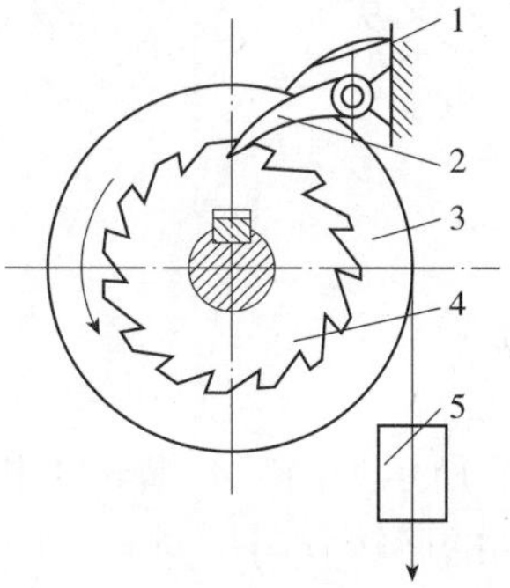

图5-36　防逆转棘轮机构

1-弹簧；2-棘爪；3-鼓轮；4-棘轮；5-重物

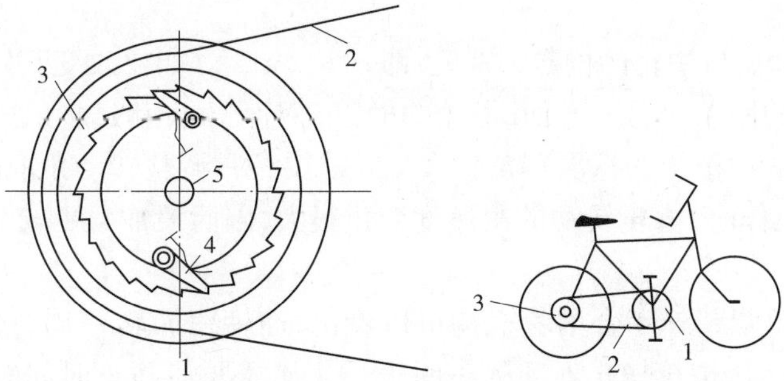

图5-37　自行车后轴“飞轮”

1-大链轮；2-链条；3-小链轮；4-棘爪；5-后轮轴

二、槽轮机构

1. 槽轮机构的工作原理

槽轮机构一般由带圆销的曲柄(或拨盘)、具有径向槽的槽轮和机架组成。槽轮机构分为外啮合和内啮合两种。图5-38所示为外啮合槽轮机构,槽轮由4条均匀分布的径向槽和4段锁止凹弧 *efg* 构成,曲柄上带有锁止凸弧 *abc*。工作时,曲柄1为主动件,以角速度 ω 做连续等速回转,从动件槽轮3则做时转时停的步进运动。

当曲柄上的圆销2未进入槽轮的径向槽时,槽轮的锁止凹弧 *efg* 被回转曲柄的锁止凸弧 *abc* 卡住,槽轮静止不动;当圆销开始刚要进入槽轮的径向槽时,锁止凸弧上的尖端 *d* 刚好通过凹弧的中点 *f*,如图5-38a)所示位置,锁止凹弧被松开,圆销驱使槽轮转动,使槽轮转过一个角度;当圆销从槽轮的径向槽脱出时,槽轮上的另一锁止凹弧又被曲柄的锁止凸弧卡住,使槽轮静止不动,如图5-38b)所示位置。依此类推,实现槽轮的步进运动。

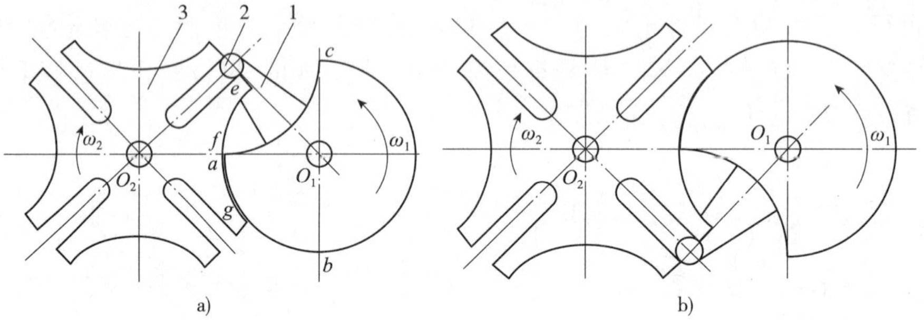

图5-38 单圆销外啮合槽轮机构
1-曲柄;2-圆销;3-槽轮

图5-39所示为内啮合槽轮机构,其工作原理与外啮合槽轮机构相同,只是槽轮的回转方向与曲柄的回转方向相同。

2. 槽轮机构的特点

(1)槽轮机构结构简单,工作可靠,在圆销进入和退出啮合时没有刚性冲击,所以运动比棘轮机构平稳。

(2)槽轮的转角 φ 与槽轮的槽数 z 有关,即 $\varphi = 2\pi/z$。如要改变其转角 φ 的大小,必须更换具有相应槽数的槽轮。另一方面,槽轮的槽数又不宜太少和过多(通常 $z=4\sim8$),所以,槽轮机构只宜用在从动槽轮的每次转角较大且不需要经常调整转动角度的传动机构中。

(3)槽轮机构工作时,槽轮转动的角速度变化很大,因而惯性力也较大,不宜用于转速过高的场合。

(4)由图5-38单圆销外啮合槽轮机构可以看出,曲柄每回转一周,槽轮步进运动一次,转过的角度 $\varphi = 2\pi/z$,槽轮静止不动的时间很长。如需要使静止时间短些,可采用增加圆销数量的方法。图5-40所示为双圆销槽轮机构,此时,曲柄每回转一周,槽轮步进运动两次。但应注意圆销数量不能太多。

(5)内啮合槽轮机构相对外啮合槽轮机构,槽轮静止不动的时间短(同为单圆销时),且运动平稳性较好,但内啮合槽轮机构只能有一个圆销。

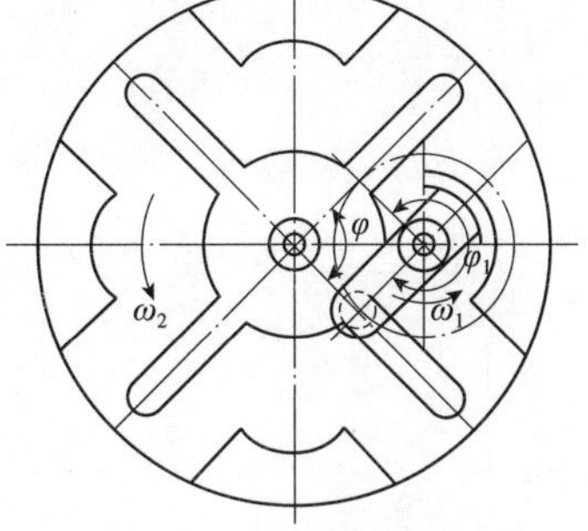

图 5-39　内啮合槽轮机构

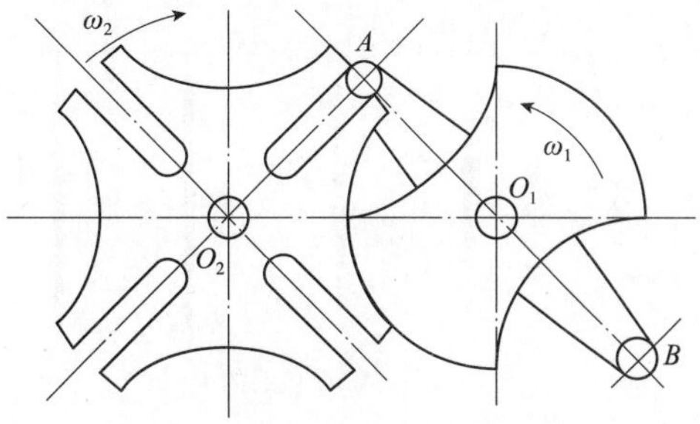

图 5-40　双圆销外啮合槽轮机构

3. 槽轮机构的应用实例

(1)电影放映机的卷片机构。放映电影时,胶片以每秒 24 张的速度通过镜头,每张画面在镜头前有一短暂的停留,这一步进运动由槽轮机构实现,如图 5-41 所示。槽轮 1 开有 4 条径向槽,当传动轴带动拨盘 3 等角速度回转时,拨盘上的圆销 2 驱动槽轮转动。拨盘每回转一周,槽轮转过 90°,卷过胶片一张,并使画面有一段停留时间。

(2)刀架转位机构。图 5-42 为自动机床的刀架转位机构,该槽轮机构可根据零件加工工艺的要求,自动调换需要的刀具。

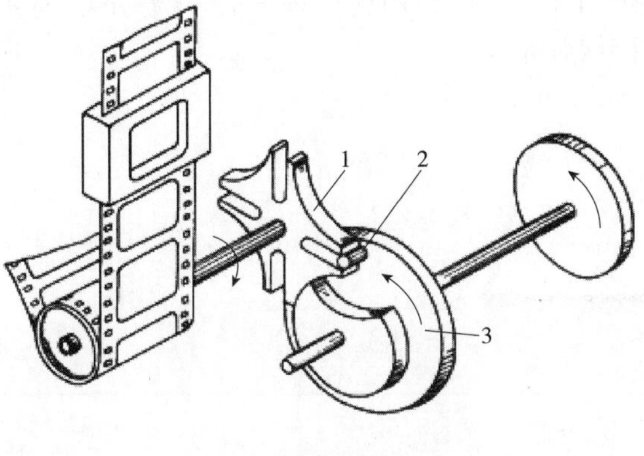

图 5-41　放映机的卷片机构

1-槽轮;2-圆销;3-拨盘

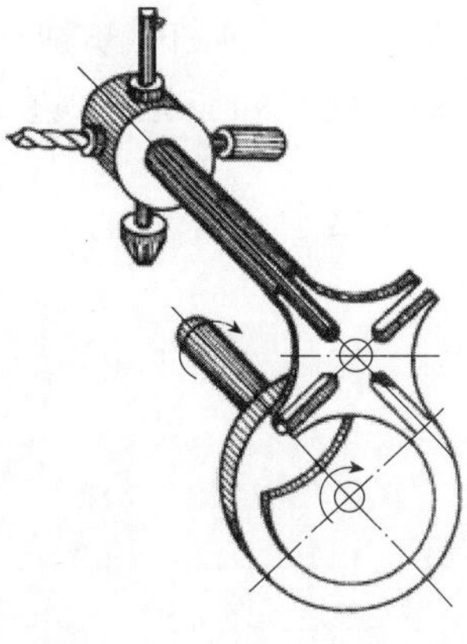

图 5-42　刀架转位机构

实训:制作平面连杆机构

1. 所需工具

(1)学生课前准备硬纸板若干,彩笔一套。

(2)图钉 4 颗。

(3)直尺每组一把;剪刀一把。

2. 制作要求及试验步骤

(1)把硬纸板裁成四个不同长度的纸条，并涂上不同的色彩，以便区分，每人亲自动手做出一个能有曲柄存在的铰链四杆机构，如图 5-43 所示。

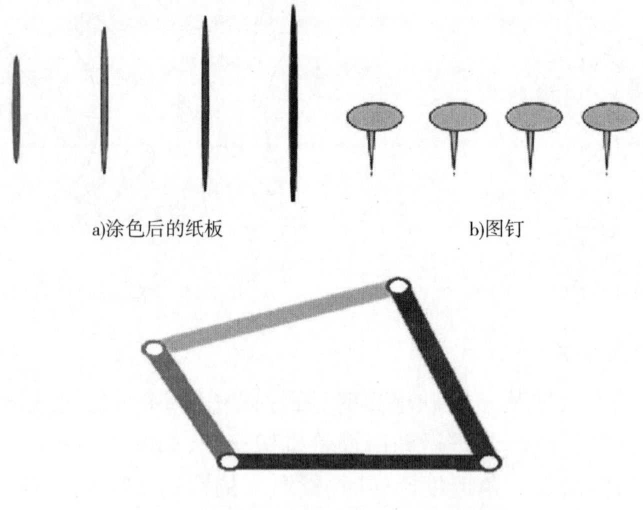

a)涂色后的纸板　　b)图钉

c)完成图

图 5-43　制作铰链四杆机构步骤

(2)把 1、2、3、4 杆分别做机架，观察它们的转动效果是怎样的？记录观察结果。

(3)把 1、2、3、4 杆裁剪成任意长度的四个杆，并把它们连接在一起，观察是否都会有整周转动的杆(曲柄)？记录观察结果，如图 5-44 所示。

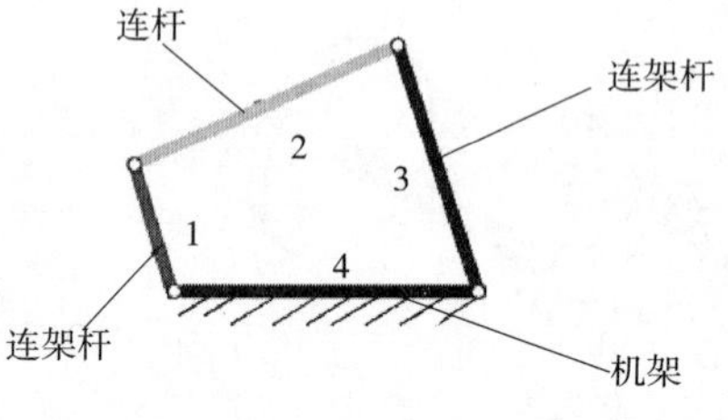

图　5-44

3. 通过试验，总结出铰链四杆机构类型的判断方法

(1)当最短杆长度 l_{min} 与最长杆长度 l_{max} 之和小于或等于其余两杆长度 l_1、l_2 之和(即 $l_{min}+l_{max} \leqslant l_1+l_2$)时，有以下三种情况：

①若取最短杆相邻的任一杆为机架，则该机构为曲柄摇杆机构且最短为曲柄。

②若取最短杆为机架，则该机构为双曲柄机构。

③若取最短杆相对的杆为机架，则该机构为双摇杆机构。

(2)当最短杆长度 l_{min} 与最长杆长度 l_{max} 之和大于其余两杆长度 l_1、l_2 之和(即 $l_{min}+l_{max} \leqslant l_1+l_2$)时，则无论取哪根为机架都无曲柄存在，机构只能为双摇杆机构。

结论：

(1)铰链四杆机构存在曲柄的条件是：

①最短杆与最长杆长度之和小于或等于其余两杆长度之和。

②机架或连架杆必有一个是最短杆。

上述两个条件必须同时满足,否则铰链四杆机构中无曲柄存在。

(2)铰链四杆机构存在一个曲柄的条件是：

①最短杆与最长杆长度之和小于或等于其余两杆长度之和。

②连架杆(曲柄)为最短杆。

(3)铰链四杆机构存在双曲柄的条件是：

①最短杆与最长杆长度之和小于或等于其余两杆长度之和。

②机架为最短杆。

复习思考题

一、选择题

1. 铰链四杆机构是按(　　)的不同形式分为三种基本形式的。

A. 摇杆　B. 连架杆　C. 连杆　D. 曲柄

2. 缝纫机的脚踏板机构是以(　　)为主动件的曲柄摇杆机构。

A. 摇杆　B. 连杆　C. 曲柄

3. 铰链四杆机构各构件以(　　)连接而成。

A. 转动副　B. 移动副　C. 螺旋副

4. 曲柄滑块机构是由(　　)演化而来的。

A. 曲柄摇杆机构　B. 双曲柄机构　C. 双摇杆机构

5. 飞机起落架收放机构属于(　　)。

A. 曲柄摇杆机构　B. 双曲柄机构　C. 双摇杆机构

6. 惯性筛分机应用了(　　)。

A. 不等长双曲柄机构　B. 平行双曲柄

C. 反向双曲柄　D. 曲柄摇杆机构

7. 在铰链四杆机构中不与机架直接相连的杆叫(　　)。

A. 静杆　B. 曲柄　C. 连杆　D. 连架杆

8. 能实现转动和往复直线运动相互转化的是(　　)。

A. 双摇杆机构　B. 双曲柄机构

C. 曲柄摇杆机构　D. 曲柄滑块机构

9. 与平面连杆机构相比,凸轮机构的突出优点是(　　)。

A. 能严格实现给定的从动件运动规律　B. 能实现间歇运动

C. 能实现多种运动形式的变换　D. 传力性能好

10. 凸轮机构属于(　　)机构。

A. 高副　B. 低副　C. 移动副

11. 凸轮机构中通常用作主动件的是(　　)。

A. 凸轮　　B. 从动杆　　C. 轨道　　D. 固定机架

12. (多选)下列凸轮机构中属平面凸轮的是(　　)。

A. 圆柱凸轮　　B. 盘形凸轮

C. 移动凸轮　　D. 圆锥凸轮

13. (多选)组成凸轮机构的基本构件有(　　)。

A. 凸轮　　B. 从动件　　C. 固定机架　　D. 导轨

二、填空题

1. 两个做平面平行运动的构件之间为接触的运动副称为低副;而为(　　)或(　　)接触的运动副称为高副。

2. 缝纫机踏板机构是(　　)机构。

3. 在铰链四杆机构中,相对静止的构件称为(　　),不与机架相连的构件称为(　　)。

4. 铰链四杆机构的三种基本形式是(　　)、(　　)和(　　)。

5. 凸轮机构从动件常用的运动规律有(　　)和(　　)。

6. 凸轮机构主要由(　　)、(　　)、(　　)三个基本构件组成。

7. 平面机构中的低副引入(　　)个约束,仅保留(　　)自由度。

8. 平面机构中的高副引入(　　)个约束,保留了(　　)自由度。

9. 凸轮机构从动杆的运动规律,是由凸轮(　　)决定的。

10. 圆柱凸轮可使从动杆得到(　　)的行程。

三、判断题

1. 曲柄和连杆都是连架杆。　(　　)

2. 一只凸轮只有一种运动的规律。　(　　)

3. 四杆机构都有曲柄。　(　　)

4. 凸轮机构从动件常用的运动规律有等速运动、等加速运动、等减速运动。　(　　)

5. 从动杆的运动规律,就是凸轮机构的工作目的。　(　　)

6. 牛头刨床主运动机构是摆动导杆机构。　(　　)

7. 由于盘形凸轮制造方便,所以最适用于较大行程的传动。　(　　)

四、综合题

1. 什么是运动副?什么是低副?什么是高副?

2. 如图 5-45 所示为铰链四杆机构,已知各构件长度 $L_{AB}=55\text{mm}$、$L_{BC}=40\text{mm}$、$L_{CD}=50\text{mm}$、$L_{AD}=25\text{mm}$,哪一个构件固定可获得曲柄摇杆机构?哪一个构件固定可获得双曲柄机构?哪一个构件固定只能获得双摇杆机构?(说明理由)

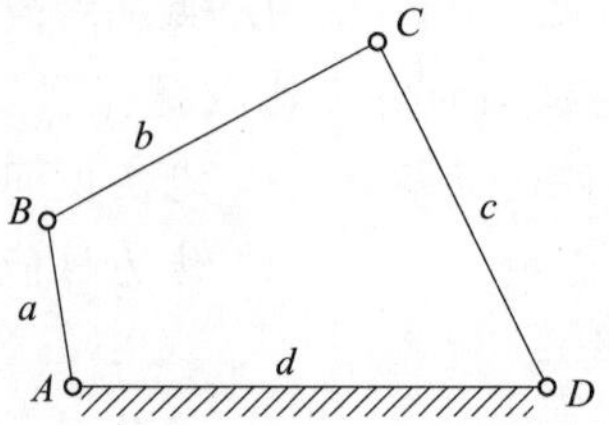

图　5-45

3. 已知图 5-46 机构中，$L_{AB}=82\text{mm}$、$L_{BC}=50\text{mm}$、$L_{CD}=96\text{mm}$、$L_{AD}=120\text{mm}$。

问：(1) 此机构中，当取构件 *AD* 为机架时，是否存在曲柄？如果存在，指出是哪一构件？(必须根据计算结果说明理由)

(2) 当分别取构件 *AB*、*BC*、*CD* 为机架时，将各得到什么机构？

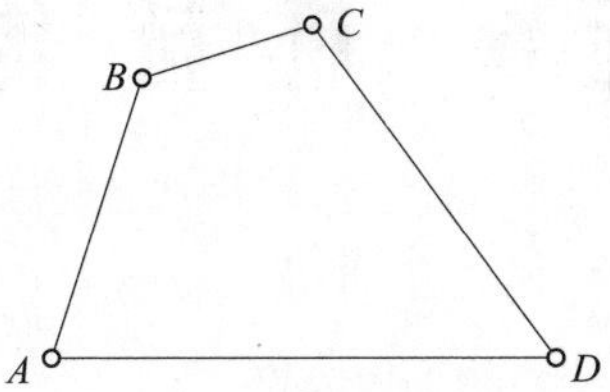

图　5-46

4. 已知图 5-47 所示铰链四杆机构 *ABCD* 中，$L_{BC}=50\text{mm}$、$L_{CD}=35\text{mm}$、$L_{AD}=30\text{mm}$，取 *AD* 为机架。

(1) 如果该机构能成为曲柄摇杆机构，且 *AB* 是曲柄，求 L_{AB} 的取值范围。

(2) 如果该机构能成为双曲柄机构，求 L_{AB} 的取值范围。

(3) 如果该机构能成为双摇杆机构，求 L_{AB} 的取值范围。

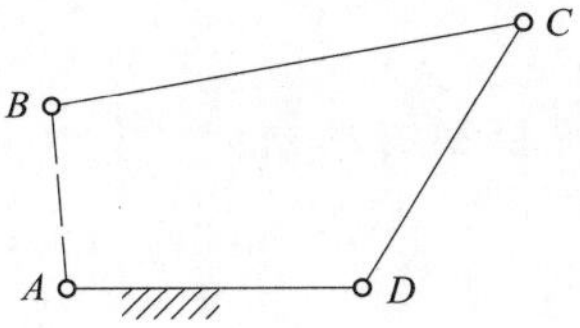

图　5-47

5. 机构运动简图有什么作用？如何绘制机构运动简图？

单元6 机械传动

知识目标

1. 了解带传动的工作原理、特点、类型和应用；
2. 了解链传动的工作原理、特点、类型和应用；
3. 了解齿轮传动的特点、分类和应用；
4. 了解蜗杆传动的特点、类型和应用；
5. 了解轮系的分类和应用；会计算定轴轮系的传动比。

能力目标

1. 会正确安装、张紧、调试和维护 V 带传动；
2. 会正确拆装减速器。

机械传动在一台机器中起到的作用是将原动部分的运动和动力传递到工作部分的一个中间环节。如城市轨道交通车辆中的电机到车体的中间传动环节、车辆门的传动环节。常见的机械传动有齿轮传动、螺旋传动、带传动、蜗杆传动、链传动等，如图 6-1 所示。

a)城市轨道车辆中的转向架中齿轮传动　b)车辆门的螺旋传动　c)粉碎机中的带传动

d)摩托车中的链传动　e)钟表中的齿轮传动　f)电梯中的蜗杆传动

图 6-1　常见的机械传动

单元 6.1　带　传　动

一、带传动的组成、原理和类型

1. 带传动的组成

带传动是应用广泛的一种机械传动。带传动装置由主动带轮 1、从动带轮 2、中间挠性带 3 组成,如图 6-2 所示。

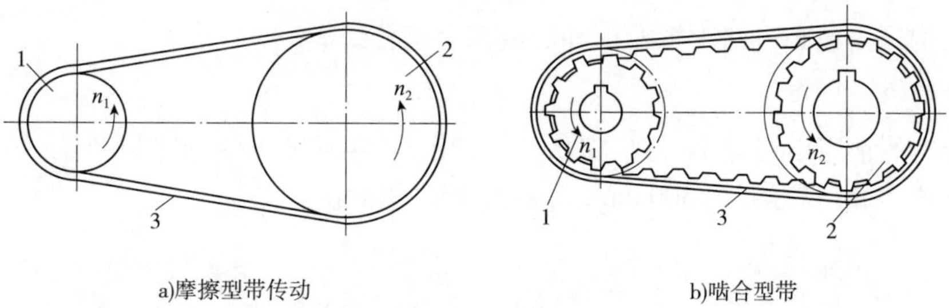

图 6-2　带传动的组成

1-主动带轮;2-从动带轮;3-中间挠性带

2. 带传动的工作原理

以张紧在至少两轮上的带作为中间挠性件,靠带与带轮接触面间产生的摩擦力(啮合力)来传递运动和(或)动力。

3. 带传动的传动比

带传动的传动比就是主动轮转速 n_1 与从动轮转速 n_2 之比:

$$i_{12}=\frac{n_1}{n_2}$$

式中:n_1、n_2——主、从动带轮的转速,r/min。

4. 带传动的类型

带传动根据其工作原理不同,可以分为:摩擦型带传动和啮合型带传动,如图 6-3 所示。

摩擦型带传动中,按截面形状分:平带传动、圆带传动、V 带传动;啮合型带传动有同步带。本书主要讨论摩擦型带传动中应用最广的 V 带传动。

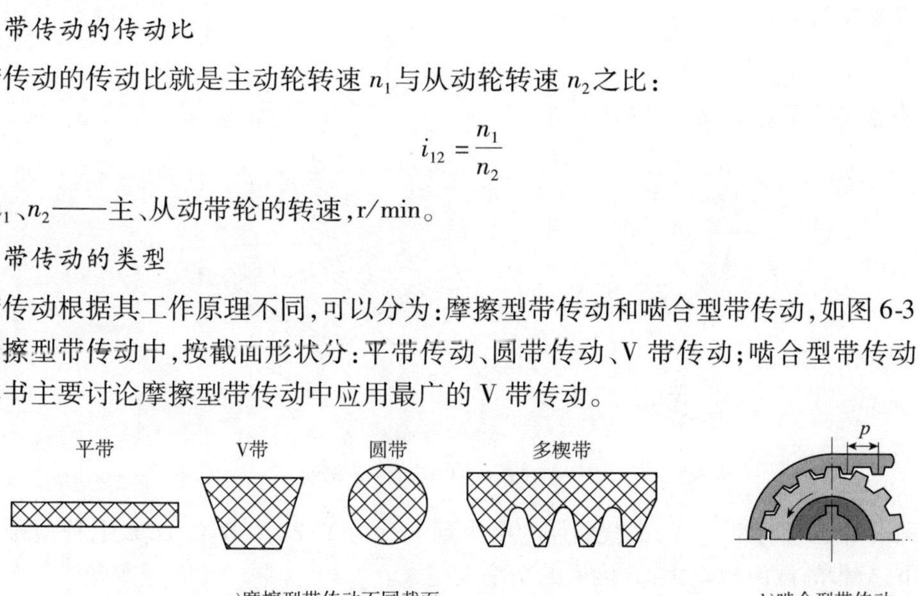

图 6-3　带传动的类型

二、V带的结构与带轮

V 带传动是由一条或数条 V 带和 V 带带轮组成的摩擦传动。

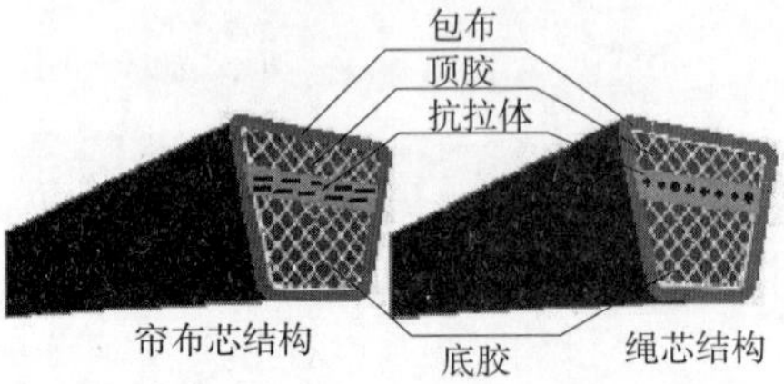

图 6-4　V 带的结构

1. V 带的结构和类型

V 带是一种无接头的环形带,其横截面为等腰梯形,工作面是与轮槽相接触的两侧面,带与轮槽底面不接触,结构见图 6-4。V 带有帘布芯结构、绳芯结构两种,绳芯结构适用于载荷不大、小直径和转速较高的场合。

两种结构都由包布、顶胶、抗拉体和底胶四个部分组成。

2. V 带带轮

V 带带轮的常用结构有实心式、腹板式、孔板式、轮辐式四种,见图 6-5。一般基准直径小时用实心式,基准直径大于 300mm 时,采用轮辐式带轮。

a)实心式　　b)腹板式　　c)孔板式　　d)轮辐式

图 6-5　V 带带轮的常用结构

V 带带轮通常用灰铸铁制造,带速较高时可采用铸钢,功率较小的传动可采用铸铝合金或工程塑料等。

3. V 带传动的主要参数

1)普通 V 带的横截面尺寸(图 6-6)

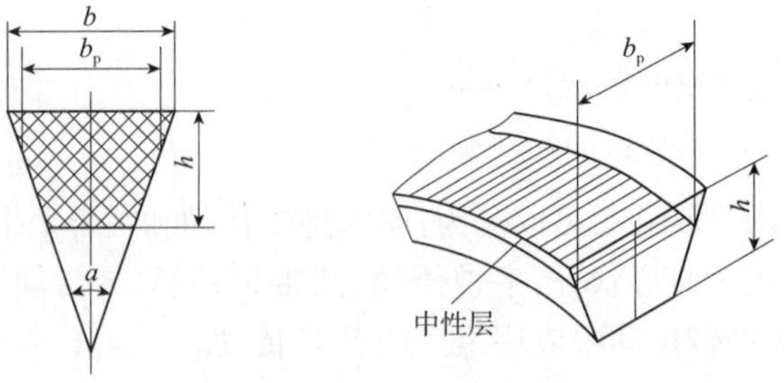

图 6-6　普通 V 带的横截面

b-顶宽;b_p-节宽;h-高度;h/b_p-相对高度;α-楔角

普通 V 带已经标准化,按横截面尺寸由小到大分为 Y、Z、A、B、C、D、E 七种型号。在相同条件下,V 带的截面积越大,其传递的功率也越大。

2)V 带带轮的基准直径 d_d

V 带带轮的基准直径 d_d是指带轮上与所配用 V 带的节宽 b_p 相对应处的直径,如图 6-7

所示。

带轮基准直径 d_d 是带传动的主要设计计算参数之一，d_d 的数值已经标准化，按国家标准选用标准系列值。在带传动中，带轮基准直径越小，工作时带在带轮上的弯曲变形越大，V 带的弯曲应力越大，这会降低 V 带的使用寿命。为延长传动带的使用寿命，不同型号的普通 V 带带轮都规定有最小基准直径 d_{dmin}。

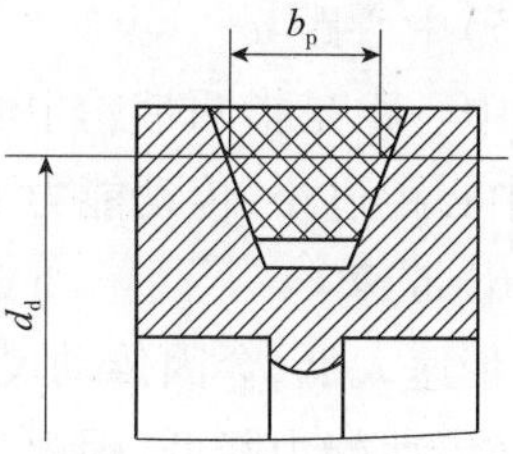

图 6-7　V 带带轮的基准直径 d_d

普通带轮基准直径 d_d 标准系列值，见表 6-1。

普通带轮基准直径 d_d 标准系列值（摘自 GB/T 13575—2008）　　表 6-1

槽型	Y	Z	A	B	C	D	E
d_{dmin}	20	50	75	125	200	355	500
d_d 的范围	20 ~ 125	50 ~ 630	75 ~ 800	125 ~ 1125	200 ~ 2000	355 ~ 2000	500 ~ 2500
d_d 的标准系列值	20、22.4、25、28、31.5、35.5、40、45、50、56、63、71、75、80、85、90、95、100、106、112、118、125、132、140、150、160、170、180、200、212、224、236、250、265、280、300、315、335、355、375、400、425、450、475、500、530、560、600、630、670、710、750、800、900、1000、1060、1120、1250、1350、1400、1500、1600、1700、1800、2000、2120、2240、2360、2500						

3）V 带传动的传动比 i_{12}

对于 V 带传动，如果不考虑带与带轮间打滑因素的影响，其传动比：

$$i_{12} = \frac{n_1}{n_2} = \frac{d_{d2}}{d_{d1}}$$

式中：d_{d1}——主动轮基准直径，mm；

d_{d2}——从动轮基准直径，mm；

n_1——主动轮的转速，r/min；

n_2——从动轮的转速，r/min。

4）小带轮的包角 α_1

包角是带与带轮接触弧所对应的圆心角，见图 6-8。包角的大小反映了带与带轮轮缘表面间接触弧的长短。小带轮包角 α_1 越大，带与带轮接触弧也越长，带能传递的功率就越大。为使带传动可靠，一般要求小带轮的包角 $\alpha_1 \geqslant 120°$。

$$\alpha_1 \approx 180° - \left(\frac{d_{d2} - d_{d1}}{a}\right) \times 57.3°$$

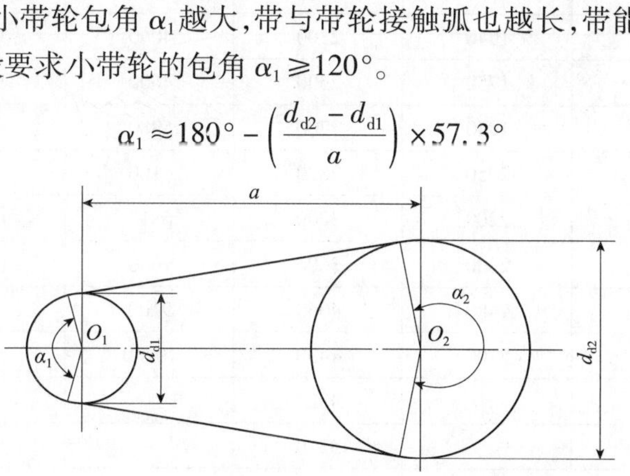

图 6-8　带轮的包角

5)中心距 a

中心距是指两带轮中心连线的长度,见图6-8。中心距越大,传动结构越大,且易引起颤动;中心距过小,传动能力下降,V带寿命缩短。一般中心距在 $0.7 \sim 2(d_{d1}+d_{d2})$ 范围内。

6)带速 v

带速太低,会因传动尺寸大而不经济;带速太高,离心力又会使带与带轮间的压紧程度减少,传动能力降低,因此带速一般限制在5~25m/s。

7)V带的根数

带的根数越多,传递功率大;根数过多,受力会不均匀,因此带的根数不宜过多,一般应小于7根。

三、普通V带的标记与应用特点

1.普通V带的标记

中性层是指V带绕带轮弯曲时,其长度和宽度均保持不变的层面。

基准长度 L_d 是指在规定的张紧力下,沿V带中性层量得的周长,又称为公称长度。它主要用于带传动的几何尺寸计算和V带标记,其长度已标准化,见表6-2。

普通V带的基准长度 L_d(摘自GB/11544—2012)　　表6-2

型号						
Y	Z	A	B	C	D	E
200	405	630	930	1565	2700	4660
224	475	700	1000	1760	3100	5040
250	530	790	1100	1950	3330	5420
280	625	890	1210	2195	3730	6100
315	700	990	1370	2420	4080	6850
355	780	1100	1560	2715	4620	7650
400	820	1250	1760	2880	5400	9150
450	1080	1430	1950	3080	6100	12230
500	1330	1550	2180	3520	6840	13750
	1420	1640	2300	4060	7620	15280
	1540	1750	2500	4600	9140	16800
		1940	2700	5380	10700	
		2050	2870	6100	12200	
		2200	3200	6815	13700	
		2300	3600	7600	15200	
		2480	4060	9100		
		2700	4430	10700		
			4820			
			5370			
			6070			

普通 V 带的标记由型号、基准长度和标准编号三部分组成，标记示例如下：

A　　　　1400　　　　GB/T 11544—2012

型号　　　基准长度，mm　　　标准编号

2. 普通 V 带传动的应用特点

1）普通 V 带传动的优点

（1）结构简单，制造、安装精度要求不高，使用维护方便，适用于两轴中心距较大的场合。

（2）传动平稳，噪声低，有缓冲吸振作用。

（3）在过载时，传动带在带轮上打滑，可以防止薄弱零件的损坏，起安全保护作用。

2）普通 V 带传动的缺点

（1）不能保证准确的传动比。

（2）外廓尺寸大，传动效率低。

四、同步带的简介

1. 同步带传动的特点

同步带传动是一种啮合传动，依靠带内周的等距横向齿与带轮相应齿槽间的啮合来传递运动和动力，既有带传动和齿轮传动的特点，如图 6-9 所示。同步带传动具有准确的传动比，传动效率高（0.98），传动比大（12 ~ 20），允许带速高（50m/s），但制造要求高，价格较贵。

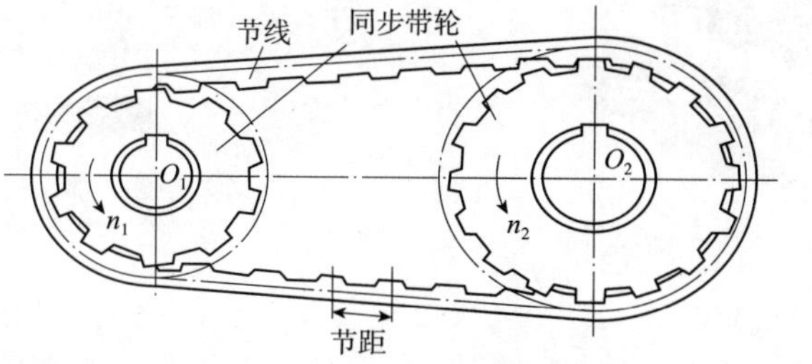

图 6-9　同步带传动

2. 同步带传动的应用

同步带传动主要用于要求传动比准确的中、小功率传动中，如数控机床、汽车。轨道交通车辆门传动系统有采用同步带传动的，左右两扇门页分别通过齿带夹板与齿带两侧相连，齿带两端有齿带轮架，使得齿带形成一个闭环；通过驱动元件的驱动，使齿带绕着齿带轮做旋转运动，同时带动两扇门页做相反方向的运动，达到两扇门页同步运动的状态，如图 6-10 所示。

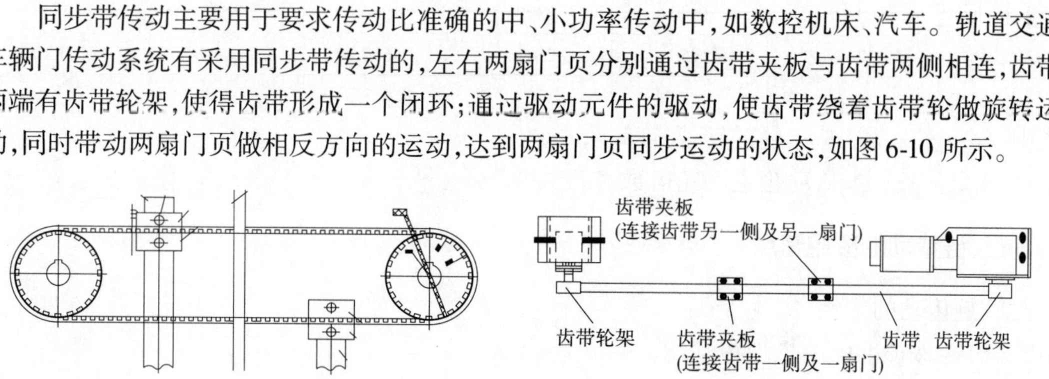

a)　　　　b)

图 6-10　齿带传动

单元 6.2 链传动概述

一、链传动及其传动比

1. 链传动的组成

如图 6-11 所示，链传动由链条（图 6-12）和具有特殊齿形的链轮（图 6-13）组成，用以传递运动和（或）动力。它是一种具有中间挠性件（链条）的啮合传动。

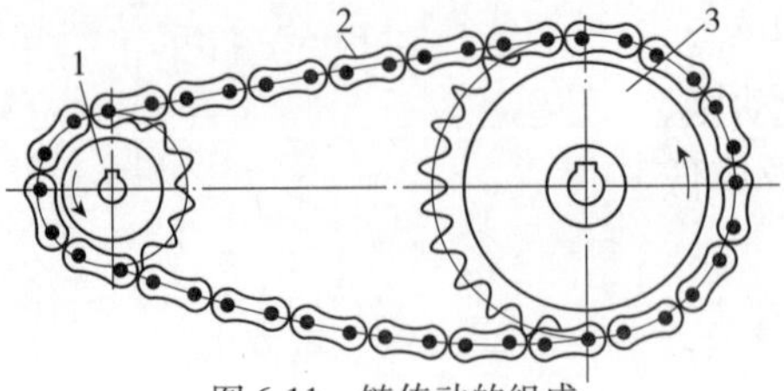

图 6-11 链传动的组成

1-主动链轮；2-链条；3-从动链轮

图 6-12 链条

图 6-13 链轮

2. 链传动的传动比

链传动的传动比就是主动链轮的转速 n_1 与从动链轮转速 n_2 之比值，也等于两链轮齿数 z_1、z_2 的反比。

$$i_{12}=\frac{n_1}{n_2}=\frac{z_2}{z_1}$$

式中：n_1、n_2——主、从动轮的转速，r/min；

z_1、z_2——主、从动轮主动轮齿数。

二、链传动的应用特点

1）链传动的优点

（1）能保证准确的平均传动比。

（2）传递功率大且张紧力小，作用在轴和轴承上的力小。

（3）传动效率高，一般可达 0.95～0.98。

(4)能在低速、重载和高温条件,以及尘土、淋水、淋油等不良环境中工作。

(5)可用于两轴中心距较大的情况。

(6)能用一根链条同时带动几根彼此平行的轴转动。

2)链传动的缺点

(1)由于链节的多边形运动,所以瞬时传动比是变化的,瞬时链速不是常数,传动中会产生动载荷和冲击,传动平稳性较差,因此不宜用于要求精密传动的机械上。

(2)链条的铰链磨损后,使链条节距变大,容易造成传动中链条脱落。

(3)工作时有噪声。

(4)安装和维护要求较高。

(5)无过载保护作用。

三、链传动类型

链按用途可以分为传动链、输送链、起重链。传动链主要用于一般机械中传递运动和动力;输送链是输送工件、物品和材料;起重链是用来传递力,起牵引、悬挂物体的作用。

链按结构可以分滚子链、齿形链。

1. 滚子链的结构

滚子链的结构包括内链板、外链板、销轴、套筒和滚子,如图6-14所示。销轴与外链板、套筒与内链板分别采用过盈配合连接组成外链节、内链节,销轴与套筒之间采用间隙配合构成外、内链节的铰链副(转动副),当链条屈伸时,内外链节之间就能相对转动,滚子装在套筒上,可以自由转动,当链条与链轮从进入到脱离啮合时,滚子与链轮相对滚动,两者之间主要是滚动摩擦,从而减少了链条和链轮齿轮的磨损。

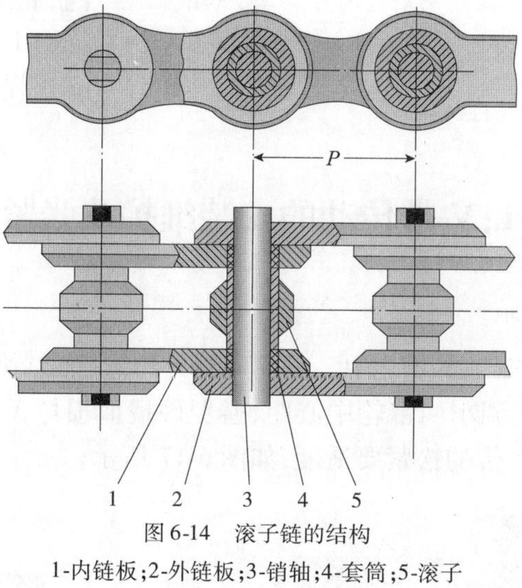

图6-14　滚子链的结构

1-内链板;2-外链板;3-销轴;4-套筒;5-滚子

2. 滚子链主要参数

(1)节距。链条的相邻两销轴中心线之间的距离,以符号 P 表示。

链的节距越大,承载能力越强,但链传动的结构尺寸也会相应增大,传动的振动、冲击和噪声也越严重。应用时尽可能选用小节距;高速、大功率,可选用小节距的双排链或多排链。

(2)节数。滚子链的长度用节数来表示。链节数应尽量选取偶数。

当链节数为奇数时,链接头需采用过渡链节。过渡链节制造复杂,而且抗拉强度低,尽量不用。

(3)滚子链的标记。

滚子链是标准件,其标记为:链号 - 排数 - 整链链节数　标准编号

标记示例:08A - 1 - 88　GB/T 1243—2006

08A — 1 — 88　GB/T 1243—2006

链号为08A　单排　链节数为88节　标准编号

(节距为12.70 mm)

四、齿形链简介

齿形链由一组带有齿的内、外链板左右交错排列,用铰链连接而成,如图 6-15 所示。

图 6-15　齿形链

齿形链标记示例:CL08 - 22.5 W - 60　GB/T 10855—2003

CL08 — 22.5　W — 60　GB/T 10855—2003

链号为CL08　链宽　导向形式链　节数为60　节标准编号

(节距为12.70 mm)

实训 1:V 带传动的安装维护及张紧装置

1. V 带传动的安装维护

(1)V 带必须正确地安装在轮槽之中,一般以带的外边缘与轮缘平齐为准,如图 6-16 所示。

(2)拆装 V 带时,应先调小两带轮中心距,避免硬撬而损坏 V 带或设备。套好带后,再将中心距调回到正确位置,带的松紧要适度,如图 6-17 所示。

图 6-16　V 带在轮槽中的位置

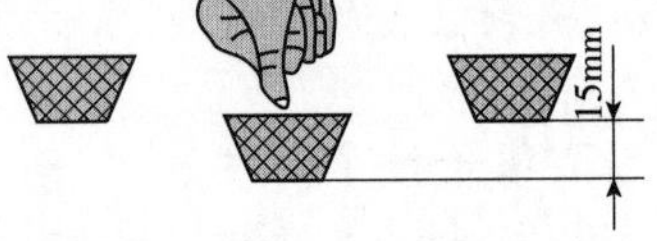

图 6-17　V 带张紧程度

(3)V带传动中,两带轮的轴线要保持平行,且两轮相对应的V形槽的对称平面应重合,如图6-18所示。

(4)V带要避免与油类接触,以防胶带变质而影响寿命,如图6-19所示。

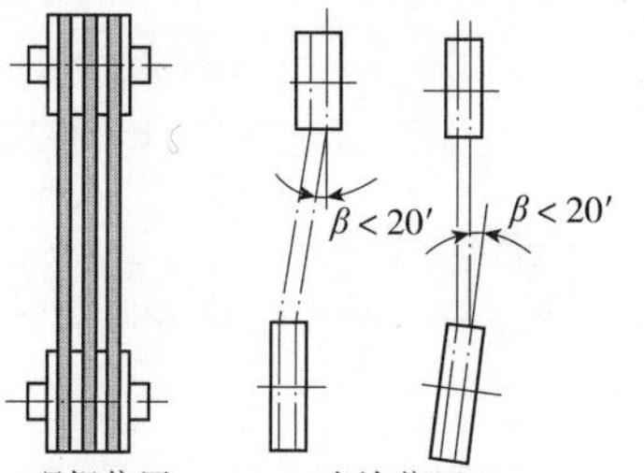

a)理想位置　b)允许位置

图6-18　V带轮安装位置

图6-19　V带传动防护罩

(5)对于一组V带,损坏时一般要成组更换,新旧带不能混用。

2. V带传动的张紧装置

带传动工作时,为使带获得所需的张紧力,两带轮的中心距应能调整;带在传动中长期受拉力作用,必然因产生塑性变形而出现松弛现象,使其传动能力下降,因此一般带传动应有张紧装置。

带传动的张紧方法分为调整中心距和使用张紧轮两种,其中又分为定期张紧和自动张紧,见表6-3。

带传动张紧形式　　表6-3

张紧方法		结构简图	应用
调整中心距	定期张紧	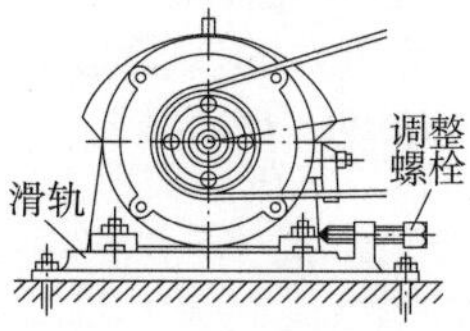	适用于两轴线水平或接近水平的传动
		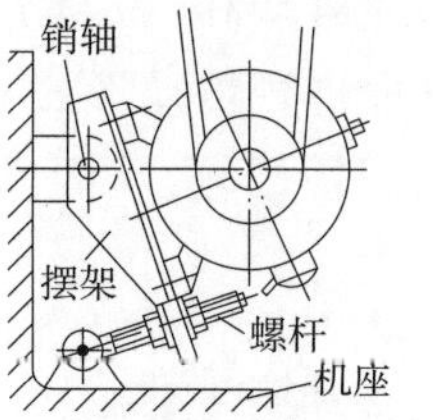	适用于两轴线相对安装支架垂直或接近垂直的传动
	自动张紧	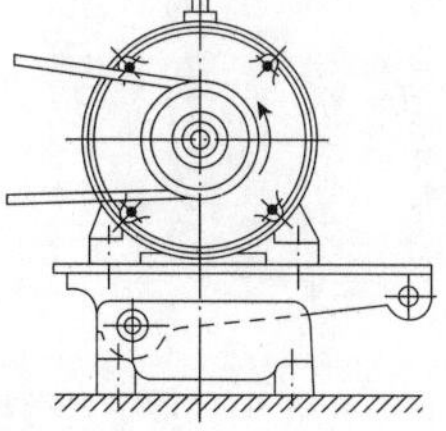	靠电动机及摆架的重力使电动机绕小轴摆动实现自动张紧

续上表

张紧方法		结构简图	应用
使用张紧轮	定期张紧	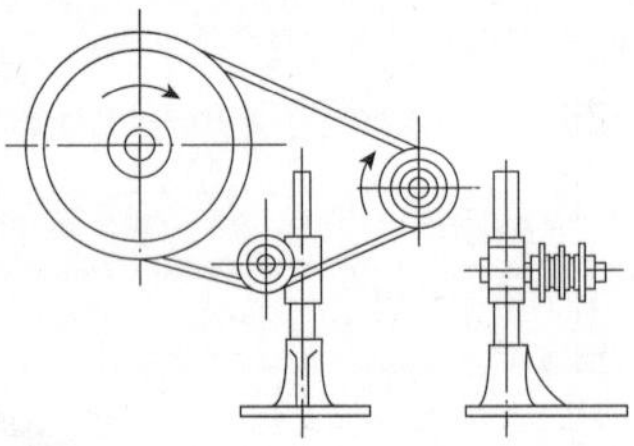	当两轮的中心距不能调整(定中心距)时,可采用张紧轮定期将带张紧,张紧轮应置于松边内侧且靠近大轮处
	自动张紧	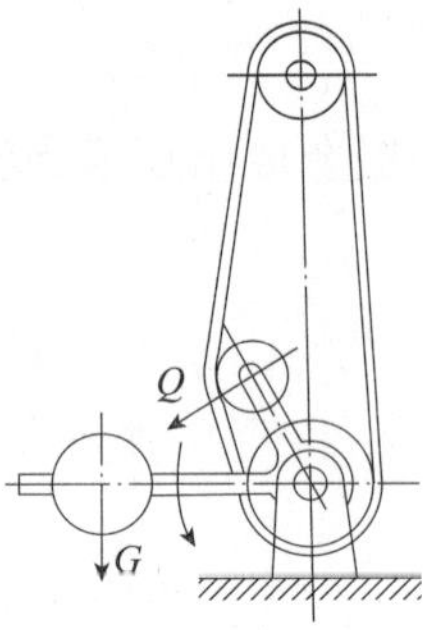	靠摆架的重力使张紧轮机构绕轴摆动实现自动张紧

单元6.3 齿轮传动

齿轮传动是机器中传递运动和动力的主要形式,在汽车变速器、城市轨道交通车辆的减速器、金属切削机床、工程机械都有齿轮传动。

一、齿轮传动的类型及应用

齿轮传动是利用齿轮副来传递运动和(或)动力的一种机械传动,如图6-20所示。齿轮传动是现代机械中应用最广的一种机械传动形式。

齿轮副中一对齿轮轮齿依次交替接触,从而实现一定规律的相对运动的过程的形态称为啮合,齿轮传动属于啮合传动。

图6-20 齿轮与齿轮传动

1. 齿轮传动的常见类型

齿轮传动常见类型,见表 6-4。

齿轮传动的常见类型　　表 6-4

分类方法		类型	图例
两轴平行	按轮齿方向	直齿圆柱齿轮传动	
		斜齿圆柱齿轮传动	
		人字齿圆柱齿轮传动	
	按啮合情况	外啮合	
		内啮合	
		齿轮齿条	
两轴不平行	相交轴齿轮传动	锥齿轮传动	

	交错轴齿轮传动	交错轴斜齿轮传动	
		蜗轮蜗杆传动	

2. 齿轮传动的特点

1)齿轮传动具有的优点

(1)能保证瞬时传动比恒定,工作可靠性高,传递运动准确可靠。

(2)传递的功率和圆周速度范围较宽。

(3)结构紧凑、可实现较大的传动比。

(4)传动效率高,使用寿命长。

(5)可实现平行轴、相交轴和交错轴之间的传动。

2)齿轮传动具有的缺点

(1)运转过程中有振动、冲击和噪声。

(2)齿轮安装要求较高。

(3)不能实现无级变速。

(4)不适宜用在中心距较大的场合。

3. 齿轮传动的应用

齿轮传动被广泛应用于轨道交通车辆(图6-21)、机床、汽车(图6-22)等机械中。

图6-21　城市轨道交通车辆中的齿轮传动系统

图6-22　汽车变速器中齿轮传动系统

二、齿轮传动的平均传动比

齿轮传动的传动比是主动齿轮转速与从动齿轮转速(或角速度)之比,也等于两齿轮齿数之反比。用 i 表示,即:

$$i_{12}=\frac{n_1}{n_2}=\frac{\omega_1}{\omega_2}=\frac{z_2}{z_1}$$

式中:n_1、n_2——主、从动轮的转速,r/min;

ω_1、ω_2——主、从动轮的角速度,rad/s;

z_1、z_2——主、从动轮的齿数。

例如:120km/h B 型车齿轮传动系统性能参数,传动比:$i=88/17=4.4941$。

三、渐开线齿轮各部分的名称、主要参数

齿轮传动对齿廓曲线的基本要求:一是传动要平稳;二是承载能力要强。

1. 渐开线的形成

动直线沿着一固定的圆做纯滚动时,此动直线上任一点 K 的运动轨迹 CK 称为渐开线,该圆称为渐开线的基圆,其半径以 r_b 表示,直线 AB 称为渐开线的发生线,如图6-23所示。

$$i_{12} = \frac{n_1}{n_2} = \frac{d_{d1}}{d_{d2}}$$

2. 渐开线的性质

如图 6-23 所示，渐开线具有以下性质：

（1）发生线在基圆上滚过的线段长度 NK 等于基圆上被滚过的一段弧长 NC。

（2）渐开线上任意一点的法线必切于基圆，如线段 AN 就是渐开线上 K 点的法线。

（3）渐开线的形状取决于基圆的大小。同一基圆，得到的渐开线形状完全相同，基圆越小，渐开线越弯曲；基圆越大，渐开线越平直。当基圆半径趋于无穷大时，渐开线为直线，这种直线型的渐开线就是齿条的齿廓线，也就形成了齿条，如图 6-24 所示。

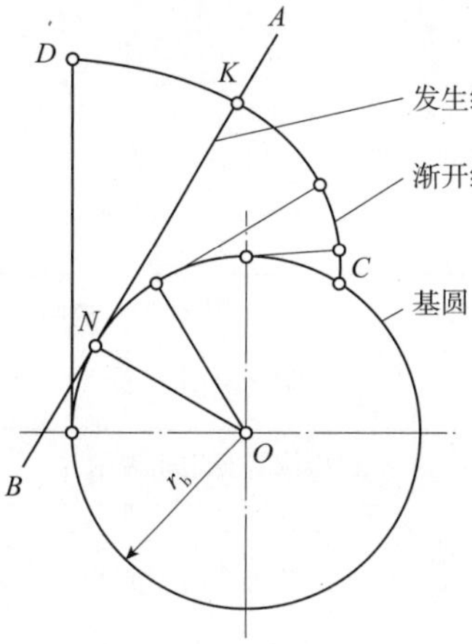

图 6-23　渐开线的形成

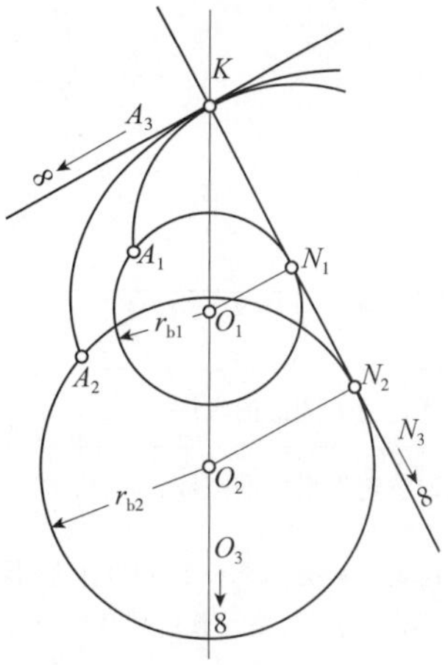

图 6-24　基圆半径不同的渐开线

（4）渐开线上各点的曲率半径不相等。K 点离基圆越远，其曲率半径 NK 就越大，渐开线越趋于平直。K 点离基圆越近，其曲率半径 NK 就越小，渐开线越趋于弯曲，如图 6-23 所示。

（5）渐开线上各点的齿形角不等，如图 6-25 所示。

3. 渐开线标准直齿圆柱齿轮各部分的名称

渐开线齿轮：以同一个基圆上产生的两条反向渐开线为齿廓的齿轮，如图 6-26 所示。

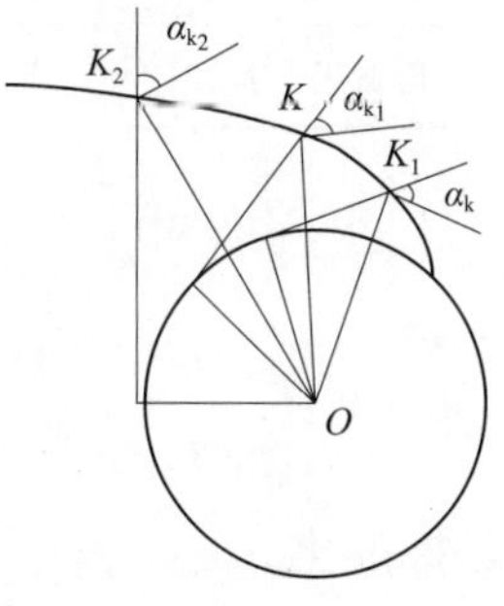

图 6-25　渐开线上各点的齿形角

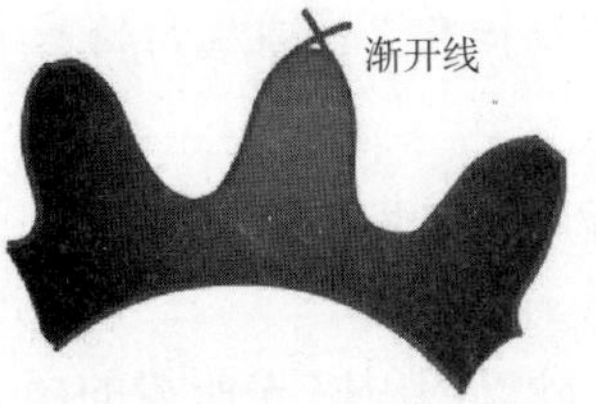

图 6-26　渐开线齿轮

如图 6-27 所示为渐开线圆柱齿轮的一部分,其几何要素见表 6-5。

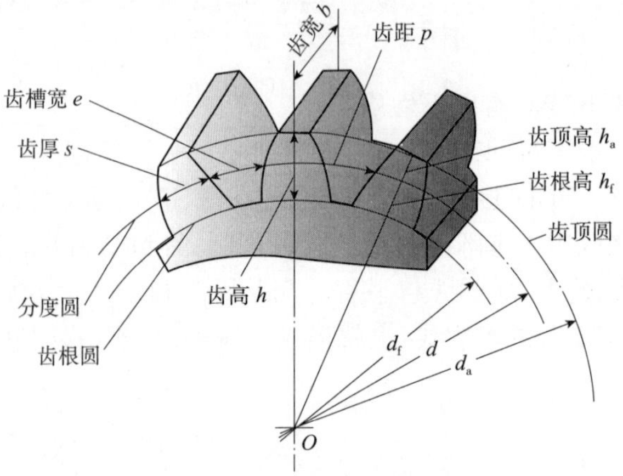

图 6-27　渐开线直齿圆柱齿轮各部分名称

标准直齿圆柱齿轮　　表 6-5

名称	定　义	代号及说明
齿顶圆	通过轮齿顶部的圆周	齿顶圆直径用 d_a 表示
齿根圆	通过轮齿根部的圆周	齿根圆直径用 d_f 表示
分度圆	齿轮上具有标准模数和标准齿形角的圆,它介于齿顶圆和齿根圆之间,是计算齿轮几何尺寸的基准圆	分度圆直径用 d 表示
齿顶高	齿顶圆与分度圆之间的径向距离	齿顶高用 h_a 表示
齿根高	齿根圆与分度圆之间的径向距离	齿根高用 h_f 表示
齿高	齿顶圆与齿根圆之间的径向距离	齿高用 h 表示
齿厚	在端平面(垂直与齿轮轴线的平面)上,一个齿的两侧端面齿廓之间的分度圆弧长	齿厚用 s 表示
齿槽宽	在端平面上,一个齿槽的两侧齿廓之间的分度圆弧长	齿槽宽用 e 表示
齿距	相邻两齿的同侧齿廓之间的分度圆弧长	齿距用 p 表示,显然 $p=e+s$
齿宽	齿轮的有齿部位沿分度圆柱面直母线方向量度的宽度	齿宽用 b 表示

4. 渐开线标准直齿圆柱齿轮基本参数

1) 齿数 z

一个齿轮的轮齿总数。

2) 模数 m

齿距 p 除以圆周率 π 所得的商,即 $m=p/\pi$。模数已经标准化。

模数是齿轮计算的基本参数,也是轮齿大小的标志,因此人为规定一些特定模数值,标准模数,见表 6-6。

标准模数序列表(GB/T 1357—2008)　　表 6-6

第一系列	0.1	0.12	0.15	0.2	0.25	0.3	0.4	0.5	0.6	0.8	1
	1.25	1.5	2	2.5	3	4	5	6	8	10	12
	16	20	25	32	40	50					
第二系列	0.35	0.7	0.9	1.75	2.25	2.75	(3.25)	3.5	(3.75)	4.5	5.5
	(6.5)	7	9	(11)	14	18	22	28	36	45	

齿数相同的齿轮,模数越大,轮齿越厚,抗弯能力越大,它是轮齿抗弯能力的重要标志。不同模数齿轮的尺寸比较,见图 6-28。

3)标准齿轮的齿形角 α

单个齿轮,在端平面上,过端面齿廓上任意点 K 的径向直线与齿廓在该点处的切线所夹的锐角,用 α 表示。K 点的齿形角为 α_K,见图 6-29。

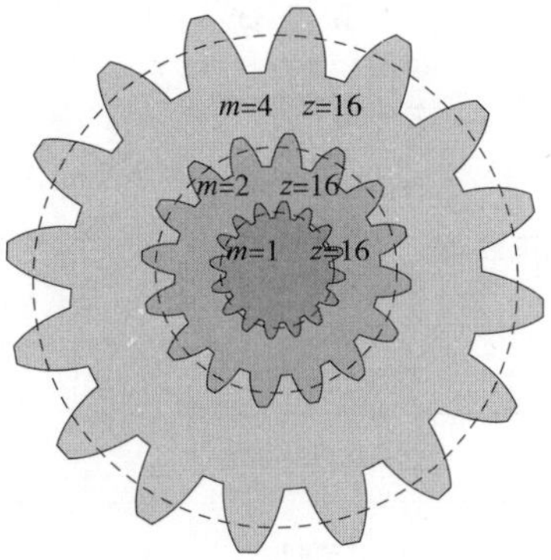

图 6-28　不同模数齿轮尺寸比较

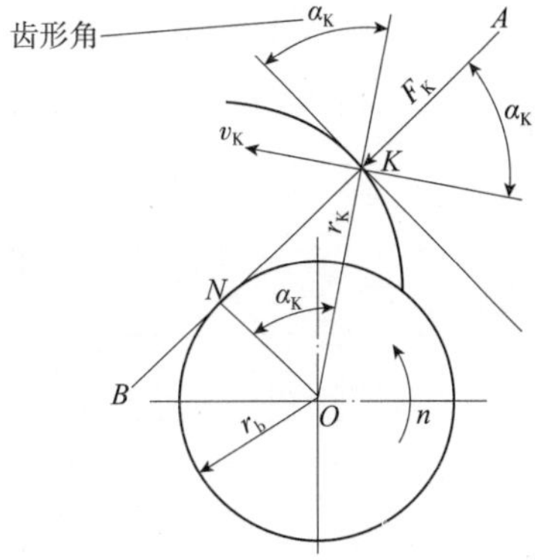

图 6-29　齿轮轮齿的齿形角和压力角

分度圆压力角:齿廓曲线在分度圆上的某点处的速度方向与曲线在该点处的法线方向(即力的作用线方向)之间所夹锐角,也用 α 表示。

渐开线上各点的压力角是变化的。压力角的大小将影响齿廓形状。为设计、制造方便,国标规定分度圆上的压力角为标准压力角,一般 $\alpha = 20°$。此外,在汽车、航空工业中有时还采用 $\alpha = 25°$或 $\alpha = 22.5°$。

不同压力角对齿廓的影响,见图 6-30。

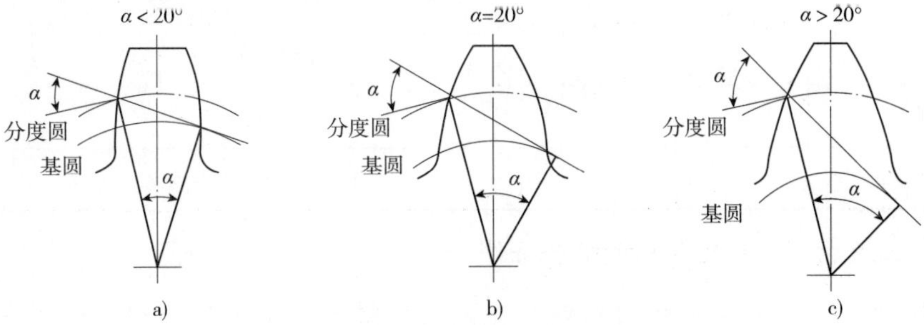

图 6-30　分度圆上齿形角大小对轮齿形状的影响

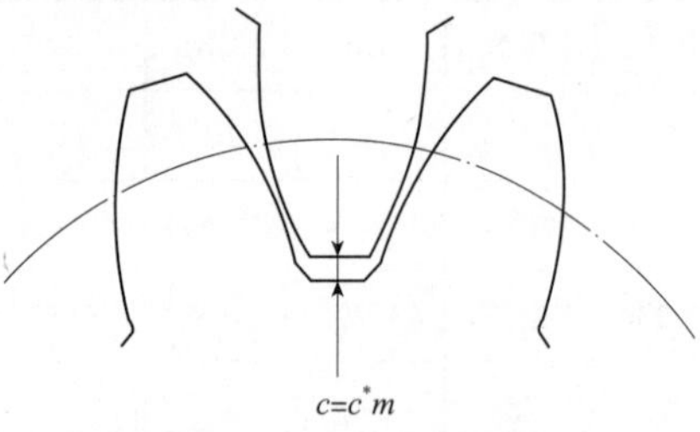

图 6-31　一对齿轮啮合时的顶隙

4）齿顶高系数 h_a^*

对于标准齿轮，规定 $h_a = h_a^* m$。h_a^* 称为齿顶高系数。我国标准规定：正常齿 $h_a^* = 1$。

5）顶隙系数 c^*

当一对齿轮啮合时，为使一个齿轮的齿顶面不与另一个齿轮的齿槽底面相抵触，轮齿的齿根高应大于齿顶高，即应留有一定的径向间隙，称为顶隙，用 c 表示，对于标准齿轮，规定 $c = c^* m$。见图 6-31，c^* 称为顶隙系数。我国标准规定正常齿 $c^* = 0.25$。

5. 外啮合标准直齿圆柱齿轮的基本尺寸计算

外啮合标准直齿圆柱齿轮的基本尺寸计算，见表 6-7。

外啮合标准直齿圆柱齿轮的几何尺寸计算　　　　表 6-7

名　称	代　号	计算公式
齿形角	α	标准齿轮为 20°
齿数	z	通过传动比计算确定
模数	m	通过计算或结构设计确定
齿厚	s	$s = p/2 = \pi m/2$
齿槽宽	e	$e = p/2 = \pi m/2$
齿距	p	$p = \pi m$
基圆齿距	p_b	$p_b = p\cos\alpha = \pi m\cos\alpha$
齿顶高	h_a	$h_a = h_a^* m = m$
齿根高	h_f	$h_f = (h_a^* + c^*)m = 1.25m$
齿高	h	$h = h_a + h_f = 2.25m$
分度圆直径	d	$d = mz$
齿顶圆直径	d_a	$d_a = d + 2h_a = m(z+2)$
齿根圆直径	d_f	$d_f = d - h_f = m(z-2.5)$
基圆直径	d_b	$d_b = d\cos\alpha$
标准中心距	a	$a = (d_1 + d_2)/2 = m(z_1 + z_2)/2$

6. 渐开线直齿圆柱齿轮传动的啮合条件

模数相等：

$$m_1 = m_2 = m$$

分度圆上的齿形角相等：

$$\alpha_1 = \alpha_2 = \alpha$$

四、齿轮的失效形式与常用材料

1. 齿轮常见的失效形式

齿轮传动是靠轮齿的啮合来传递运动和动力的，轮齿失效是齿轮失效的主要形式。齿轮在传动过程中，若轮齿发生折断、齿面损坏等现象，齿轮失去了正常的工作能力，此时齿轮即为失效。齿轮的失效形式主要有以下五种：轮齿折断、齿面点蚀、齿面磨损、齿面胶合、齿面塑性变形。

1）轮齿折断（图 6-32）

当弯曲应力超过弯曲疲劳极限，轮齿重复受载后，齿根处就会产生疲劳裂纹，并逐渐扩展，致使轮齿折断，这种折断称为疲劳折断。轮齿受到短时意外的严重过载或冲击载荷作用，也易造成突然折断，这种折断称为过载折断。

增大齿根处过渡圆角半径，提高齿面加工精度，可以降低应力集中。在齿根处施以喷丸、辗压等冷作强化处理方法，都可以提高轮齿的抗折断能力。

2）齿面点蚀（图 6-33）

轮齿工作时，当齿面接触应力超过材料的接触疲劳极限时，在载荷的多次重复作用下，齿面的表层会产生细微的疲劳裂纹，裂纹的蔓延、扩展，造成许多微粒从工作表面上脱落下来，在表面出现许多月牙形的浅坑，这使齿轮不能正常工作而失效。这种失效称为齿面疲劳点蚀。

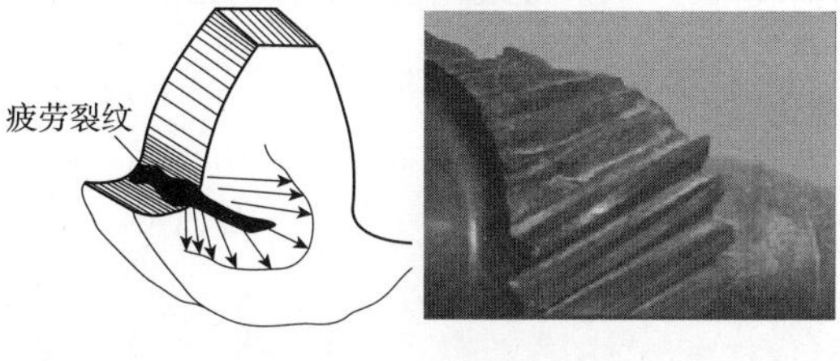

图 6-32　轮齿折断

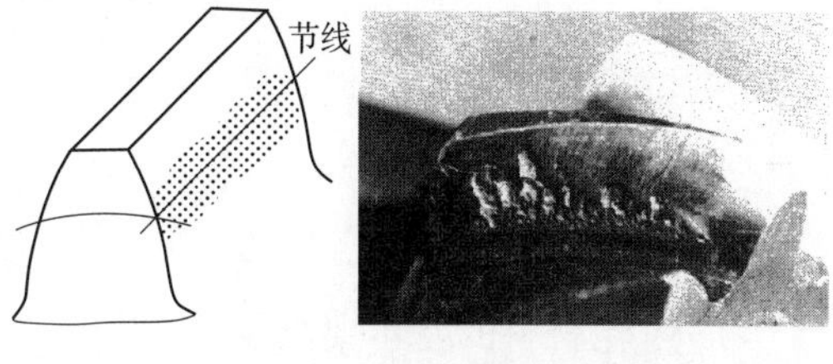

图 6-33　齿面点蚀

疲劳点蚀一般出现在齿根表面靠近节线处。齿面抗点蚀能力主要与齿面硬度有关。齿面硬度越高，抗点蚀能力越强。

开式齿轮传动（齿轮外露、润滑不良的齿轮传动），由于磨损严重，一般不会出现点蚀。提高齿面硬度、减少齿面粗糙度、采用黏度大的润滑油，都有助于提高齿面接触疲劳强度，防止点蚀的发生。

3）齿面磨损（图 6-34）

在载荷作用下，齿面会产生磨损，使齿侧间隙增大、齿根厚度减小，从而产生冲击和噪声。对于开式齿轮传动，齿面磨损是不可避免的失效形式。

采用闭式传动、保持润滑油的清洁、提高齿面硬度、减小齿面粗糙度，均可有效地减少齿面磨损。

4)齿面胶合(图 6-35)

当齿面所受的压力很大且润滑效果差,或压力很大而速度很高时,由于发热大,瞬时温度高,相啮合的齿面会发生粘连现象,此时两齿面有相对滑动,粘连的地方被撕裂。这种胶合称为热胶合。低速重载的齿轮,油膜遭破坏后也会发生胶合现象。这时齿面温度无明显增高,这种胶合称为冷胶合。

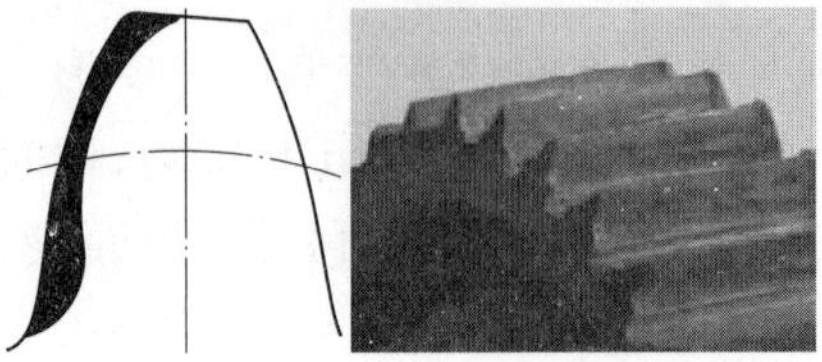

图 6-34　齿面磨损

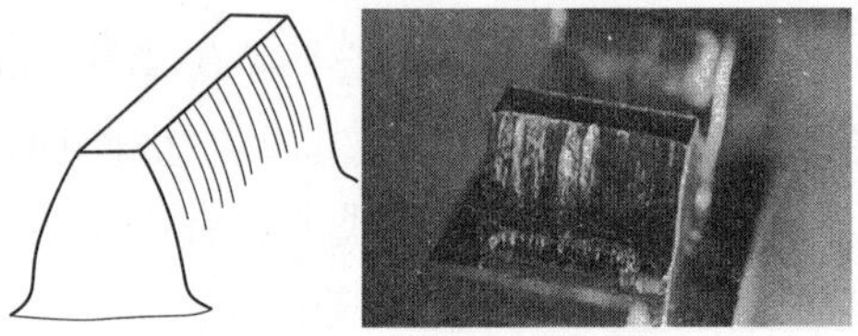

图 6-35　齿面胶合

为防止产生胶合现象,低速传动应选用黏度大的润滑油;高速传动应选用含抗胶合剂的润滑油。此外,适当提高表面硬度及降低表面粗糙度也都是有效的方法。

5)齿面塑变(图 6-36)

在重载作用下,当齿面硬度不够时,会产生一定的塑性变形。在从动轮 2 齿面节线处出现凸棱,主动轮 1 齿面节线处出现凹沟,从而破坏齿廓形状,影响齿轮正常啮合。适当提高齿面硬度,可防止或减轻齿面的塑性变形。

图 6-36　齿面塑性变形

1-主动轮;2-从动轮

2. 齿轮常用材料

1)齿轮材料的基本要求

齿面具有足够的硬度,使其具有较高的抗磨损、抗点蚀、抗胶合以及抗塑性变形的能力;轮齿具有足够的弯曲强度,使其具有抗折断的能力;齿芯具有足够的韧性,以获得较高的抗弯曲和抗冲击载荷的能;齿轮材料还要具有良好的加工和热处理工艺性,以达到齿轮的各种技术要求。

2)齿轮材料

常用的齿轮材料有,优质碳素结构钢 20 钢、45 钢等;合金结构钢 20Cr、40Cr、35SiMn 等;铸钢、铸铁和非金属材料等。

一般多采用锻件或轧制钢材;当齿轮尺寸较大,轮坯不易锻造时,可采用铸钢;开式低速传动时,可采用灰铸铁或球墨铸铁;高速齿轮易产生齿面点蚀,宜选用齿面硬度高的材料;低速重载的齿轮易产生齿面塑性变形,轮齿也易折断,宜选用综合性能较好的钢材;受冲击载荷的齿轮,宜选用韧性好的材料;对高速、轻载而又要求低噪声的齿轮传动,也可采用非金属材料,如塑料、尼龙等。

3. 齿轮传动的维护方法

齿轮在工作时,要按规定保持正常的润滑条件,润滑对于齿轮传动十分重要。润滑不仅可以减少摩擦、减轻磨损,还可以起到冷却、防锈、降低噪声、改善齿轮的工作状况,延缓齿轮失效、延长齿轮的使用寿命等作用。闭式齿轮传动主要用润滑油来润滑,闭式齿轮传动的润滑方式有浸油润滑和喷油润滑两种,一般根据齿轮的圆周速度确定采用哪一种方式。

齿轮润滑方式,如图6-37所示。

当$v \leq 12m/s$时,采用油池润滑,当$v > 12m/s$时,采用油泵喷油润滑。

开式齿轮常采用人工定期润滑,可用润滑油或润滑脂。

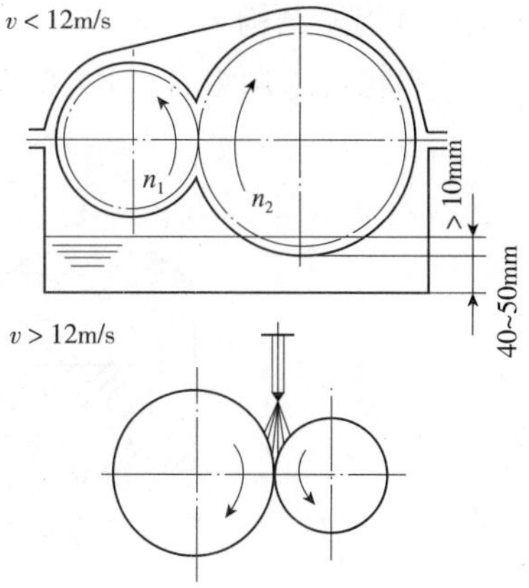

图6-37　齿轮润滑方式

单元6.4　蜗杆传动

一、蜗杆传动概述

蜗杆传动主要用于传递在空间内互相垂直的两轴的运动和动力。

1. 蜗杆传动的组成

蜗杆传动由蜗杆和蜗轮组成,通常由蜗杆(主动件)带动蜗轮(从动件)转动,并传递运动和动力,如图6-38所示。

图6-38　蜗杆传动

1-蜗杆;2-蜗轮

1)蜗杆结构

蜗杆通常与轴合为一体,如图6-39所示。

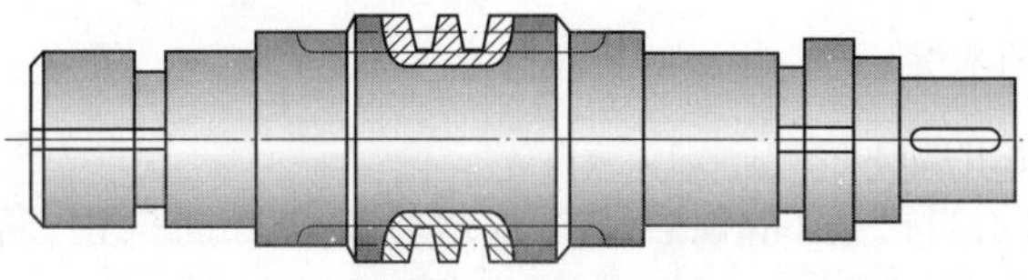

图6-39　蜗杆结构

2)蜗轮结构

蜗轮常采用组合结构,如图6-40所示。

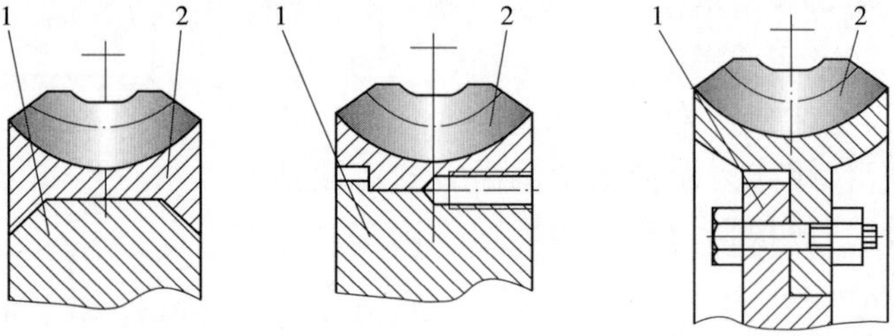

a)铸造连接　　b)过盈配合连接　　c)螺栓连接

图6-40　蜗轮的结构

1-轮芯;2-轮齿

2.蜗杆的分类

按蜗杆形状可以分为圆柱蜗杆传动(图6-41)、环面蜗杆传动(图6-42)、锥蜗杆传动(图6-43)。

图6-41　圆柱蜗杆传动

图6-42　环面蜗杆传动

图6-43　锥蜗杆传动

按蜗杆螺旋线方向分为左旋蜗杆、右旋蜗杆,如图6-44所示。

按蜗杆头数分为单头蜗杆、多头蜗杆。如图6-45所示。

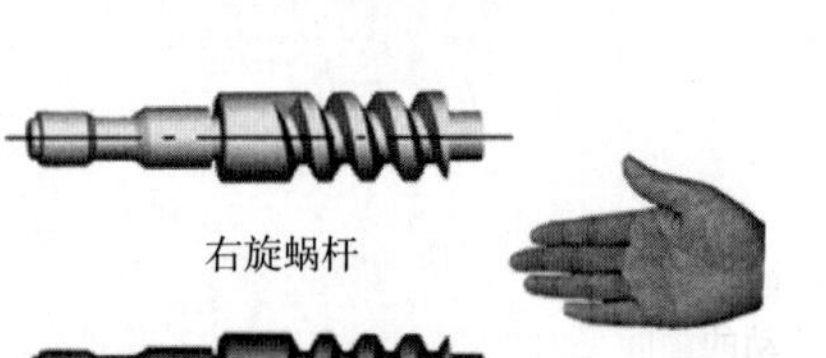

图6-44　蜗杆的旋向

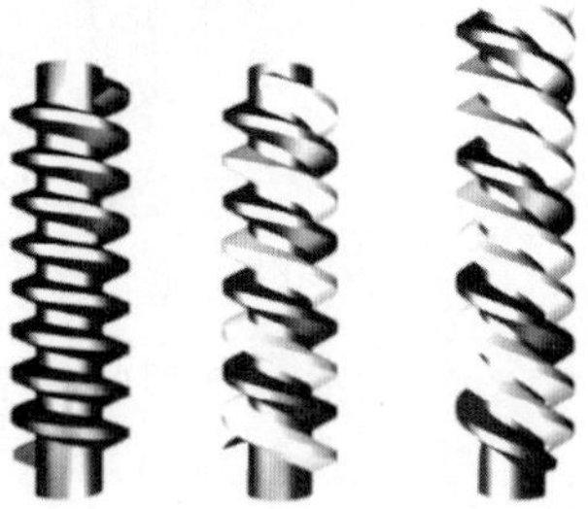

图6-45　蜗杆的头数

3.蜗轮回转方向的判定

1)判断蜗杆或蜗轮的旋向

右手法则:手心对着自己,四指顺着蜗杆或蜗轮轴线方向摆正,若齿向与右手拇指指向一致,则该蜗杆或蜗轮为右旋,反之则为左旋,如图6-46所示。

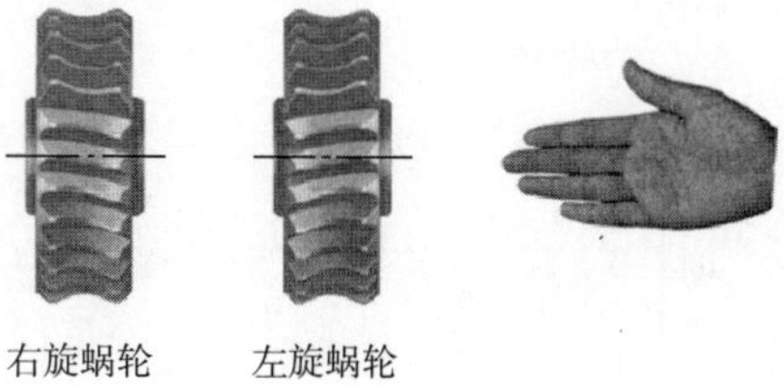

图 6-46　蜗轮的旋向

2）判断蜗轮的回转方向

左、右手法则：左旋蜗杆用左手，右旋蜗杆用右手，用四指弯曲表示蜗杆的回转方向，拇指伸直代表蜗杆轴线，则拇指所指方向的相反方向即为蜗轮上啮合点的线速度方向，如图 6-47所示。

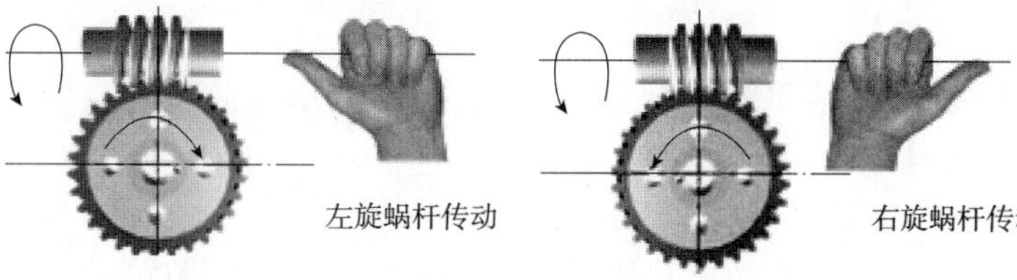

图 6-47　蜗轮的回转方向

二、蜗杆传动的主要参数和啮合条件

在蜗杆传动中，其几何参数及尺寸计算均以中间平面为准。通过蜗杆轴线并与蜗轮轴线垂直的平面称为中间平面，如图 6-48 所示。

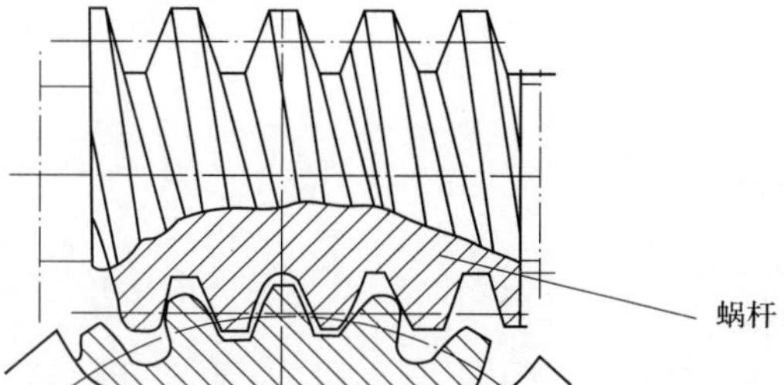

图 6-48　蜗杆传动的中间平面

1. 蜗杆传动的主要参数

1）模数 m、齿形角 α

蜗杆的轴面模数 m_{x1} 和蜗轮的端面模数 m_{t2} 相等，且为标准值。

蜗杆的轴面齿形角 α_{x1} 和蜗轮的端面齿形角 α_{t2} 相等，且为标准值。

$$m_{x1} = m_{t2} = m$$

$$\alpha_{x1} = \alpha_{t2} = \alpha = 20°$$

2)蜗杆分度圆导程角 γ(图 6-49)

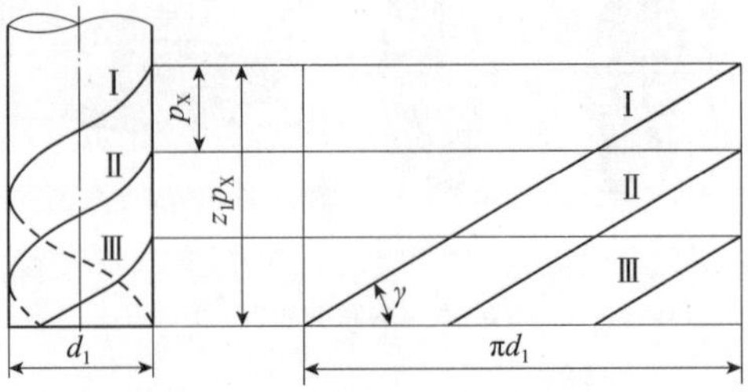

图 6-49　蜗杆分度圆导程角 γ

蜗杆分度圆柱螺旋线的切线与端平面之间的锐角。

3)蜗杆分度圆直径 d_1 和蜗杆直径系数 q

切制蜗轮的滚刀,其分度圆直径、模数和其他参数必须与该蜗轮相配的蜗杆一致,齿形角与相配的蜗杆相同。

为了使刀具标准化,限制滚刀的数目,对一定模数 m 的蜗杆分度圆直径 d_1 作了规定,即规定了蜗杆直径系数 q,且 $q = d_1/m$。

4)蜗杆头数 z_1 和蜗轮齿数 z_2

蜗杆头数 z_1:根据蜗杆传动传动比和传动效率来选定,一般推荐选用 $z_1 = 1$、2、4、6。

蜗轮齿数 z_2:根据 z_1 和传动比 i 来确定。一般推荐 $z_2 = 29 \sim 80$。

2. 蜗杆传动的正确啮合条件

(1)在中间平面内,蜗杆的轴面模数 m_{x1} 和蜗轮的端面模数 m_{t2} 相等。即:$m_{x1} = m_{t2}$。

(2)在中间平面内,蜗杆的轴面齿形角 α_{x1} 和蜗轮的端面齿形角 α_{t2} 相等。即:$\alpha_{x1} = \alpha_{t2}$。

(3)蜗杆分度圆导程角 γ_1 和蜗轮分度圆柱面螺旋角 β_2 相等,且旋向一致。即:$\gamma_1 = \beta_2$。

三、蜗杆传动失效形式、安装与维护

1. 蜗杆传动的应用特点

(1)传动比大,结构紧凑。

(2)传动平稳,无噪声。

(3)具有自锁性。蜗杆的螺旋升角很小时,蜗杆只能带动蜗轮传动,而蜗轮不能带动蜗杆转动。

(4)蜗杆传动效率低,一般认为蜗杆传动效率比齿轮传动低。尤其是具有自锁性的蜗杆传动,其效率在 0.5 以下,一般效率只有 0.7 ~ 0.9。

(5)发热量大,齿面容易磨损,成本高。

2. 蜗杆传动的失效形式

蜗杆传动中,一般失效首先发生在蜗轮上,其主要形式有:轮齿折断、齿面点蚀、齿面磨损、齿面胶合。开式传动中,主要失效形式有磨损、折断;闭式传动中,主要失效形式是点蚀、胶合。

3. 蜗杆传动的安装与维护

(1)蜗杆传动安装精度高,应使蜗杆的中间平面通过蜗杆的轴线。

(2)保证蜗杆传动有良好的润滑条件。蜗杆传动摩擦发热大,在工作中有良好的润滑,以减少摩擦散发热量。依据蜗杆传动的相对滑动速度,选择润滑油的黏度和给油方法,其润滑方式有油池润滑、喷油润滑。

(3)注意蜗杆传动的通风散热。蜗杆传动由于工作发热大,在闭式传动中,如不及时散热,就容易使温度升高,从而使润滑油黏度降低,增加了工作时的摩擦损失,甚至产生胶合,为了提高散热效率,可采用的方式有:增加散热片、在蜗杆轴端加轴流风扇、在油池中安装冷却管、用循环油冷却,如图6-50所示。

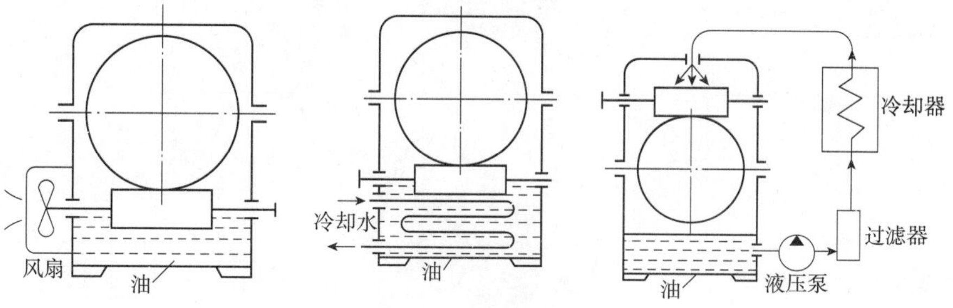

a)风扇冷却　　b)蛇形水管冷却　　c)压力喷油冷却

图6-50　散热措施

单元6.5　轮　　系

一、轮系的分类和应用

轮系是由一系列相互啮合的齿轮组成,将主动轴与从动轴连接起来的传动系统。

轮系中可以同时包括圆柱齿轮传动、圆锥齿轮传动、齿轮齿条传动、蜗杆传动等各种齿轮副传动类型。

1. 轮系的分类

按轮系传动的各齿轮几何轴线在空间的相对位置是否固定来分,轮系可以分为定轴轮系、周转轮系、混合轮系三大类,见表6-6。

轮系的种类　　表6-6

类型	定　义	图　形	
定轴轮系	当轮系运转时,所有齿轮的几何轴线位置相对于机架固定不变	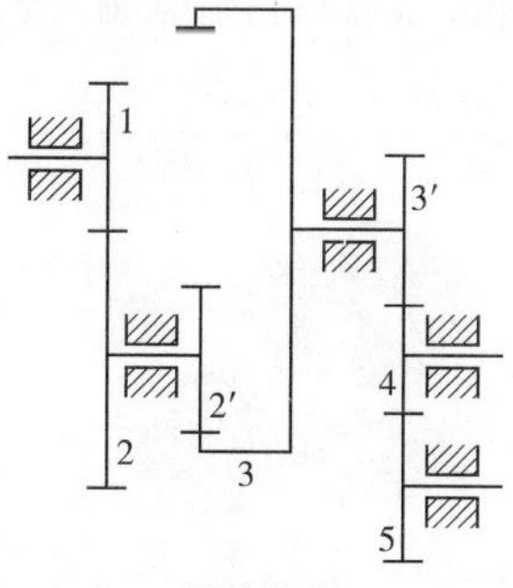 平面轮系	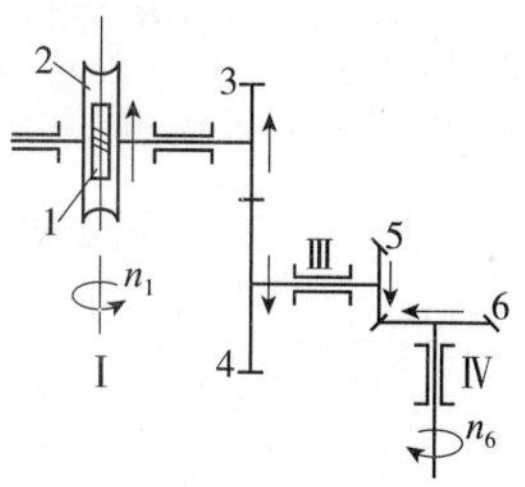 空间轮系

续上表

类型	定义	图形	
周转轮系	轮系运转时，至少有一个齿轮的几何轴线相对于机架的位置是不固定的，而是绕另一个齿轮的几何轴线转动	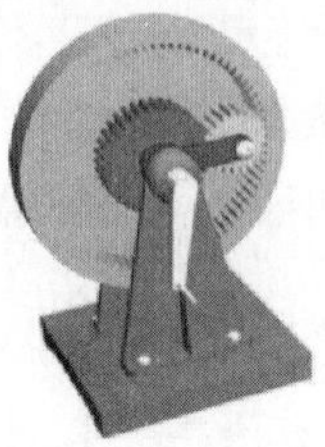	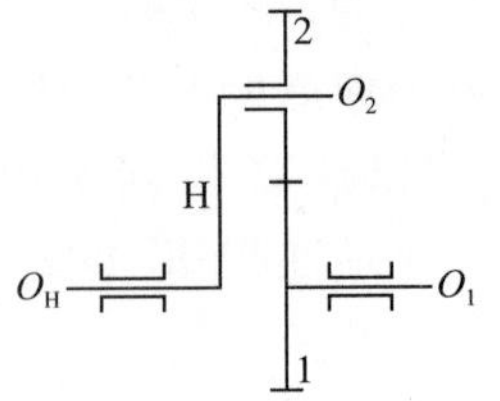
混合轮系	在轮系中，既有定轴轮系又有周转轮系		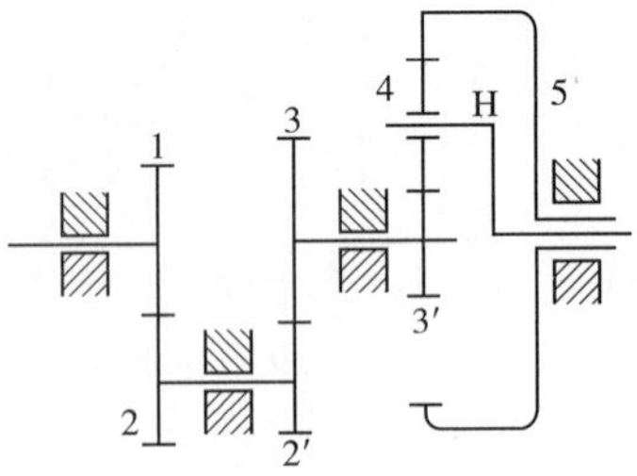

2. 轮系的应用特点

轮系传动具有以下特点，见表6-7。

轮系的应用特点 表6-7

特 点	说 明
可获得很大的传动比	一对齿轮的传动比不能过大（一般 $i_{12}=3\sim5$，$i_{max}\leqslant8$），而采用轮系传动可以获得很大的传动比，以满足低速工作的要求
可做较远距离的传动	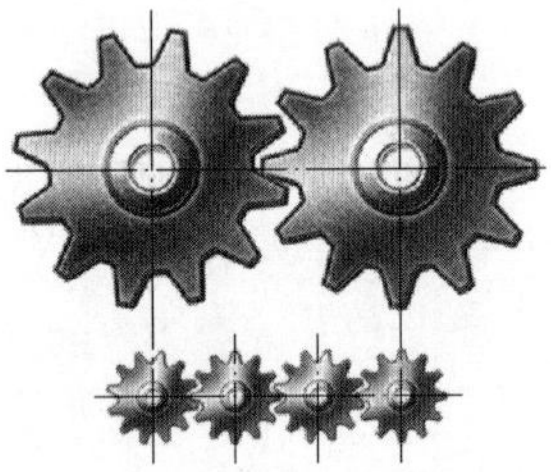 一对齿轮传动，两轴中心距较大时，如用一对齿轮传动，则两齿轮的结构尺寸必然很大，这将导致传动机构庞大
可以实现变速要求	 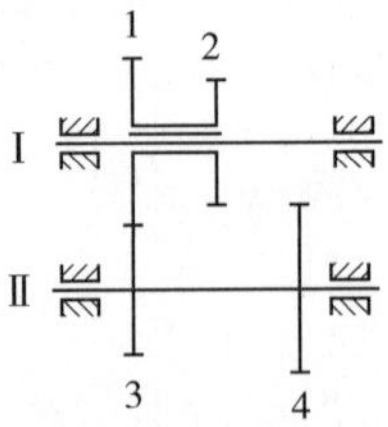 在轮系中，可采用滑移齿轮、塔齿轮等变速机构来改变传动比，实现从动轴变速的目的

续上表

特　　点	说　　明
可以实现变向要求	 在主动轮不变的情况下，可以利用轮系来实现从动轴转向改变的要求
可以实现运动的合成与分解	采用行星轮系，可以将两个独立的运动合成为一个运动，或将一个运动分解为两个独立的运动

二、定轴轮系传动比计算

1. 定轴轮系中各轮转向的判断

当首轮（或末轮）的转向为已知时，其末轮（或首轮）的转向也就确定了，表示方法可以用标注箭头的方法来确定。

圆柱齿轮啮合：外啮合，转向用画箭头的方法表示，主、从动轮转向相反时，两箭头指向相反，见图6-51；圆柱齿轮啮合：内啮合，主、从动轮转向相同时，两箭头指向相同，见图6-52。

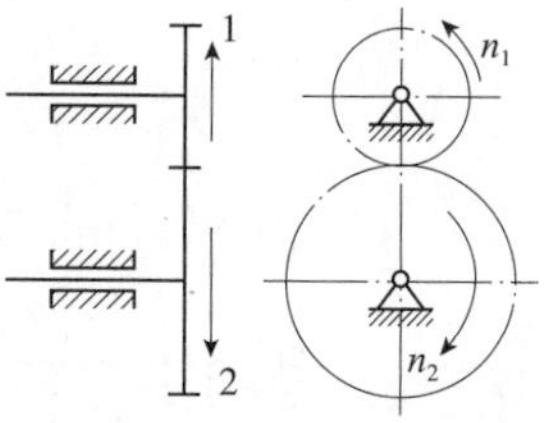

图6-51　外啮合齿轮传动

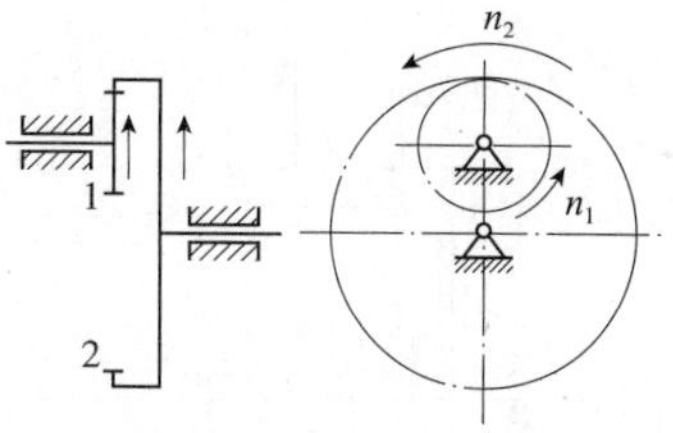

图6-52　内啮合齿轮传动

锥齿轮啮合传动，两箭头指向相背或相向啮合点（图6-53）；蜗杆啮合传动，两箭头指向按单元6.4蜗杆传动讲过的规定进行标注（图6-54）。

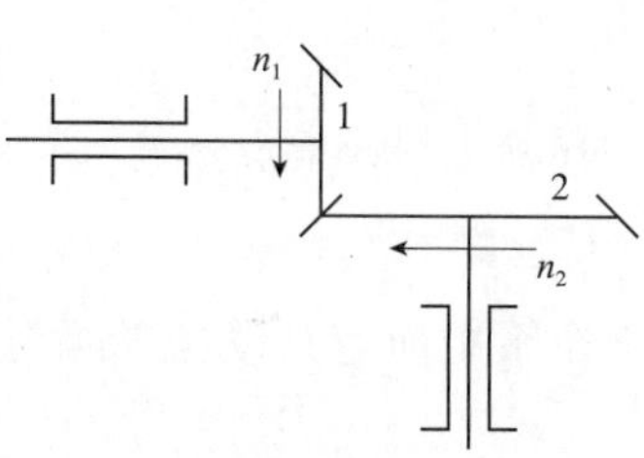

图6-53　圆锥齿轮传动

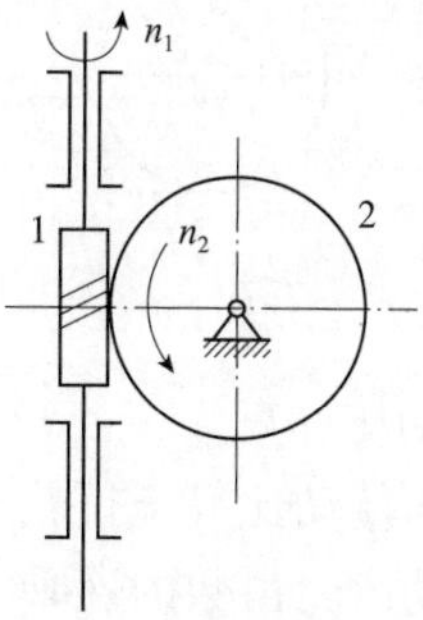

图6-54　蜗杆传动

对于轮系中各齿轮轴线相互平行时,其任意级从动轮的转向可以通过在图上依次画箭头来确定,也可以数外啮合齿轮的对数来确定,若齿轮的啮合对数是偶数,则首轮与末轮的转向相同;若为奇数,则转向相反,如图 6-55 所示。

轮系中含有圆锥齿轮、蜗轮蜗杆、齿轮齿条,只能用画直箭头的方法表示,如图 6-56 所示。

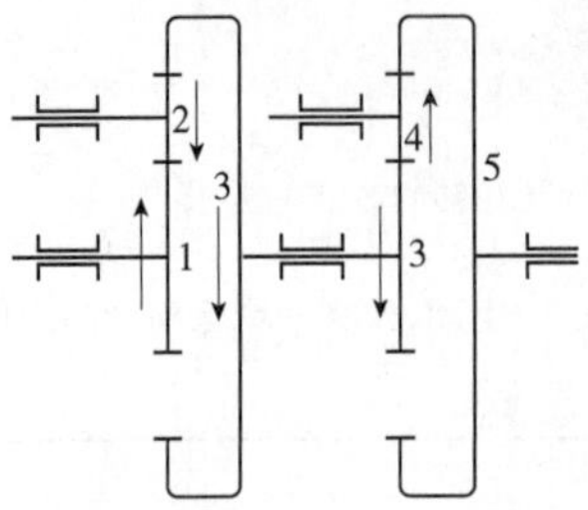

图 6-55　定轴轮系中各齿轮转向判断

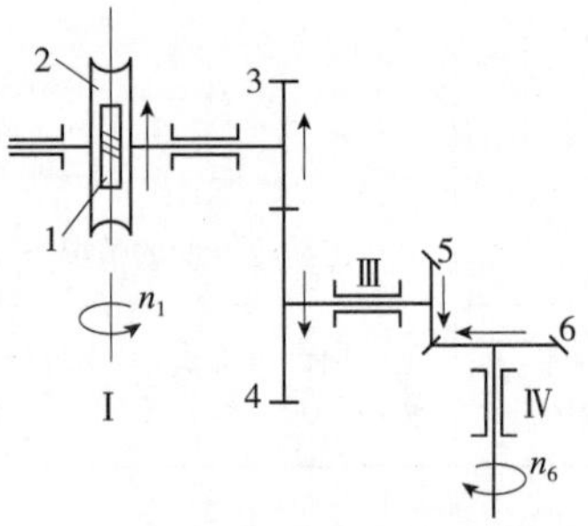

图 6-56　有圆锥蜗杆齿轮轮系中各齿轮转向判断

2. 传动比

轮系传动方向分析,如图 6-57 所示。

1)传动路线

【**例 6-1**】　分析如图 6-58 所示轮系传动路线。

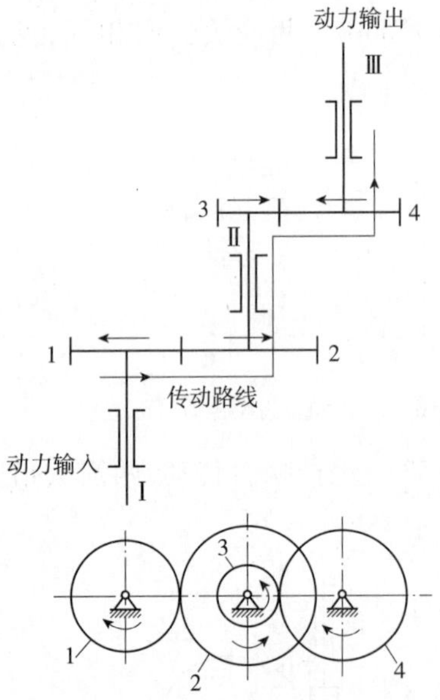

图 6-57　定轴轮系传动路线

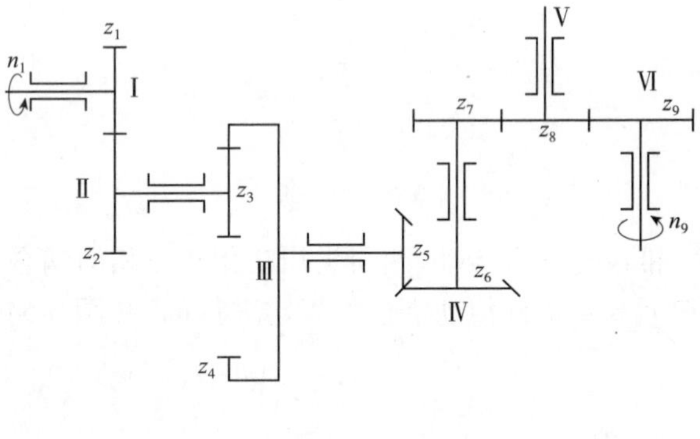

图 6-58　定轴轮系传动路线

2)传动比计算

轮系的传动比等于首轮与末轮的转速之比,也等于轮系中所有从动齿轮齿数的连乘积与所有主动齿轮齿数的连乘积之比。

$$i_{1k}=\frac{n_1}{n_2}=\frac{\text{各级齿轮副中从动轮齿数的连乘积}}{\text{各级齿轮副中主动轮齿数的连乘积}}$$

【**例6-2**】　如图6-59所示，已知$z_1=24$、$z_2=28$、$z_3=20$、$z_4=60$、$z_5=20$、$z_6=20$、$z_7=28$，齿轮1为主动件。分析该机构的传动路线；求传动比i_{17}；若齿轮1转向已知，试判定齿轮7的转向。

$$i_{17}=\frac{n_1}{n_7}=\frac{z_2\times z_4\times z_6\times z_7}{z_1\times z_3\times z_5\times z_6}=\frac{28\times 60\times 20\times 28}{24\times 20\times 20\times 20}=1.63$$

方向如图6-59所示。

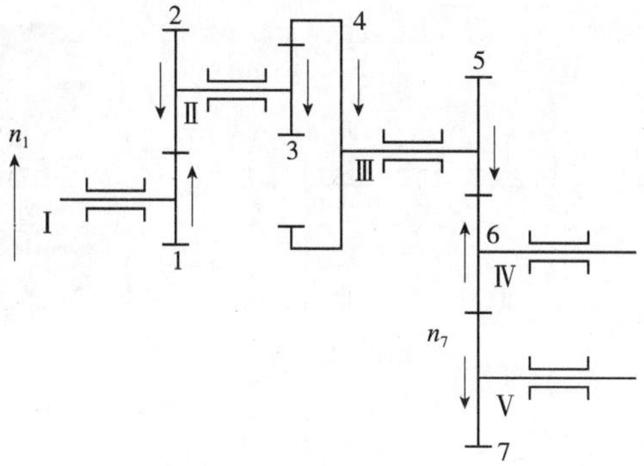

图6-59　定轴轮系传动比计算

3. 定轴轮系末端带移动件的计算

定轴轮系可以把转动运动转变为直线运动，如在轮系的末端带有螺旋传动、齿轮齿条传动等，这时可以计算末端移动件的移动距离或移动速度及判断其运动的方向。

如末端是螺旋传动的轨道门，当螺杆旋转一周，螺母运动一个导程P_h，只要知道末轮的转速和回转方向，螺母的移动距离（速度）和方向便可确定，见图6-60。

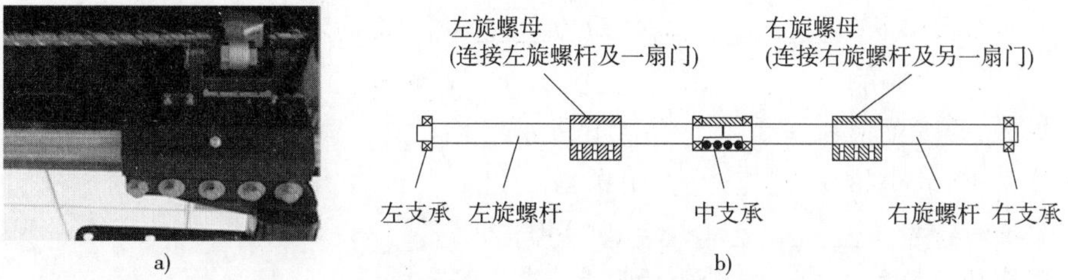

图6-60　轨道门的螺旋传动

$$L=N_k\times P_h=\frac{N_1}{i_{1k}}\times P_h \qquad (mm)$$

$$v=n_k\times P_h=\frac{n_1}{i_{1k}}\times P_h \qquad (mm/min)$$

式中：N_1——为主动轮1转过的圈数；

n_1——为主动轮的转速，r/min；

P_h——为螺母的导程，mm；

L——螺母运动的距离，mm；

v——螺母运动的速度，mm/min；

i_{1k}——轮系的传动比。

三、惰轮的应用

在轮系中，既是从动轮又是主动轮，对总传动比毫无影响，但却起到了改变齿轮副中从动轮回转方向的作用，这样的齿轮称为惰轮。惰轮常用于传动距离稍远和需要改变转向的场合，见图6-61。

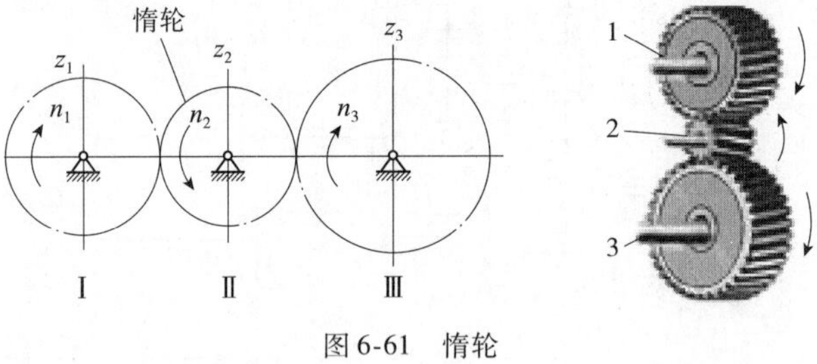

图6-61　惰轮

应用练习

一、填空题

1. 带传动的特点是传动________、能________和吸振，过载时有________现象，传动比________。

2. 带传动一般置于高速级的原因是________。

3. 弹性滑动是由________而产生的，它________(影响、不影响)带的正常工作。

4. V带的截面形状为________，工作面为________，夹角为________。

5. V带的结构有________、________。它们都由________、________、________、________组成，两者不同处在于________不同。

6. 带传动中，最小轮径与________有关。

7. V带轮的轮槽角________(>、=、<)40°。

8. V带传动应验算________带轮的包角，其范围为________。

9. 安装V带时，应使带的外边缘与带轮的轮缘________。

10. 带传动的传动能力降低时，可以用________、________方法使带张紧。

11. 安装V带时，两带轮轴线应保持________，两轮槽的对称平面应调整在________。

12. 在中等中心距条件下，V带的张紧是以大拇指能按下________左右为合适。

13. 齿轮传动获得广泛应用的原因是能保证瞬时传动比________，工作可靠性________，传递运动________。

14. 圆柱蜗杆中应用最广泛的是________，这种蜗杆在轴向的齿廓形状为________，因此又称为________蜗杆。

15. 蜗杆传动由________和________组成，通常________为主动件，________为从动件。

16. 蜗杆传动中，从动轴转动很慢，说明蜗杆传动具有________的特点。

17. 蜗杆以模数________为标准模数，蜗轮以模数________为标准模数。

18. 蜗杆常用________材料制造。

二、选择题

1. 两轴距离为 a，通常设计成用图6-62b)的结构来代替图6-62a)的结构，说明轮系具有(　　)特点。

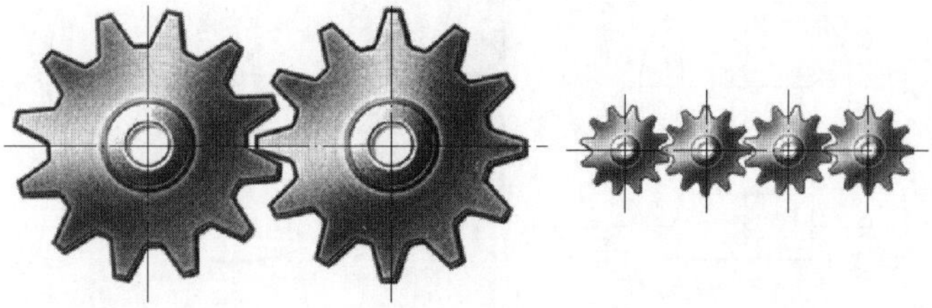

a)　　　　b)

图　6-62

A. 获得很大的传动比　　　　B. 可得到结构紧凑的远距离传动

C. 实现变速要求　　　　D. 实现运动的合成和分解

2. 轮系的下列功用中，(　　)功用必须依靠周转轮系来实现。

A. 实现变向传动　　　　B. 实现变速传动

C. 实现大的传动比　　　　D. 实现运动的合成和分解

3. 齿轮传动中，小齿轮的宽度应(　　)大齿轮的宽度。

A. 稍大于　　B. 等于　　C. 稍小于

4. 闭式软齿面齿轮传动的主要失效形式是(　　)，闭式硬齿面齿轮传动的主要失效形式是(　　)。

A. 齿面点蚀　　B. 轮齿折断　　C. 齿面胶合

D. 磨粒磨损　　E. 齿面塑性变形

三、判断题

1. 在使用中，需要更换V带时，不同新旧的V带可以同组使用。(　　)

2. 带传动是依靠带对从动轮的拉力来传递运动和动力的。(　　)

3. 打滑是不利的，必须要绝对避免。(　　)

4. 在传递功率一定情况下，V带的速度太大或太小，都同样产生打滑现象，因此V带的传动速度一般限制在5～25m/s范围。(　　)

5. 轮系可以方便地实现变速要求，但不能实现变向。(　　)

6. 安装V带时，应保证带轮轮槽的两侧面及底面与带接触。(　　)

7. 蜗杆的头数越少，蜗杆传动比就越大。(　　)

8. 轮系有获得大传动比的特点，因此通过轮系只能将输入轴的高速运动变成输出轴的低速运动。(　　)

四、问答题

1. 齿轮传动的类型有哪些？

2. 渐开线齿轮不发生根切的最少齿数是多少？

3. 齿轮的失效形式有哪些?

4. 举例说明齿轮的常用材料有哪些?

5. 如图6-63所示图形,已知蜗杆传动中的两向,判定第三向。

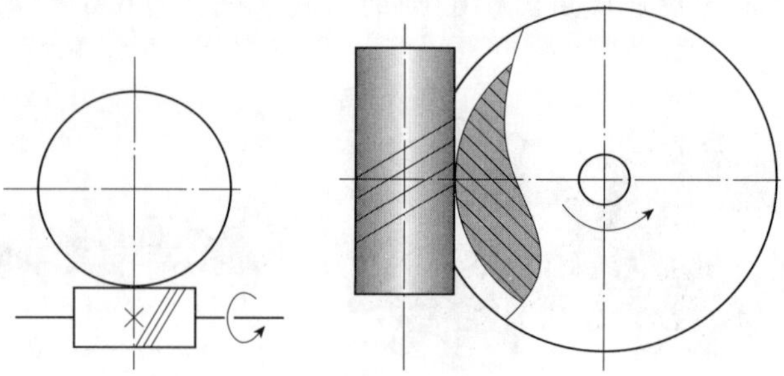

图 6-63

五、计算题

1. 已知:标准直齿圆柱齿轮,$z_1=24$、$z_2=40$、$m=5$。

求:d、d_a、d_f、d_b、p、s、e、h_a、h_f、h、a。

2. 相啮合的一对标准直齿圆柱齿轮,压力角 $\alpha=20°$,齿顶高系数 $h_a^*=1$,顶隙系数 $c^*=0.25$,齿数 $z_1=20$、$z_2=32$,模数 $m=10\text{mm}$,试计算这对齿轮的分度圆直径 d、齿顶圆直径 d_a、齿根圆直径 d_f、齿厚 s、基圆直径 d_b和中心距 a。

实训2:减速器的拆装

1. 概述

减速器是由封闭在壳体内的齿轮传动或蜗杆传动所组成的独立部件,如图6-64所示,为了提高电动机的效率,原动机提供的回转速度一般比工作机械所需的转速高,因此齿轮减速器、蜗杆减速器常安装在机械的原动机与工作机之间,用以降低输入的转速并相应地增大输出的转矩,在机器设备中被广泛采用。

图6-64　减速器

1)减速器的类型

减速器的类型很多,按传动形式的不同,可以分为齿轮减速器、蜗杆减速器;按传动级数可以分为单级传动、多级传动。

2)减速器的结构

减速器的结构随其类型和要求不同而异,但其基本结构(图6-65)有很多相似之处,其基本结构由箱体、轴系零件和附件三部分组成。

(1)箱体结构。

减速器的箱体用来支承和固定轴系零件,应保证传动件轴线相互位置的正确性,因而轴孔必须精确加工。箱体必须具有足够的强度和刚度,以免引起齿轮齿宽上载荷分布不匀。为了增加箱体的刚度,通常在箱体上制出筋板。

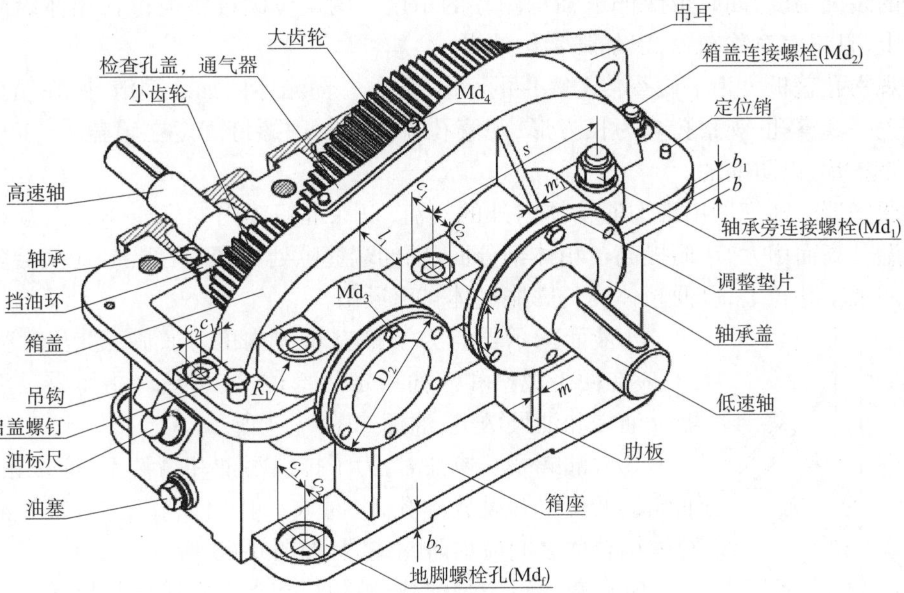

图6-65　减速器的结构

为了便于轴系零件的安装和拆卸,箱体通常制成剖分式。剖分面一般取在轴线所在的水平面内(即水平剖分),以便于加工。箱盖和箱座之间用螺栓连接成一整体,为了使轴承座旁的连接螺栓尽量靠近轴承座孔,并增加轴承支座的刚性,应在轴承座旁制出凸台。设计螺栓孔位置时,应注意留出扳手空间。

箱体通常用灰铸铁(HT150或HT200)铸成,对于受冲击载荷的重型减速器,也可采用铸钢箱体。单件生产时,为了简化工艺、降低成本,可采用钢板焊接箱体。

(2)轴系零件。

在图6-66中,高速级的小齿轮直径和轴的直径相差不大,将小齿轮与轴制成一体。大齿轮与轴分开制造,用普通平键做周向固定。轴上零件用轴肩、轴套、封油环与轴承端盖做轴向固定。两轴均采用角接触轴承作为支承,承受径向载荷和轴向载荷的联合作用。轴承端盖与箱体座孔外端面之间垫有调整垫片组,以调整轴承游隙,保证轴承正常工作。

图6-66　减速器箱体及轴系零件

该减速器中的齿轮传动采用油池浸油润滑,大轮齿的轮齿浸入油池中,靠它把润滑油带到啮合处进行润滑。滚动轴承采用润滑脂润滑,为了防止箱体内的润滑油进入轴承,应在轴承和齿轮之间设置封油环。轴伸出的轴承端盖孔内装有密封元件,图中采用的内包骨架旋转轴唇型密封圈,对防止箱体内润滑油泄漏以及外界灰尘、异物侵入箱体,具有良好的密封效果。

(3)减速器附件。

①定位销。在精加工轴承座孔前,在箱盖和箱座的连接凸缘上配装定位销,以保证箱盖

和箱座的装配精度,同时也保证了轴承座孔的精度。两定位圆锥销应设在箱体纵向两侧连接凸缘上,且不宜对称布置,以加强定位效果。

②观察孔盖板。为了检查传动零件的啮合情况,并向箱体内加注润滑油,在箱盖的适当位置设置一观察孔,观察孔多为长方形,观察孔盖板平时用螺钉固定在箱盖上,盖板下垫有纸质密封垫片,以防漏油。

③通气器。通气器用来沟通箱体内外的气流,以保证箱体内的气压不会因减速器运转时的油温升高而增大,从而提高了箱体剖分面、轴伸端缝隙处的密封性能。通气器多装在箱盖顶部或观察孔盖上,以便箱体内的膨胀气体自由溢出。

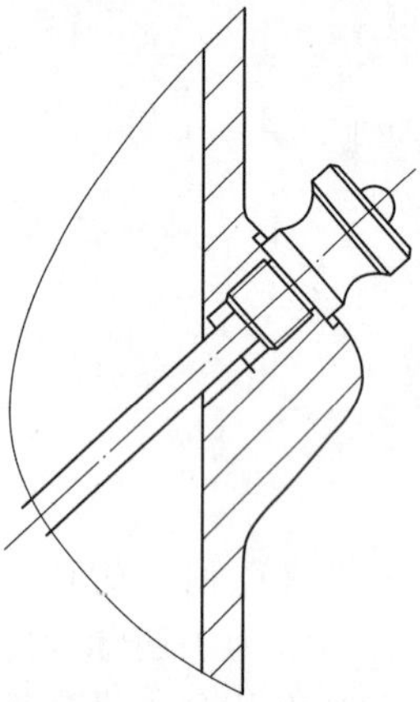

图 6-67　油标

④液面指示器。为了检查箱体内的液面高度,及时补充润滑油,应在便于观察和液面稳定的部位,装设液面指示器。液面指示器分油标和油尺两类,油标如图 6-67 所示。

⑤放油螺塞。换油时,为了排放污油和清洗剂,应在箱体底部、油池最低位置开设放油孔,平时放油孔用油螺塞拧紧,放油螺塞和箱体结合面之间应加防漏垫圈,如图 6-68 所示。

⑥启盖螺钉。装配减速器时,常常在箱盖和箱座的结合面处涂上水玻璃或密封胶,以增强密封效果,但却给开启箱盖带来困难。为此,在箱盖侧边的凸缘上开设螺纹孔,并拧入启盖螺钉。开启箱盖时,拧动启盖螺钉,迫使箱盖与箱座分离。

⑦起吊装置。为了便于搬运,需在箱体上设置起吊装置。箱盖上铸有两个吊耳,用于起吊箱盖。箱座上铸有两个吊钩,用于吊运整台减速器,如图 6-69 所示。

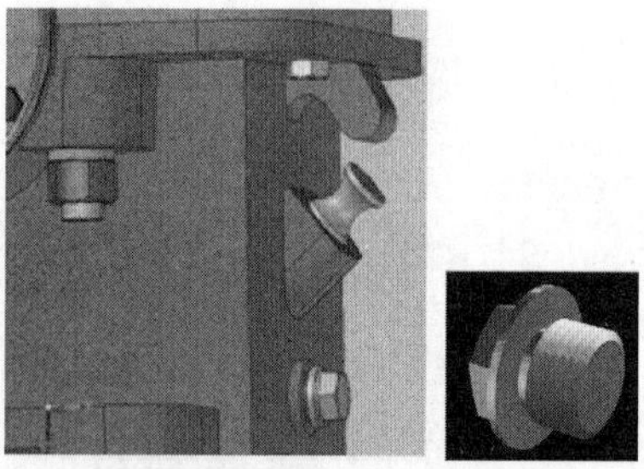

图 6-68　放油螺塞

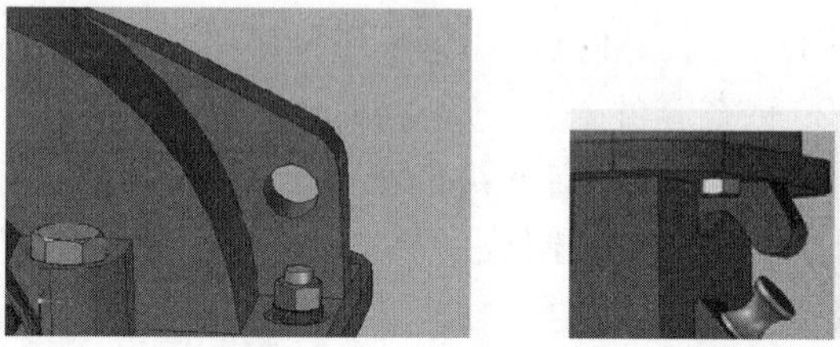

a)吊耳　　b)吊钩

图 6-69　吊耳与吊钩

2. 减速器的装拆

(1)课前仔细阅读实验指导书,了解减速器的使用场合、作用及其主要结构特点。

(2)观察减速器的外形,用手来回推动减速器的输入输出轴,体会轴向窜动;打开观察孔盖,转动高速轴,观察齿轮的啮合情况。注意观察孔开设的位置及尺寸大小;通气器的结构及特点;螺栓凸台位置(并注意扳手空间是否合理);轴承座加强筋的位置及结构;吊耳及吊钩的形式;减速器箱体的铸造工艺特点以及加工方法。特别要注意观察箱体与轴承盖结合面的凸台结构。

(3)观察定位销孔的位置,取出定位销,再用扳手拧下箱盖上的有关螺钉,借助启盖螺钉将箱盖与箱体分离。利用起吊装置取下箱盖,并翻转 180°一旁放置平稳,以免损坏结合面。

(4)观察箱体内轴及轴系零件的结构、各零部件间的相互位置，分析传动零件所受的径向力和轴向力以及向机体基础传递的过程，并进行必要的测量，将测量结果记于实验报告的表格中。画出传动示意图。

(5)取出轴承压盖，将轴系部件取出并放在木板或胶皮上，详细观察轴系部件上齿轮、轴承、封油环等零件的结构，分析轴及轴上零件的轴向定位方法及轴上零件的周向定位方法；分析由于轴的热胀冷缩时轴承预紧力的调整方法和零件安装、拆卸方法。

(6)观察减速器润滑与密封结构装置，分析齿轮与轴承的润滑方法及轴承的密封方法；油槽及封油环、甩油环的应用；加油方式、放油塞，液面指示器的位置和结构。

(7)按与拆卸的相反顺序将减速器复原，并拧紧螺钉。注意：安放箱盖前要拧回启箱螺钉。

(8)整理工具，经指导老师检查后，才能离开实验室。

(9)填写实训报告。

复习思考题

1. 轴承座孔两侧的凸台为什么比箱盖与箱座的连接凸缘高？
2. 箱体凸缘的螺栓连接处均做成凸台或沉孔平面，为什么？
3. 箱盖与箱体的连接凸缘宽度及箱座凸缘宽度的确定，受何种因素影响？
4. 滚动轴承的间隙是怎样调整的？
5. 你所拆卸的减速器中，轴承用何种方式润滑？如何防止箱体的润滑油混入轴承中？

单元7 支承零部件

知识目标

1. 了解轴的分类、材料、结构和应用；
2. 了解滑动轴承的特点、主要结构和应用；
3. 熟悉滚动轴承的类型、特点、代号以及应用。

能力目标

1. 能正确说出滚动轴承代号的含义；
2. 能根据轴的工作条件选择轴承。

单元7.1 轴

一、轴的分类

轴是机器中的重要零件之一，用来支承旋转的机械零件、传递运动和动力。

1. 按轴线的形状轴分类

(1)直轴(图7-1)。

(2)曲轴(图7-2)。

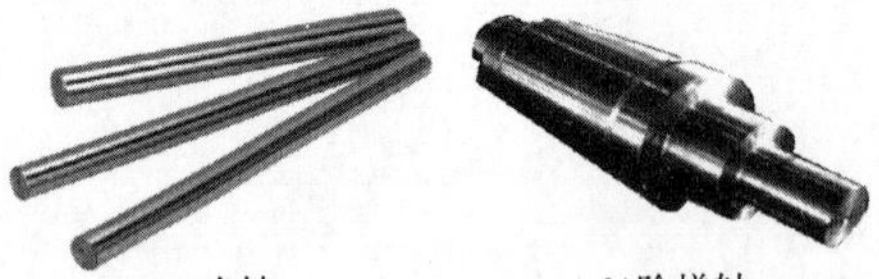

a)光轴　　b)阶梯轴

图7-1　直轴

图7-2　曲轴

(3)挠性轴(图7-3)。

2. 轴按承载情况分类

(1)转轴。转轴既传递转矩又承受弯矩(图7-4)。

(2)传动轴。传动轴只传递转矩而不承受弯矩或承受弯矩很小(图7-5)。

(3)心轴。心轴只承受弯矩而不传递转矩，如图7-6、图7-7所示。

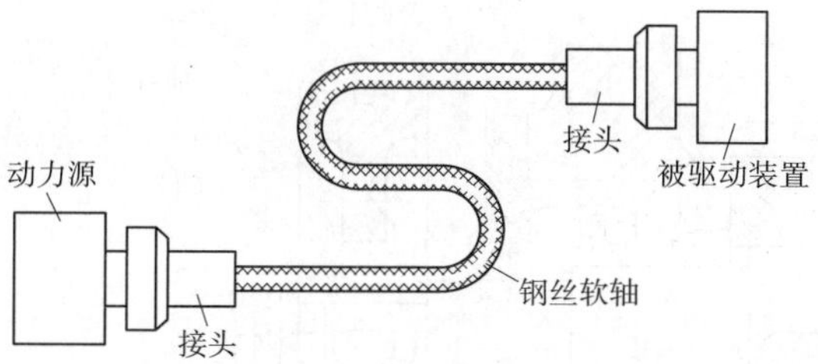

图7-3　挠性轴

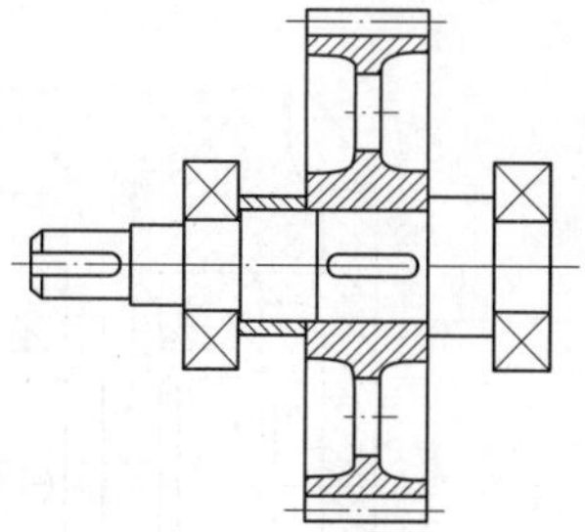

图7-4　转轴

图7-5　汽车传动轴

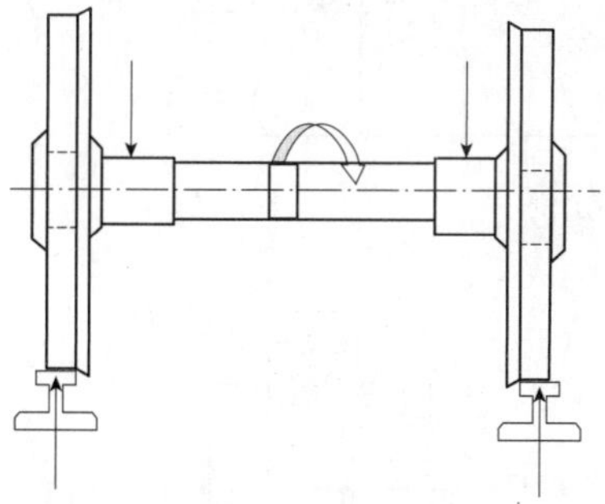

图7-6　转动心轴

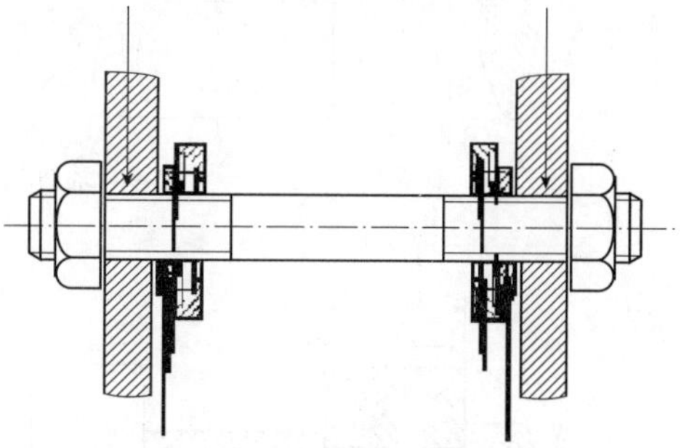

图7-7　固定心轴

二、转轴的结构

转轴的结构应满足:轴和轴上零件有准确的工作位置;轴上零件便于装拆和调整;轴有良好的制造工艺等。转轴的结构,见图7-8。

1. 轴上零件的轴向固定

轴的设计,主要是根据工作要求并考虑制造工艺等因素,选用合适的材料,进行结构设计。轴上零件的轴向固定,常采用轴肩、套筒、螺母或轴端挡圈(又称压板)等形式。

(1)轴肩和轴环。最常用,结构简单、定位可靠,轴向传力大(图7-9)。

(2)套筒。轴上相邻零件定位,结构简单、定位可靠,由于套筒与轴配合较松,套筒不宜过长,不宜用在高速(图7-10)。

(3)轴用圆螺母。传动力大、简单,但有应力集中(用细牙),要防松。要求为轴向定位可靠,$l_{轴} < l_{毂}$(图7-11)。

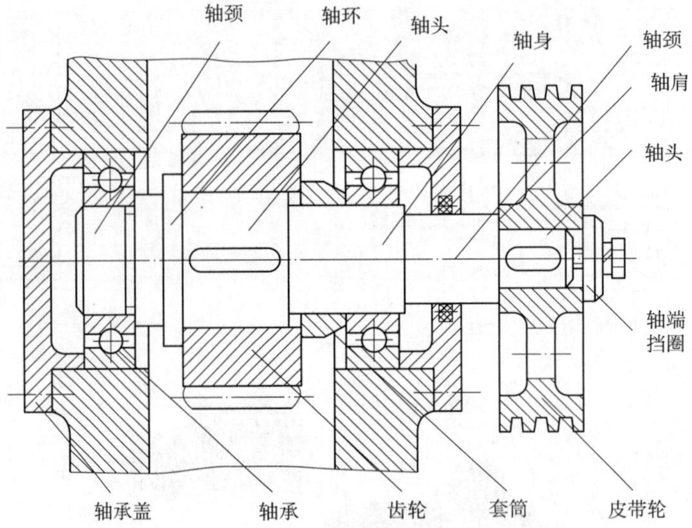

图 7-8　转轴的结构

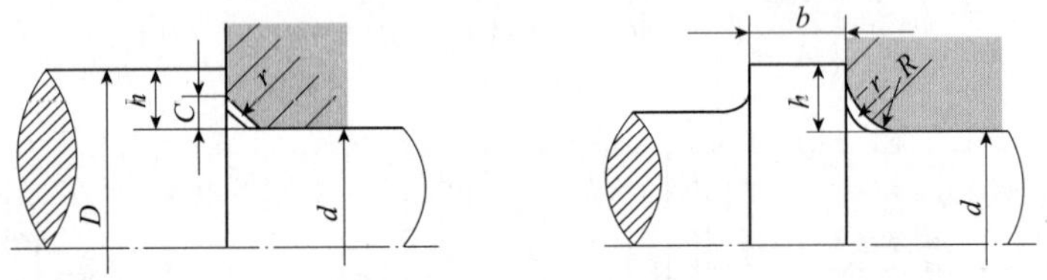

图 7-9　轴肩和轴环定位

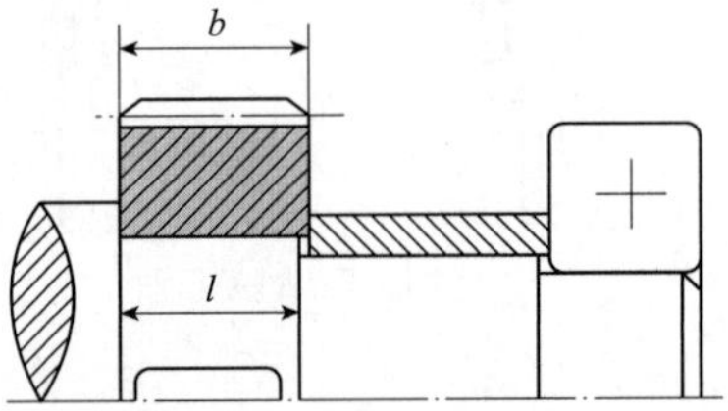

图 7-10　套筒定位

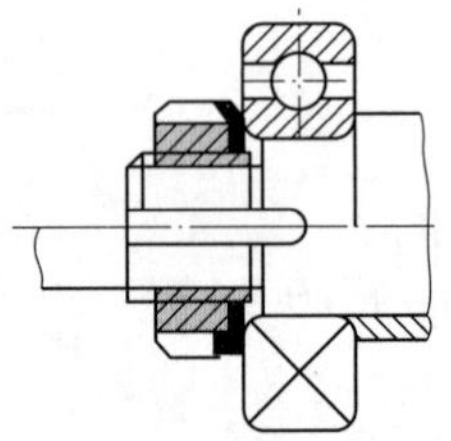

图 7-11　圆螺母定位

(4)轴端挡圈。轴端零件的定位,应用较广(图 7-12)。

(5)轴承端盖。对轴承外圈轴向定位,从而使轴有确定的轴向工作位置。

(6)弹性挡圈。结构简单,定位方便,但有应力集中,适于轻载(图 7-13)。

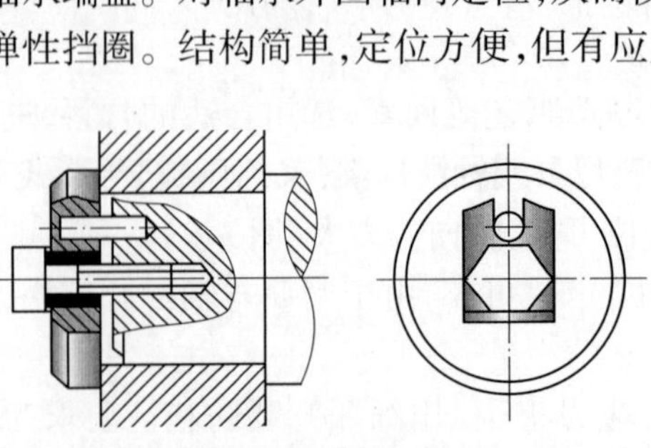

图 7-12　轴端挡圈定位

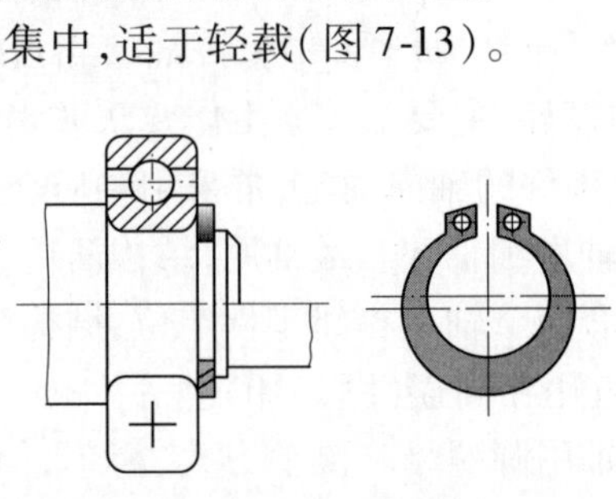

图 7-13　弹性挡圈定位

（7）锁紧挡圈与紧定螺钉。结构简单，同时起周向固定作用（图7-14）。

（8）圆锥面（加挡圈、螺母）。适于轴端零件定位，兼作周向定位（图7-15）。

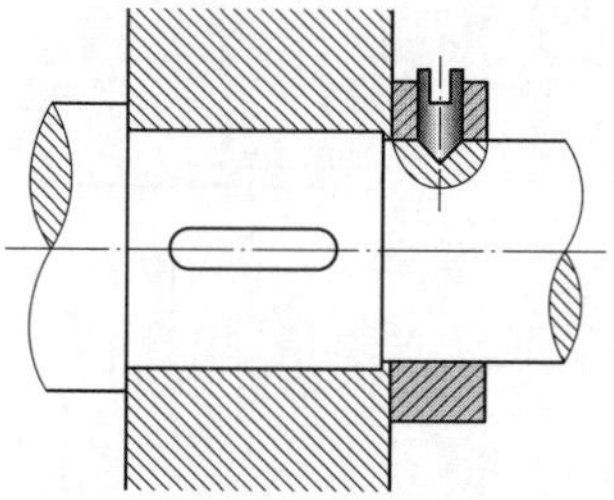

图7-14　紧定螺钉定位

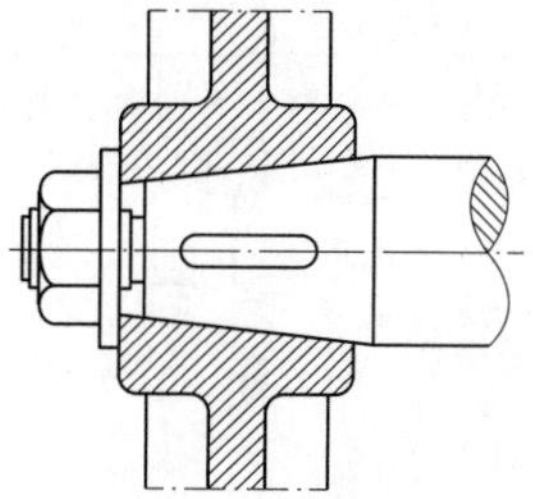

图7-15　锥面定位

2. 轴上零件的周向定位

轴上零件周向固定，大多采用键（图7-16）、花键（图7-17）、过盈配合（图7-18）或销钉（图7-19）等连接形式。采用键连接时，为加工方便，各轴段的键槽应设计在同一加工直线上，并应尽可能采用同一规格的键槽截面。

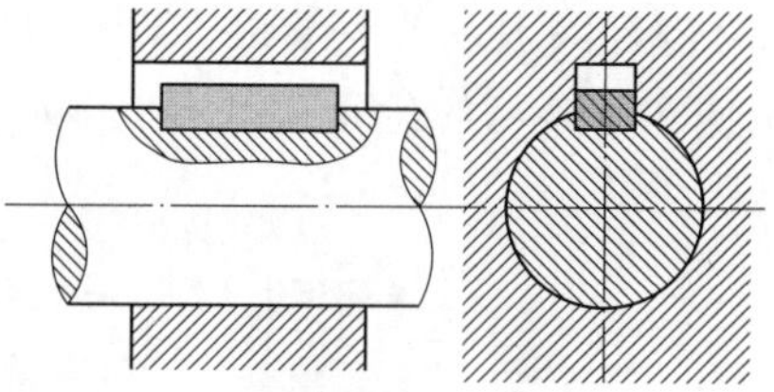

图7-16　键连接

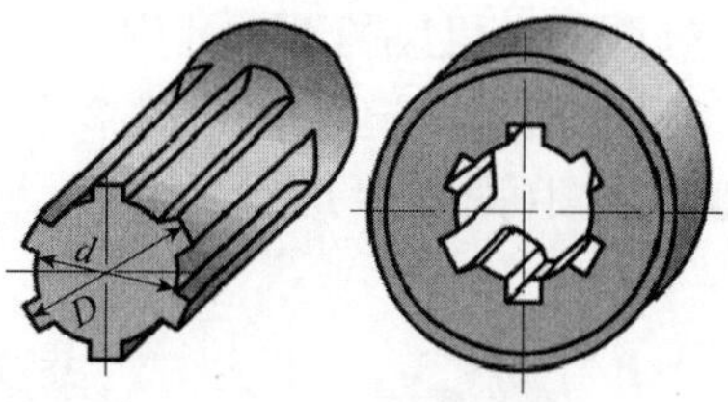

图7-17　花键连接

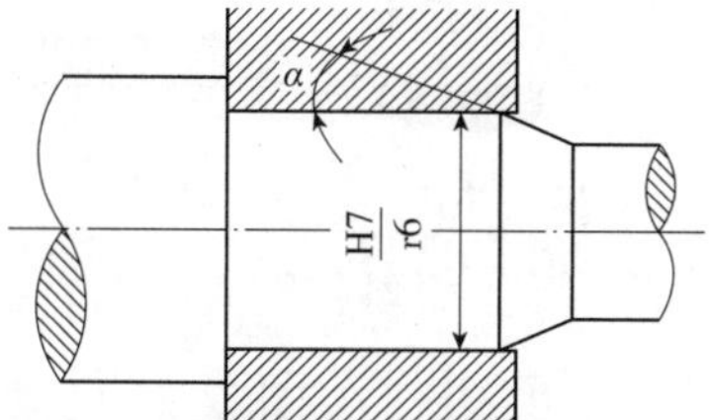

图7-18　过盈配合

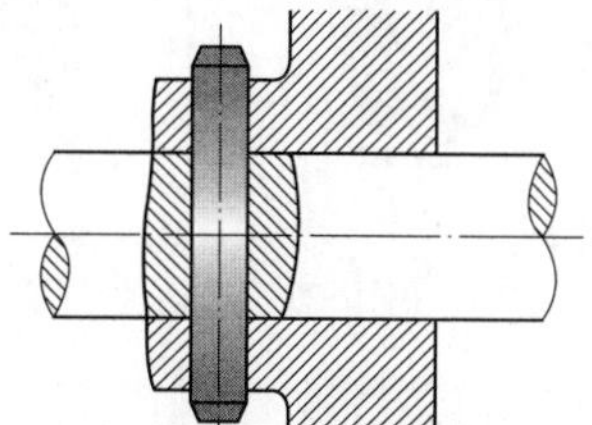

图7-19　销连接

3. 轴的结构工艺性

进行轴的结构设计时，不仅要使轴的各部分具有合理的形状和尺寸，同时还应使轴的结构形式便于加工、便于轴上零件的装卸与维修。其主要要求是：

（1）轴应便于加工。轴上零件要易于装拆（制造安装要求）。

（2）轴和轴上零件要有准确的工作位置（定位）。

（3）各零件要牢固而可靠地相对固定（固定）。

（4）改善受力状况，减小应力集中。

（5）轴上车制螺纹的轴段应有退刀槽（图7-20）；磨削的轴段应有砂轮越程槽（图7-21）。

（6）当轴上有两个以上的键槽时，键槽的宽度应尽可能一致，并布置在同一母线上，以利于加工。

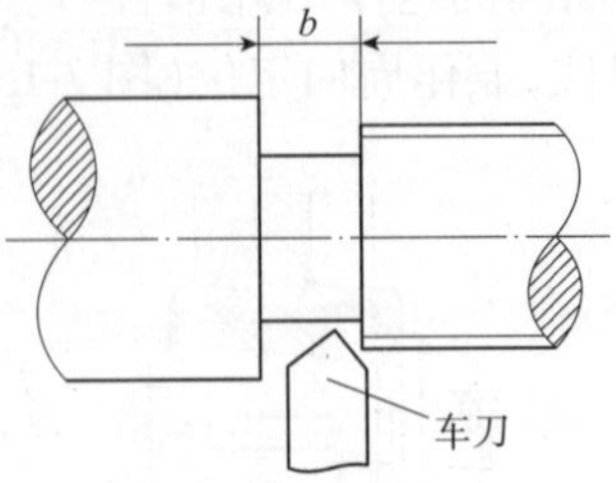

图 7-20　退刀槽

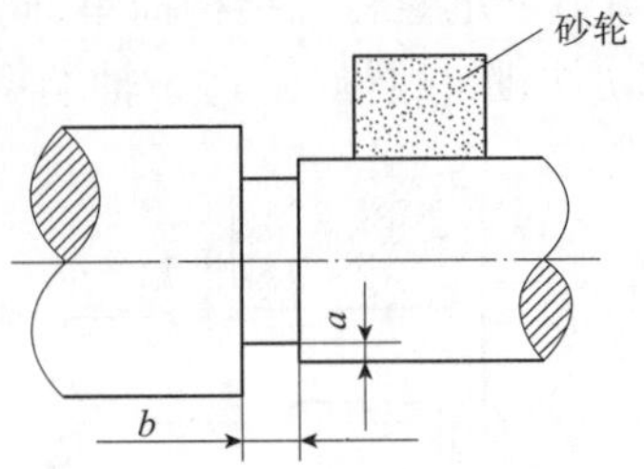

图 7-21　砂轮越程槽

单元 7.2　滚 动 轴 承

一、滚动轴承的结构

滚动轴承一般由内圈、外圈、滚动体和保持架组成(图 7-22)。内圈装在轴颈上,与轴一起转动。外圈装在机座的轴承孔内,一般不转动。内外圈上设置有滚道,当内外圈之间相对旋转时,滚动体沿着滚道滚动(图 7-23)。保持架使滚动体均匀分布在滚道上,减少滚动体之间的碰撞和磨损(图 7-24)。

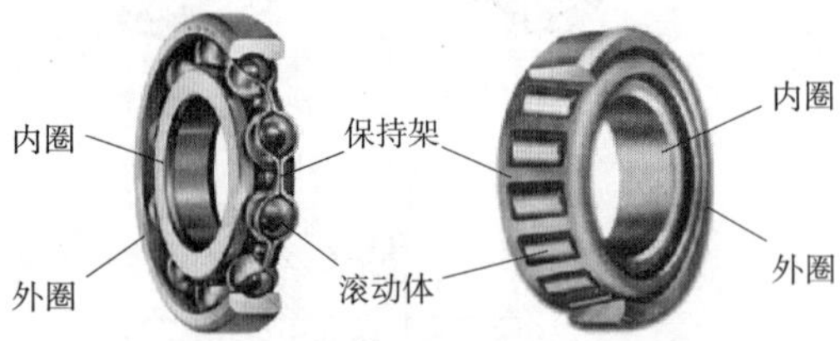

图 7-22　滚动轴承的构造

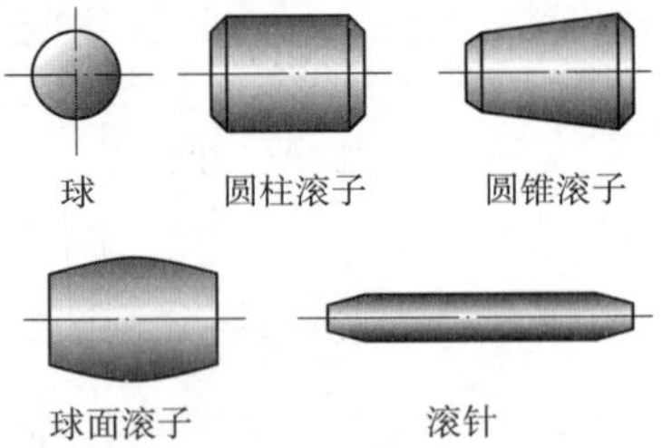

图 7-23　滚动体

图 7-24　滚动体保持架

滚动轴承具有摩擦阻力小、起动灵敏、效率高、旋转精度高和润滑简便等特点。广泛应用于各种机器中。滚动轴承为标准零件,由轴承厂批量生产,使用者可以根据需要直接选用。

常见的滚动体有短圆柱形、长圆柱形、螺旋滚子、圆锥滚子、鼓形滚子、滚针 6 种形状。

二、滚动轴承的类型与代号

1. 滚动轴承的类型(表7-1)

常用滚动轴承的类型和特性　　表7-1

轴承名称	结　构　图	简图及承载方向	类型代号	基 本 特 性
调心球轴承		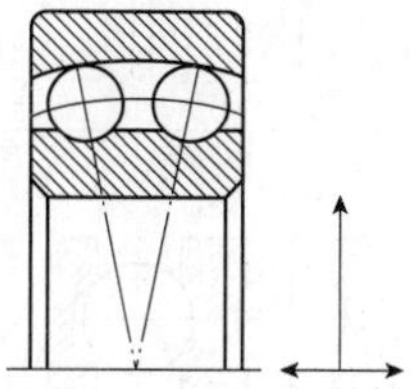	1	主要承受径向载荷,同时可承受少量双向轴向载荷。外圈内滚道为球面,能自动调心。允许角偏差<2°~3°。适用于弯曲刚度小的轴
调心滚子轴承	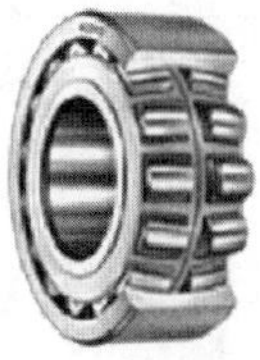	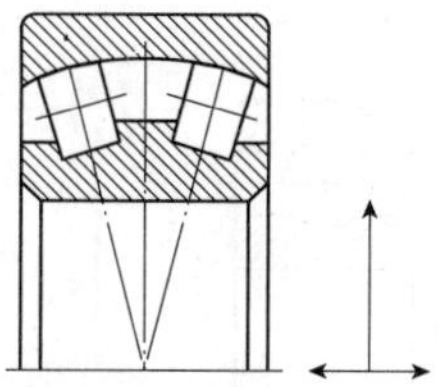	2	主要承受径向载荷,同时可承受少量双向轴向载荷,其承受能力比调心球轴承大;具有自动调心性能,允许角偏差<1°~2.5° 适用于重载和冲击载荷的场合
推力调心滚子轴承		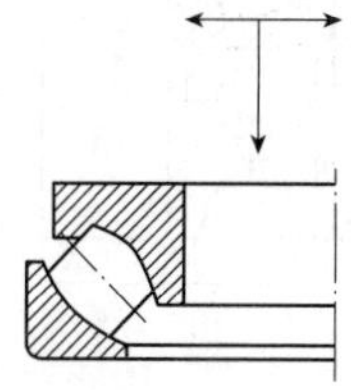	2	可以承受很大的轴向载荷和不大的径向载荷,允许角偏差<2°~3°。适用于重载和要求调心性能好的场合
圆锥滚子轴承		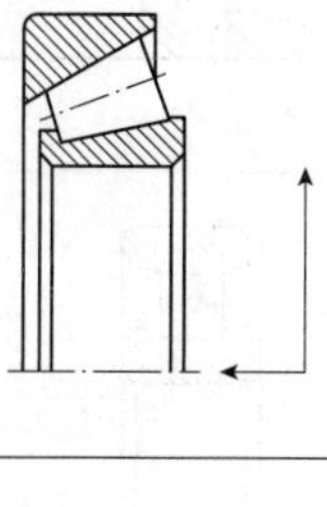	3	能同时承受较大的径向载荷和轴向载荷。内外圈可分离,通常成对使用,对称布置安装
双列深沟球轴承	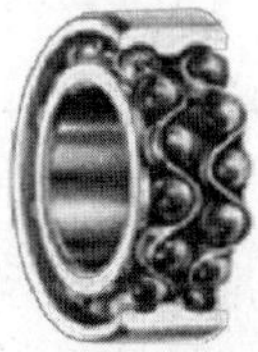	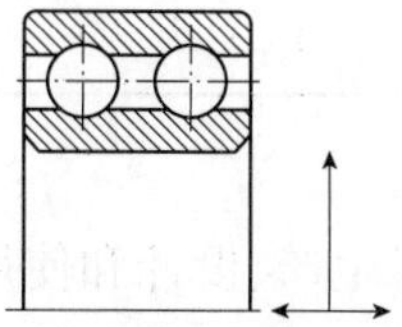	4	主要承受径向载荷,也能承受一定的双向轴向载荷。它比深沟球轴承的承载能力大

续上表

轴承名称	结构图	简图及承载方向	类型代号	基本特性
推力球轴承 单向		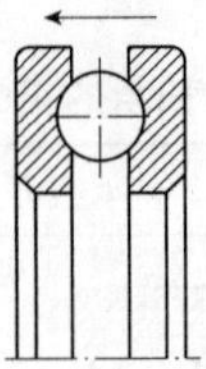	5	只能承受单向轴向载荷，适用于轴向载荷大而转速不高的场合
推力球轴承 双向		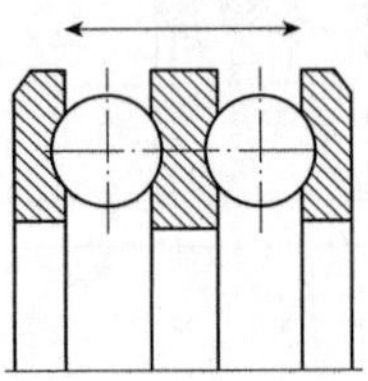	5	可承受双向轴向载荷，用于轴向载荷大、转速不高的场合
深沟球轴承		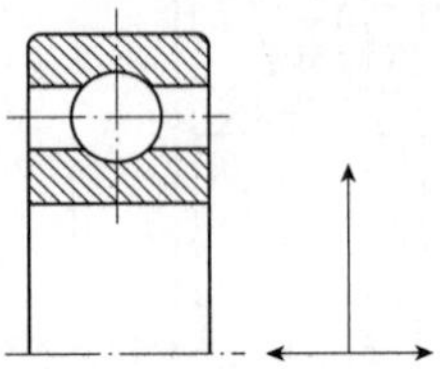	6	主要承受径向载荷，也可同时承受少量双向轴向载荷。摩擦阻力小，极限转速高，结构简单，价格便宜，应用最广泛
角接触球轴承		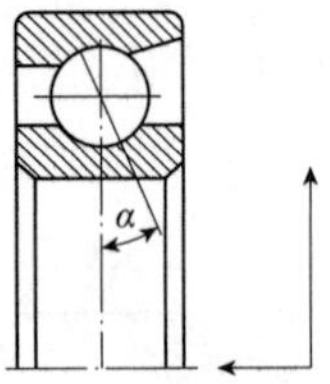	7	同时承受径向载荷与轴向载荷，公称接触角 α 有 15°、25°、40°三种，用于转速较高，同时承受径向载荷和轴向载荷的场合
推力圆柱滚子轴承		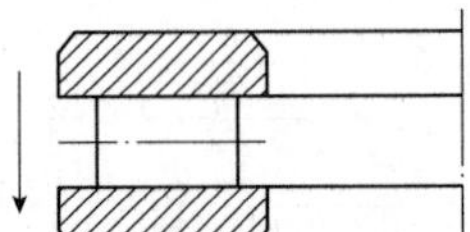	8	能承受很大的单向轴向载荷，承载能力比推力球轴承大得多，不允许有角偏差
圆柱滚子轴承		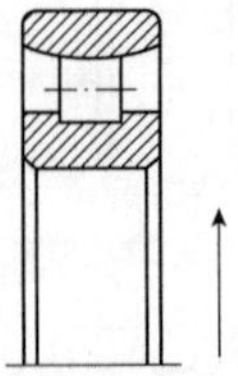	N	外圈无挡边，只能承受纯径向载荷。与球轴承相比，承受载荷的能力较大，尤其是承受冲击载荷，但极限转速较低

2. 滚动轴承的代号

滚动轴承的类型和尺寸繁多，为了生产、设计和使用，国家标准中对滚动轴承的类型、类别、结构特点、精度和技术要求等作出了用代号来表示的规定。按照《滚动轴承　代号方法》

（GB/T 272—93）规定，滚动轴承代号由前置代号、基本代号和后置代号组成。其含义见表7-2。

滚动轴承代号的构成表　　表7-2

<table>
<tr><td>前置代号</td><td colspan="5">基 本 代 号</td><td colspan="7">后 置 代 号</td></tr>
<tr><td rowspan="3">轴承分部件代号</td><td>一</td><td>二</td><td>三</td><td>四</td><td>五</td><td rowspan="3">内部结构代号</td><td rowspan="3">密封与防尘结构代号</td><td rowspan="3">保持架及其材料代号</td><td rowspan="3">特殊轴承材料代号</td><td rowspan="3">公差等级代号</td><td rowspan="3">游隙代号</td><td rowspan="3">其他代号</td></tr>
<tr><td rowspan="2">类型代号</td><td colspan="2">尺寸系列代号</td><td colspan="2" rowspan="2">内径代号</td></tr>
<tr><td>宽度系列代号</td><td>直径系列代号</td></tr>
</table>

滚动轴承代号示例：

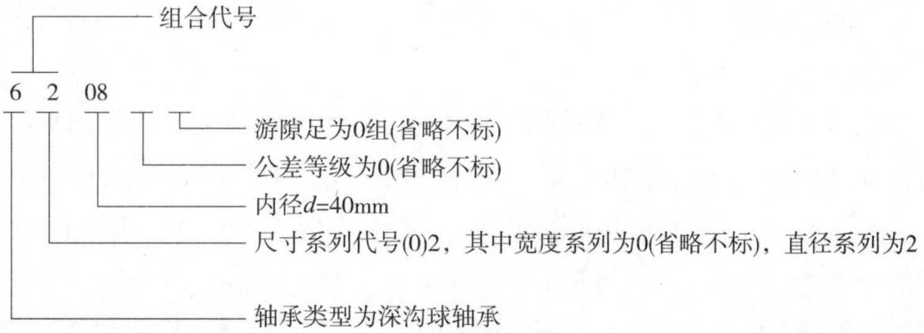

※三、滚动轴承的类型选择

1. 按载荷的大小、方向和性质

1）载荷大小

承受载荷较大时，使用滚子轴承，承受载荷中等以下时，使用球轴承。例如，深沟球轴承既可承受径向载荷又可承受一定轴向载荷，极限转速较高；圆柱滚子轴承可承受较大的冲击载荷，极限转速不高，不能承受轴向载荷。

2）载荷方向

主要承受径向载荷时，使用深沟球轴承、圆柱滚子轴承和滚针轴承；受纯轴向载荷时，使用推力轴承；同时承受径向和轴向载荷时，使用角接触轴承或圆锥滚子轴承；当轴向载荷比径向载荷大很多时，使用推力轴承和深沟球轴承的组合结构。

3）载荷性质

承受冲击载荷使用滚子轴承。因为滚子轴承是线接触，承载能力大，抗冲击和振动。

2. 按转速

转速较高、旋转精度要求较高时，使用球轴承。否则，使用滚子轴承。

3. 按调心性能

跨距较大或难以保证两轴承孔的同轴度的轴及多支点轴，使用调心轴承。但调心轴承需成对使用，否则将失去调心作用。轴承外圈滚道做成球面。所以内外圈可以绕几何转动。偏转后，内外圈轴心线间的夹角 θ，称为倾斜角。倾斜角的大小标志轴承自动调整轴承倾斜的能力，是轴承的性能参数，故称为调心轴承。

4. 装调性能

圆锥滚子轴承和圆柱滚子轴承的内外圈可分离，便于装拆。

5. 按经济性

在满足使用要求的情况下，优先使用球轴承、精度低和结构简易的轴承，其价格低廉。

单元7.3　滑动轴承

一、滑动轴承的结构、特点

1. 径向滑动轴承

1）整体式滑动轴承

整体式滑动轴承结构，如图7-25所示，由轴承座和轴承衬套组成，轴承座上部有油孔，整体衬套内有油沟，分别用以加油和引油，进行润滑。这种轴承结构简单、价格低廉，但轴的拆装不方便，磨损后轴承的径向间隙无法调整。使用于轻载低速或间歇工作的场合。

2）对开式滑动轴承

对开式滑动轴承结构，如图7-26所示，由轴承座、轴承盖、对开式轴瓦、双头螺柱和垫片组成。轴承座和轴承盖结合面作成阶梯形，为了定位对中。此处放有垫片，以便磨损后调整轴承的径向间隙。故装拆方便，应用广泛。

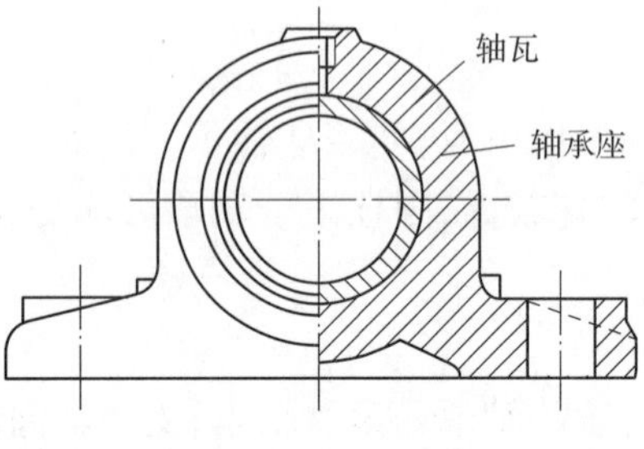

图7-25　整体式滑动轴承

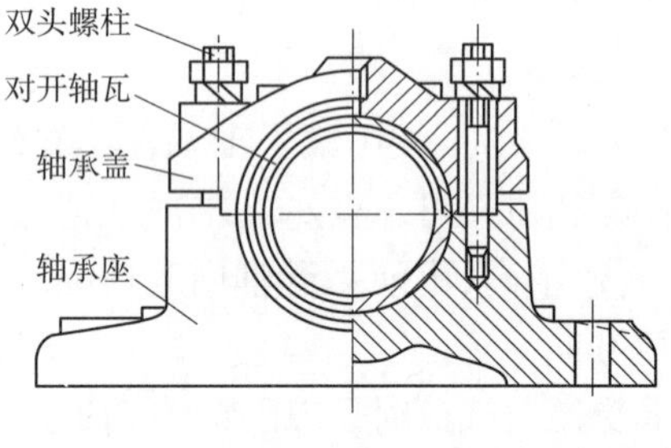

图7-26　对开式滑动轴承

3）自动调心轴承

自动调心轴承结构，如图7-27所示，其轴瓦外表面作成球面形状，与轴承支座孔的球状内表面相接触，能自动适应轴在弯曲时产生的偏斜，可以减少局部磨损。适用于轴承支座间跨距较大或轴颈较长的场合。

2. 推力滑动轴承

推力滑动轴承结构，如图7-28所示，可分为三种形式：

实心推力滑动轴承，轴颈端面的中部压强比边缘的大，润滑油不易进入，润滑条件差。空心推力滑动轴承，轴颈端面的中空部分能存油，压强分布比较均匀，承载能力不大。多环推力滑动轴承，压强较均匀，能承受较大载荷。但各环承载不等，环数不能太多。

1)推力滑动轴承优点

(1)承载能力高。

(2)工作平稳可靠、噪声低。

(3)径向尺寸小。

(4)精度高。

(5)流体润滑时,摩擦、磨损较小。

(6)油膜有一定的吸振能力。

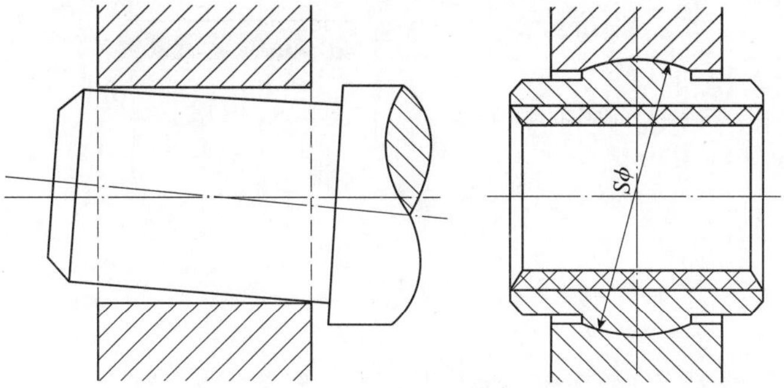

图 7-27　自动调心轴承结构

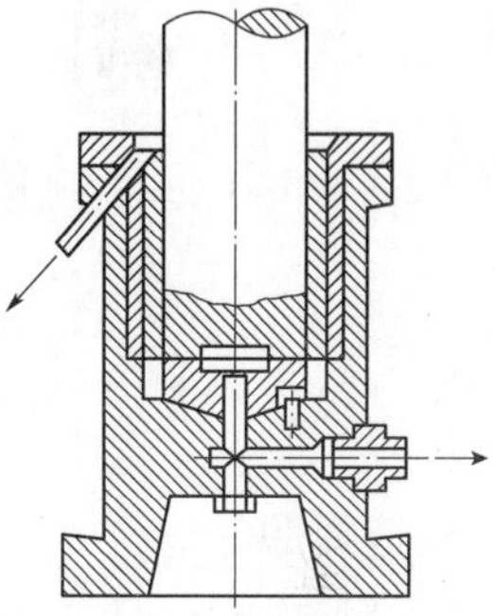

图 7-28　止推滑动轴承

2)推力滑动轴承缺点

(1)非流体摩擦滑动轴承,摩擦较大,磨损严重。

(2)流体摩擦滑动轴承,在起动、行车、载荷、转速比较大的情况下难于实现流体摩擦。

(3)流体摩擦滑动轴承,设计、制造、维护费用较高。

二、滑动轴承的润滑

滑动轴承工作时需要有良好的润滑,这对减少摩擦,提高效率;减少磨损,延长寿命;冷却和散热以及保证轴承正常工作十分重要。生产中,滑动轴承的润滑方式有间歇式润滑和连续润滑两种形式。

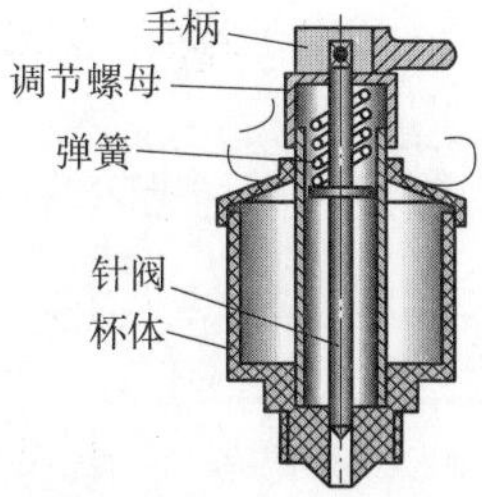

图 7-29　针阀式油杯

1. 间歇式供油润滑及装置

间歇式供油,直接由人工用油壶或油枪向油杯中注油。此种润滑方法只适用于低速、轻载和不重要的轴承。常见间歇式供油装置,如图 7-29 ~ 图 7-32 所示。

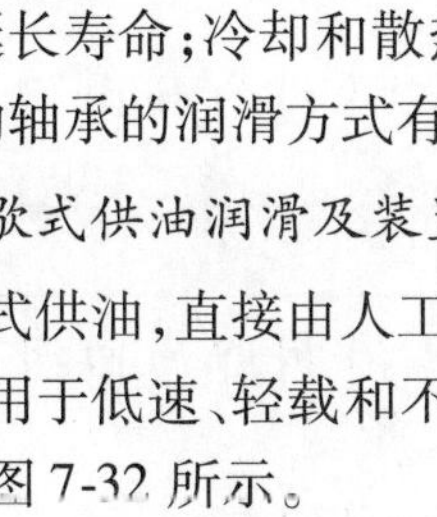

图 7-30　旋套式油杯

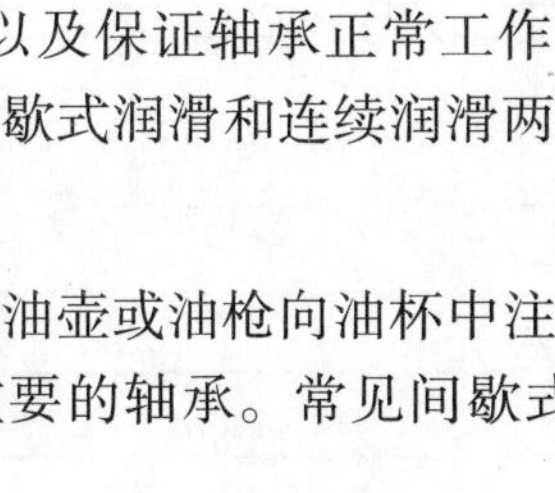

图 7-31　压配式油杯

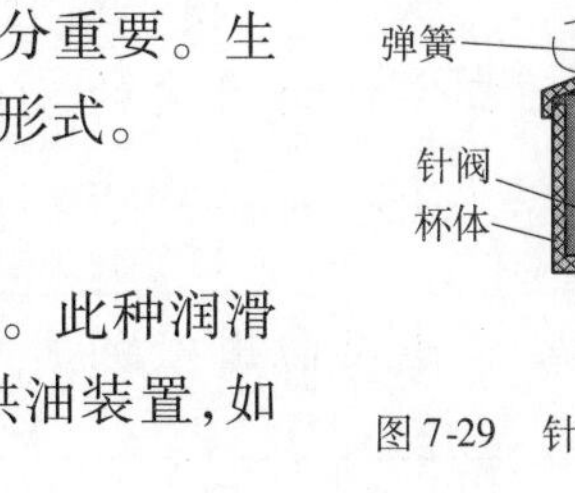

图 7-32　旋盖式油杯

2. 连续式供油润滑及装置

连续供油润滑比较可靠，用于中、高速传动。常见连续式供油装置，如图7-33～图7-35所示。

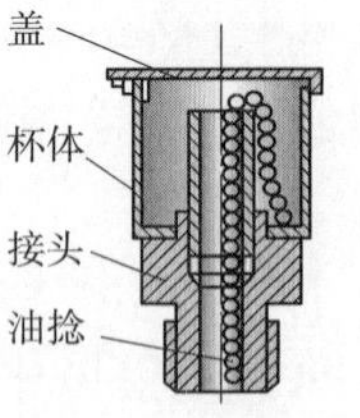

图7-33　油捻式油杯

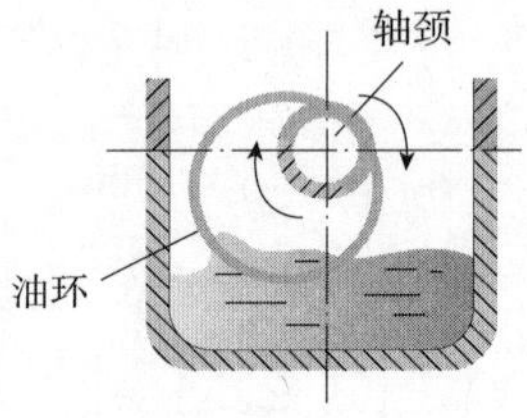

图7-34　油环润滑

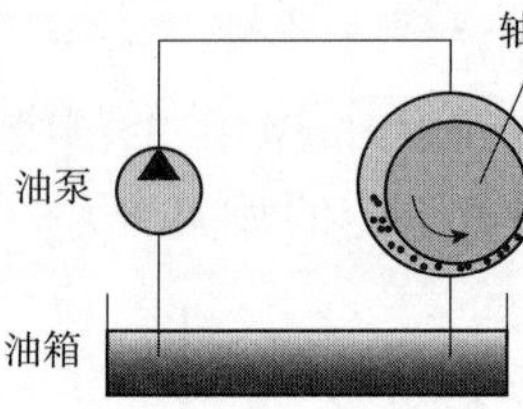

图7-35　压力润滑

复习思考题

一、选择题

1. 不同直径系列（轻型、中型、重型等）的滚动轴承，其主要区别是（　　）。

A. 轴承内径相同时，外径和宽度不同　　B. 轴承外径相同时，内径不同

C. 轴承内径相同时，滚动体大小不同　　D. 轴承内径相同时，宽度不同

2. 推力球轴承不适用于高速场合，这是因为高速时（　　），从而轴承寿命严重下降。

A. 滚动阻力过大　　B. 冲击过大

C. 噪声过大　　D. 滚动体离心力过大

二、填空题

1. 根据直轴所受载荷不同，可将其分为________、________和________三类________。

2. 轴的结构应满足三方面的要求，即轴上零件要____________、轴应____________、便于轴上零件____________。

3. 轴上零件轴向固定的目的是____________。常用的轴向固定方法有________、________、________、________、________、________和________等。

4. 轴上零件周向固定的目的是____________。常用的周向固定方法有________、________、________、________和________等。

5. 代号为6310的滚动轴承，类型是____________，内径是________mm，直径系列为________系列，公差等级是________级。

6. 根据所受载荷的方向不同，滑动轴承有__________滑动轴承、__________滑动轴承和__________滑动轴承等主要形式。

7. 滑动轴承常用润滑方法有__________、__________、__________和__________。

单元 8　机械的节能环保与安全保护

知识目标

1. 了解润滑剂的种类、性能、作用以及润滑方法；
2. 了解密封的原理、形式、方法和作用；
3. 了解机械传动中的危险零部件，知晓机械伤害的成因及防护措施，明白噪声的形成和防护措施。

能力目标

1. 能判断不同的润滑剂及使用场合；
2. 会分析泄漏的原因，不同密封方法使用的材料及使用场合；
3. 会判断机械安全保护的范围，会选择机械安全防护装置。

单元 8.1　润滑的意义

所谓润滑，就是在两个相对运动的物体之间，加入一定的介质，使其减少因接触而产生的摩擦力。两个相对运动的物体也可称为摩擦副。可以说，凡是有相互接触的物体，都可以根据需要，用润滑的方式来减轻摩擦力。这种加入的介质，便称为润滑剂或润滑油。

一、润滑剂的种类、性能及作用

从加入介质的物理形状来分，可以分为固体形状、液体形状和半固体形状。最常见的固体润滑剂就是石墨、尼龙等；液体润滑剂就是润滑油当然润滑油有很多种；最后是半固体形态的叫润滑脂，常见的润滑脂就是修自行车用的黄油。当然还有其他种类的润滑脂等。

1. 润滑剂的种类

1）固体润滑剂

常用的固体润滑剂有石墨、二硫化钼、聚四氟乙烯、尼龙、氮化硼和氟化石墨等。固体润滑剂主要应用于要求苛刻的严峻工况下，如重载（重型机械和金属冷挤压模具等）、高温低速（机床导轨等）、超高真空（航天器中的机械等）、超低温（液氢和液氧输送泵等）、强辐照（核反应堆等）、强腐蚀（化工设备等）、污染（航天器的推力系统、纺织机械和造纸机械等）、安装后工作人员不便接近（核能机械和飞机的密封部件等）和要求环境非常清洁（食品、医疗和制药机械等）等场合。

2）液体润滑剂

液体润滑剂就是常见的各种用途不同的润滑油，如机油、齿轮油、轴油等。配方比不同，其减磨能力也不同，可以根据人们的需要进行选择。润滑油一般都是由基础油和添加剂两部分组成。

3）半固体形状的润滑剂

介乎于固体和液体之间的润滑剂，称为润滑脂。它类似于膏状，其实质是液体与固体的组合，只不过比例和材质都各有所侧重，并遵从一定的制作工艺。

2. 润滑剂的作用

对于润滑油来说，除了润滑以外，还有其他几项作用：

1）润滑及降低摩擦阻力

润滑油的作用，就是润滑各种运动中的机件，并在两者表面之间形成一层油膜，以降低摩擦阻力，使两个物体间的运动更加顺畅，特别是在发动机中。

2）冷却作用

在发动机的运转过程中，机件与机件间的相互摩擦及燃料在汽缸内的燃烧产生会产生大量的热，这时润滑油可通过循环，起到冷却和降低发动机活塞的温度的作用。

3）密封作用

润滑油在发动机的活塞环与汽缸之间会形成有效的密封性，可以防止高温气体的泄漏。

4）清洗作用

润滑油可以把机件中因磨损产生的微小颗粒带走，使这些物质离开摩擦面，以保持润滑面的光洁。

5）防腐防锈的功能

润滑油可以在摩擦件表面形成一层油膜，相应减少了机件的直接接触及磨损的机会，避免金属表面受到腐蚀。

二、常用的润滑方法

1. 手工润滑

依靠手工定时向摩擦部件处加入润滑剂、润滑油或润滑脂。此种方法一般用于不重要或轻载的部件。人工使用油枪或油壶定期向车辆的摩擦部位供油都属于此种方法。常用的油杯的结构，如图 8-1 所示。

2. 滴油润滑

使用油杯，利用油的自重向摩擦部位滴油。

3. 压力润滑

一些机械部件在制造设计时就考虑到了摩擦部件润滑的问题，通过预留的暗道使用油泵，不间断地向摩擦部件供油，以达到润滑的目的。发动机曲轴的润滑，如图 8-2 所示。

4. 飞溅润滑

飞溅润滑是指利用运动着的部件带动的油滴甩溅到需要润滑的摩擦部件，达到润滑的

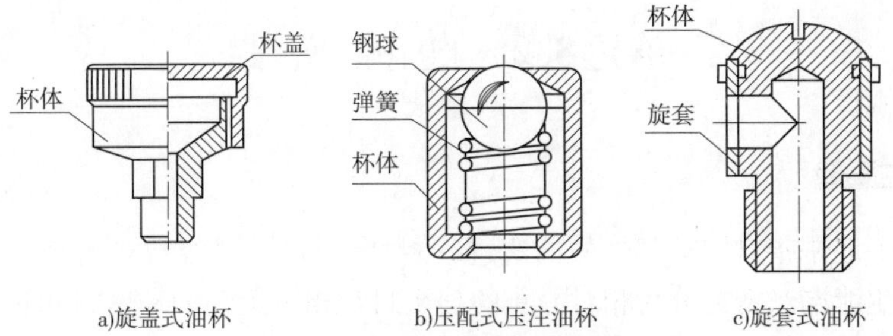

图 8-1　手工定期润滑的油杯形式

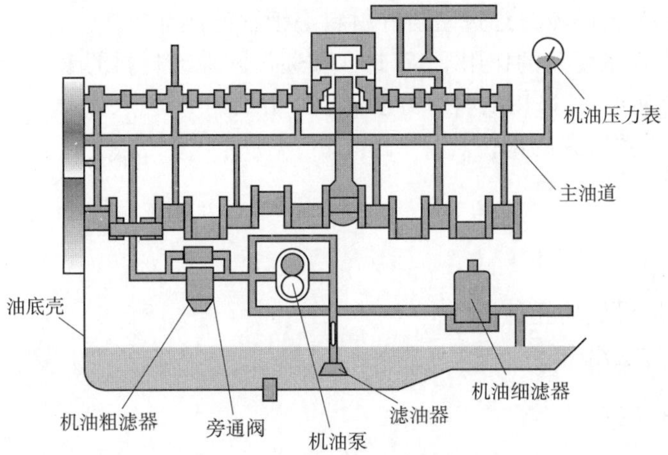

图 8-2　压力润滑

效果。飞溅润滑一般在密闭的箱体容器之中，齿轮、蜗杆等使用较多。减速器齿轮的润滑，如图 8-3 所示。

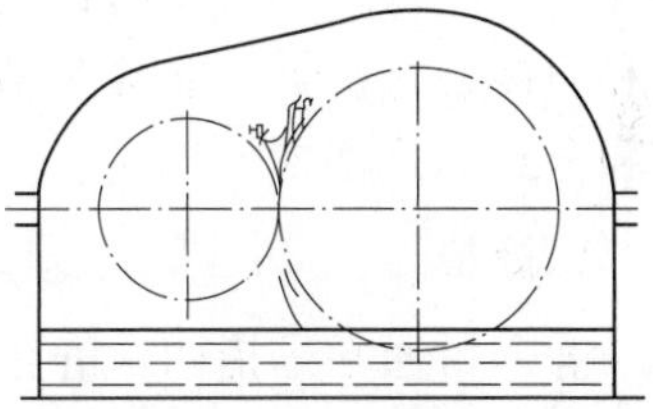

图 8-3　飞溅润滑

5. 油绳油垫润滑

使用毛线棉纱或毛毡，一端浸泡在油盒里，另一端接触摩擦面，利用虹吸原理使摩擦面得到润滑，油绳润滑、油垫润滑，如图 8-4、图 8-5 所示。此种方法主要用于小型或轻载的滑动轴承。

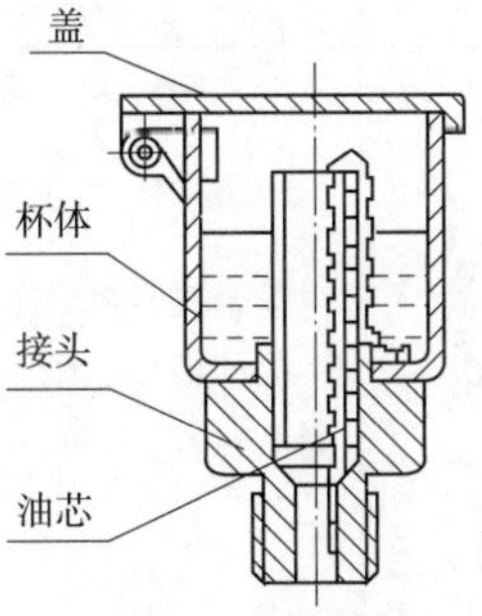

图 8-4　油垫润滑

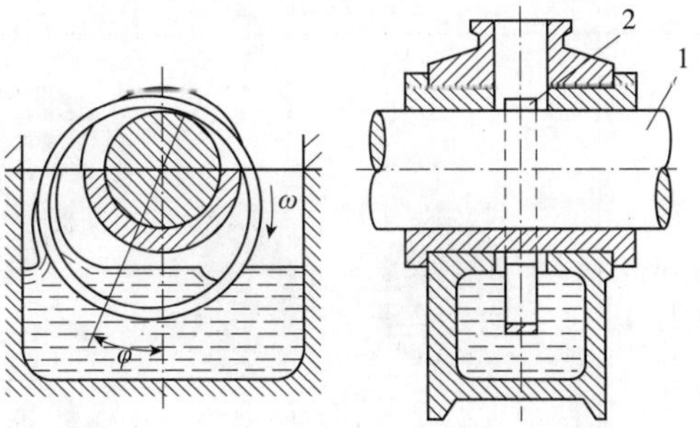

图 8-5　油绳润滑

1-轴；2-油垫

单元8.2 机 械 密 封

一、密封的原理

机械密封一般是指对转动部件的周边进行封堵，通过一对或数对的密封件使转动部件的内外部不产生泄漏。密封分为相对静止的静密封和相对运动的动密封两种类型。了解密封，就要先了解与之对应的泄漏，泄漏一般有三种形式：

(1)穿漏，是指密封面间隙的泄漏。

(2)渗漏，是指密封的流体通过密封件材料毛细管的泄漏。

(3)扩散，是指在浓度差的作用下，密封介质通过间隙或材料的毛细管发生的物质传递。

根据以上的泄漏形式，采用的密封方法有以下几种：

(1)尽量减少设置密封的部位。

(2)堵塞和隔离。

(3)引出或注入。

(4)增加泄漏阻力。

(5)在通道中增设做功元件。

(6)多种密封方法组合。

二、常见的密封形式

按密封的零件表面之间有无相对运动，密封可分为静密封和动密封两大类。静密封有垫片密封、填料密封，动密封按密封件与其做相对运动的零部件是否接触可以分为接触式密封和非接触式密封。非接触型密封包括间隙密封、迷宫密封、浮动密封、动力密封、磁流体密封和全封闭式密封等形式。

1. 静密封

静密封通常是指两个静止面之间的密封，如管道、压力容器以及传动装置等结合面的密封，常见的密封类型，见表8-1。

常 见 密 封 类 型　　表8-1

类型	密 封 元 件		特点及应用
垫密封	非金属密封垫密封	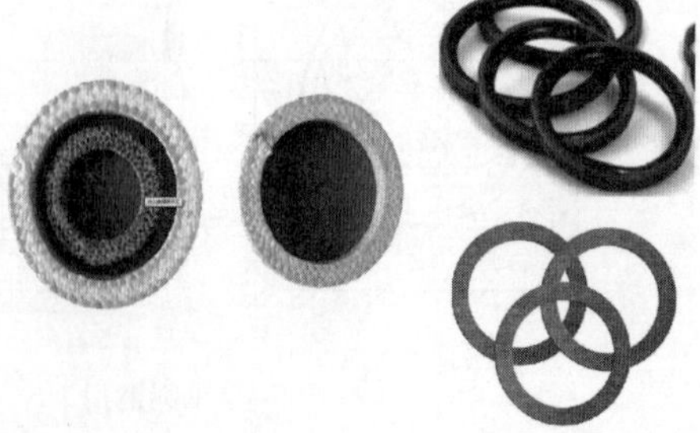	非金属密封垫应用广泛，可根据不同的场合选择不同材料，常用材料有橡胶、皮革、石棉、软木、聚氯乙烯

续上表

类型	密封元件		特点及应用
垫密封	金属密封垫（圈）密封	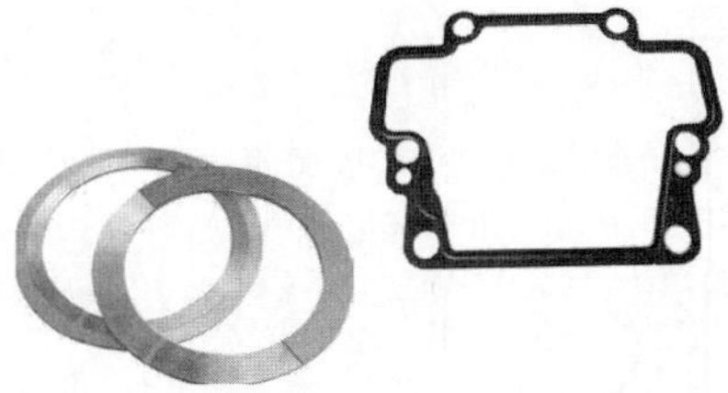	金属密封垫由钢、铁、铜等金属材料制成，具有抗高温、高压、耐腐蚀等优点，但加工精度要求较高，适用于高温、高压等要求较高的场合，如压力容器
	组合密封垫密封	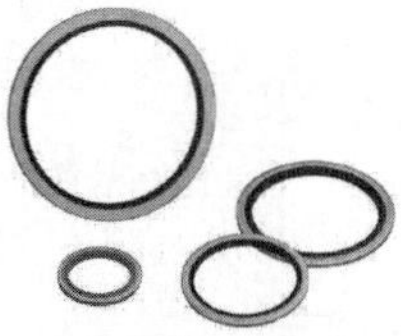	组合密封垫是由非金属垫片和金属垫片整体粘合而成，密封性良好，寿命长，耐高压，而且拆装方便，主要供螺纹接头及螺塞密封使用
胶密封			胶密封是将密封胶填充在需要密封的部位，有良好的密封性和耐老化性，但不易拆卸。主要用于形状复杂且不利于施工的间隙，如管接头

2. 动密封

动密封是指有相对运动的两个部件之间的密封，如内燃机中活塞与缸体之间的密封、轴与轴承盖之间的密封等，动密封种类很多，常见类型见表8-2。

常见的旋转动密封的种类、特性及应用　　表8-2

类型	图例		润滑方式与使用场合	说明
接触式密封	毛毡密封	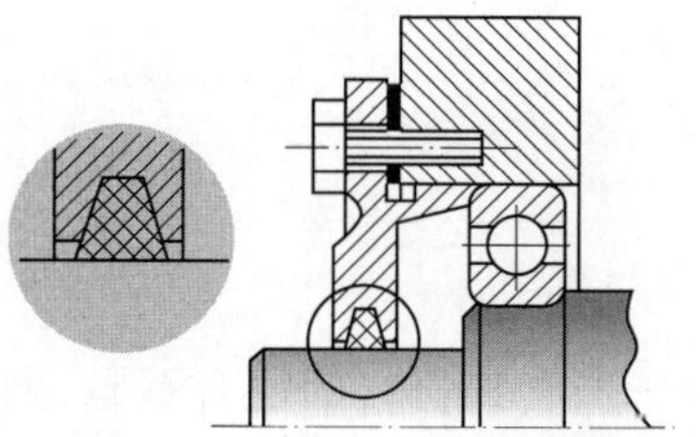	脂润滑。要求环境清洁，轴颈圆周速度不高于4～5m/s，工作温度不高于90℃	矩形断面的毛毡圈安装在梯形槽内，它对轴产生一定的压力而起到密封的作用
	皮碗密封	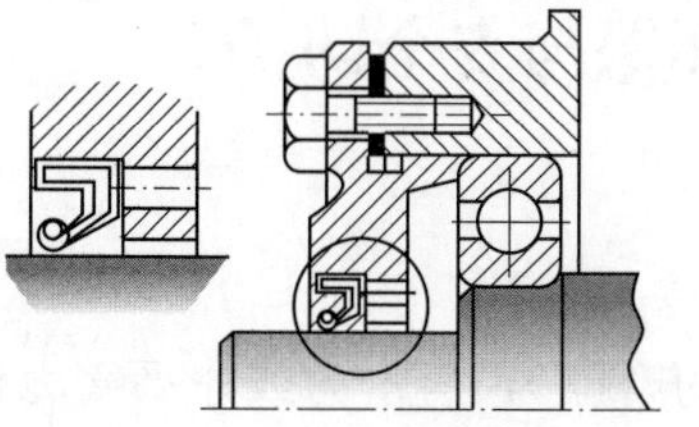	脂润滑或油润滑。圆周速度小于7m/s，工作温度不高于100℃	皮碗（又称油封）是标准件，其主要材料为耐油橡胶。皮碗密封唇朝里，主要防止润滑油泄漏；皮碗密封唇朝外，主要防止灰尘、杂质侵入

续上表

类型	图例		润滑方式与使用场合	说明
非接触式密封	间隙密封	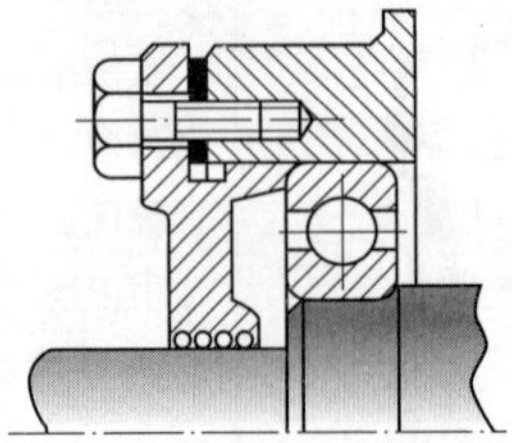	脂润滑。干燥、清洁环境	靠轴与轴承盖孔之间的细小间隙密封，间隙越小越长，效果越好，间隙一般取0.1~0.3mm，油沟能增强密封效果
	迷宫密封	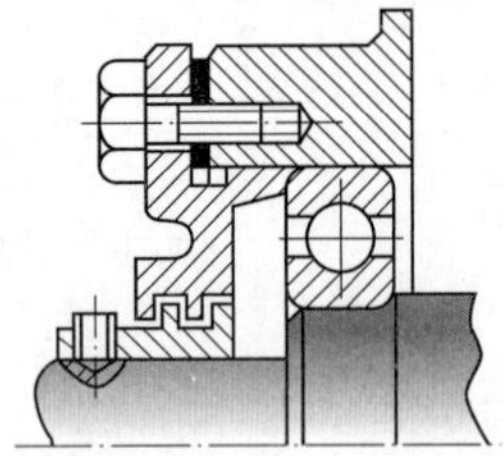	脂润滑或油润滑。密封效果好	将旋转且难于静止件之间的间隙作成迷宫形式，在间隙中充填润滑油或润滑脂以增强密封效果

三、密封材料的选择和要求

密封材料应满足密封功能的要求。因为被密封的介质不同、设备的工作前提不同，故此要求密封材料应具有不同的适应性。对密封材料的一般要求是：

(1)材料致密性好，不易泄漏。

(2)有适当的机械强度和硬度。

(3)压缩性和回弹性好，永久变形小。

(4)高温下不软化、不分解，低温下不硬化、不脆裂。

(5)抗侵蚀机能好，在酸、碱、油等介质中能长期工作，其体积和硬度变化小，且不黏附在金属表面上。

(6)摩擦系数小，耐磨性好。

(7)具有与密封面结合的柔软性。

(8)耐老化性好，经久耐用。

(9)加工制造便利，价格便宜。

橡胶是最常用的密封材料。除橡胶外，适合于做密封材料的还有石墨、聚四氟乙烯以及各种密封胶等。

单元 8.3　机械环保与安全防护

一、机械传动噪声的形成和防护措施

机械噪声是由于机械设备运转时，部件间的摩擦力、撞击力或非平衡力作用，使机械部件和箱体产生振动，而对外辐射产生噪声。

机械噪声的特性与激发力特性、物体表面振动的程度、边界条件以及固有的振动模式有关。齿轮变速器，织布机、球磨机、车床等发出的噪声是典型的机械噪声。提高机器制造的精度、改善机器的传动系统、减少机器部件间的撞击和摩擦、正确校准中心、调整好平衡、适当提高机壳的阻尼等，都可以使机械振动降低，这也是从声源上降低噪声的好办法。

二、机械传动装置中的危险零部件

机械设备的危险部位可造成碰撞、夹击、剪切、卷入等伤害。其主要危险部位如下：

(1)旋转部件和呈切线运动的部件间的咬合处，如动力传输皮带和皮带轮、链条和链轮、齿轮和齿轮等。

(2)旋转的轴，包括联轴器、心轴、卡盘、丝杠等。

(3)旋转的凸块和孔处，如风扇叶、凸轮飞轮等。

(4)旋转部件的咬合处，如齿轮、混合辊等。

(5)旋转部件和固定部件的咬合处，如辐条手轮或飞轮和机床床身，旋转搅拌机和无防护罩或外壳的搅拌装置等。

(6)接近类型，如锻锤的锤体、动力压力机的滑枕等。

(7)通过类型，如金属刨床的工作台及其床身、剪切机的刀刃等。

(8)单项滑动部件，如带锯边缘的齿、砂带磨光机的研磨颗粒、凸式运动带等。

(9)旋转部件与滑动之间，如某些平板印刷机面上的机构，纺织机床等。

三、机械伤害及防护

1. 机械伤害的严重程度

只要是机械，就会有一定的危险程度。机械越大、转速越高，对人潜在的危害程度也就越大。对人和周边环境伤害的严重程度可以从以下几个方面考虑。

(1)确定防护对象，即确定是对人身安全有直接损伤作用，还是对人的健康和环境有影响或是对劳动安全与卫生有综合影响。

(2)损伤的严重程度：估计损伤程度时，应考虑同一原因所致的各种损伤形态，包括直接损失和间接损失；同时，还要考虑损失原因所涉及的范围。范围越大、涉及的人员越多，严重程度就越大。

2. 机械安全防护装置的选择

安全防护装置的形式应考虑所涉及的机械危险和其他非机械危险，并且根据运动机件的性质和人员进入危险区的需要决定。特定机器的安全防护形式，应根据对该机器使用人及周边人造成的风险评价结果进行选择。

(1)机器正常运行期间，如果操作者不需要进入危险区，则应优先考虑选用固定式防护装置，包括进料、取料装置辅助工作台，适当高度的栅栏及通道防护装置等。

(2)机械正常运转时，如果操作者需要进入危险区，且经常开启固定防护装置会带来不便时，可考虑采用联锁装置、自动停机装置、可调防护装置、自动关闭防护装置、双手操纵装置、可控防护装置等。

(3)非运行状态下其他作业期间需要进入危险区的情况,如对机器的设定、示教、过程转换、查找故障或维修等作业时,防护装置必须移开或拆除,如果安全装置功能受到抑制,可采用手动控制模式、止—动操纵装置或双手操纵装置、点动—有限运动操纵装置。

有些情况下,则可几个安全防护装置联合使用。

复习思考题

1. 什么是润滑?为什么要润滑?
2. 润滑油的作用有哪些?
3. 润滑有几种方式?
4. 写出常见的几种密封方式。
5. 对密封材料有什么要求?
6. 简述机械安全防护装置的选择方法。

单元9　机械零件精度

知识目标

1. 了解极限与配合的术语、定义和国家标准；
2. 了解配合制、公差等级和配合类型；
3. 了解形状位置公差的基本概念；
4. 了解形状和位置公差带。

能力目标

1. 会选用配合制、公差等级和配合种类；
2. 会标注几何公差。

机器由若干个零件组合起来，现代化生产中要求，生产效率高、产品质量好、成本低，必然要采用专业化协作生产，即零部件生产制造专门化、专业化，然后再集中组装成完整的机器。例如，一节地铁车辆有上万个零件，要上百家公司加工生产。这些零部件在生产制造的过程中必须遵循统一的技术要求、标准，满足预定的使用要求，并且同一规格的零部件不需要挑选和附加修理就可相互替换。机械零件的精度是保障零部件互换性和整台机器质量的基础。机械零件的精度包含尺寸精度、形状和位置精度、表面粗糙度等。孔、轴配合示例和常用的机械零件精度测量工具，如图9-1所示。

a)地铁车辆转向架

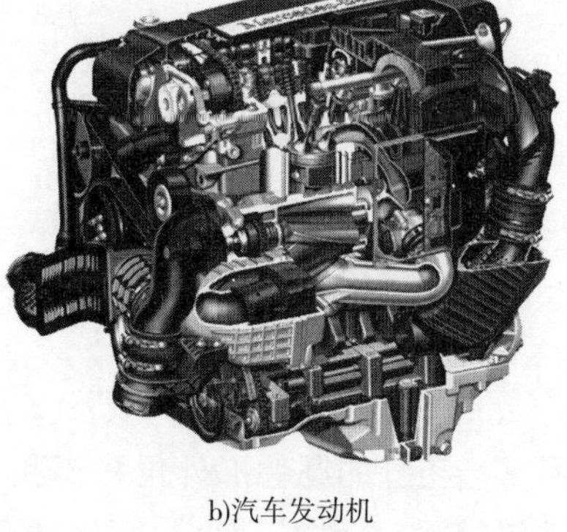

b)汽车发动机

图　9-1

c)同轴度检测仪

d)平面度检测仪

图9-1　孔、轴配合示例和常用的机械零件精度测量工具

单元9.1　极限与配合

一、极限与配合及国家标准

1. 极限与配合的术语

1)互换性

生产过程中,同一规格的一批零件,任选其一,不需要任何修理就能安装在机器上,并能满足其设计和使用性能要求,零件的这种在同规格范围内可以互相代替的特性称为互换性。极限与配合是保证零件具有互换性的重要标准。

2)孔和轴

孔通常指工件的圆柱形内表面,也包括非圆柱形内表面(由两平行平面或切面形成的包容面)。孔径用大写字母 D 表示,如图9-2a)所示。

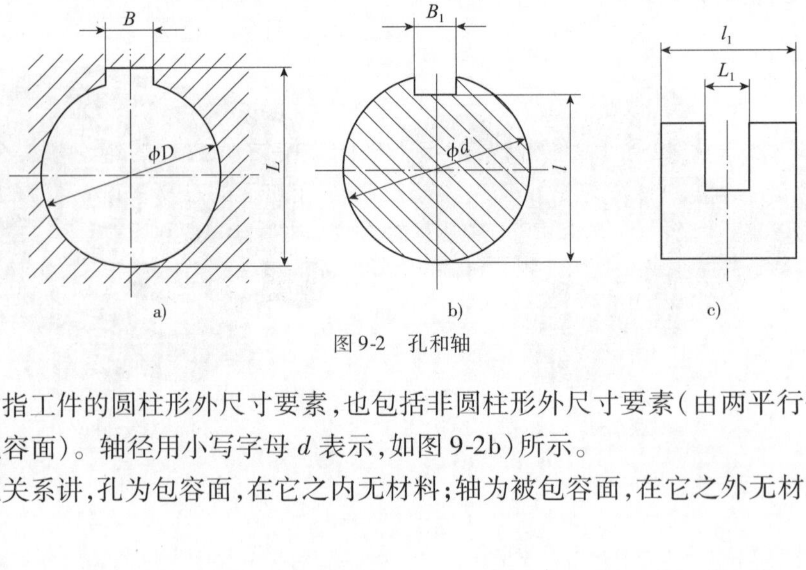

图9-2　孔和轴

轴通常指工件的圆柱形外尺寸要素,也包括非圆柱形外尺寸要素(由两平行平面或切面形成的被包容面)。轴径用小写字母 d 表示,如图9-2b)所示。

从装配关系讲,孔为包容面,在它之内无材料;轴为被包容面,在它之外无材料。从广义的方面看。孔和轴既可以是圆柱形的,也可以是非圆柱形的,如图9-2c)所示。

3)尺寸

尺寸,以特定单位表示线性尺寸值的数值。在图样上一般以毫米(mm)为单位,且只标数字,不必注出单位。图9-3为套筒零件图。

(1)公称尺寸(孔D、轴d):根据使用要求,经过强度、刚度计算和结构设计而确定,且按优先数系列选取的尺寸。公称尺寸是标准尺寸,即为理论值。图9-3中,套筒孔的公称尺寸$D=20$mm、套筒轴的公称尺寸$d=30$mm。

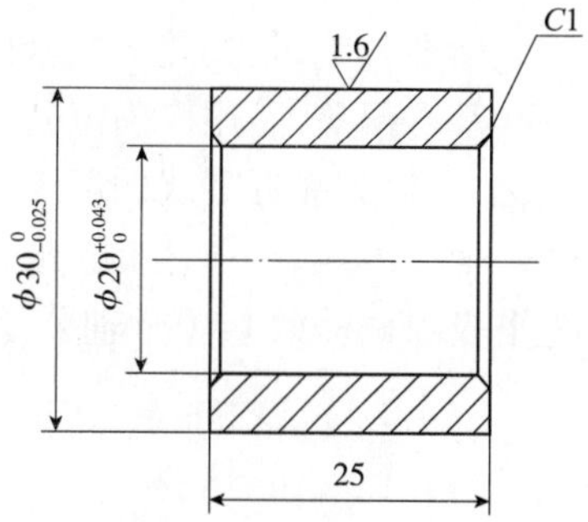

图9-3　套筒零件图

(2)实际(组成)要素(孔D_a、轴d_a):通过测量获得的尺寸。但由于测量存在误差,所以并非真值。同时,由于工件存在形状误差,所以同一个表面不同部位的实际(组成)要素也不相等。图9-3中,套筒孔的实际(组成)要素$D_{a1}=20.031$mm、$D_{a2}=20.029$mm等。

(3)极限尺寸:允许尺寸变化的两个界限值。极限尺寸是以公称尺寸为基数来确定的。允许实际尺寸变动的最大值称为上极限尺寸(孔D_{max}、轴d_{max});允许实际(组成)要素变动的最小值称为下极限尺寸(孔D_{min}、轴d_{min})。图9-3中,套筒的上极限尺寸:孔$D_{max}=20.043$mm、轴$d_{max}=30$mm;下极限尺寸:孔$D_{min}=20$mm、轴$d_{min}=29.975$mm。

4)偏差与极限偏差

(1)偏差:某一尺寸减其基本尺寸所得的代数差。

(2)极限偏差:极限尺寸减公称尺寸得到的代数差,有上极限偏差和下极限偏差。上极限尺寸减其公称尺寸所得的代数差称为上极限偏差,符号为孔ES、轴es;下极限尺寸减其公称尺寸所得的代数差称为下极限偏差,符号为孔EI、轴ei。孔上极限偏差$ES=D_{max}-D$、孔下极限偏差$EI=D_{min}-D$;轴上极限偏差$es=d_{max}-d$、轴下极限偏差$ei=d_{min}-d$。图9-3中,套筒的孔上极限偏差$ES=20.043-20=0.043$mm、孔下极限偏差$EI=20-20=0$mm;轴上极限偏差$es=30-30=0$mm,轴下极限偏差$ei=29.975-30=-0.025$mm。

加工零件的实际尺寸在极限尺寸范围内(孔$D_{min}\leqslant D_a\leqslant D_{max}$、轴$d_{min}\leqslant d_a\leqslant d_{max}$),或者其误差在极限偏差范围内(孔$EI\leqslant E_a\leqslant ES$、轴$ei\leqslant e_a\leqslant es$),即为合格品,反之是废品。

5)尺寸公差和公差带

(1)尺寸公差(简称公差):允许尺寸的变动量。公差数值等于上极限尺寸与下极限尺寸代数差的绝对值,也等于上极限偏差与下极限偏差之代数差的绝对值。公差取绝对值,不存在负公差,也不允许为零。公差大小反映零件加工的难易程度、尺寸的精确程度。孔公差$T_h=|D_{max}-D_{min}|=|ES-EI|$;轴公差$T_s=|d_{max}-d_{min}|=|es-ei|$。图9-3中,套筒孔公差$T_h=|20.043-20|=|0.043-0|=0.043$;轴径的公差$T_s=|30-29.975|=|0-(-0.025)|=0.025$。

公称尺寸、尺寸偏差和尺寸公差三者的关系,如图9-4所示。

(2)尺寸公差带:表示零件的尺寸相对其公称尺寸所允许变动的范围。公差带图,如图9-5所示。定偏差的一条基准直线,称为零偏差线(简称零线)。公差带图中,与零线平行的直线表示上、下极限偏差,垂直方向上的宽度代表公差值。通常以零线表示公称尺寸,标注为“0”,偏差由此零线算起,零线以上为正偏差,零线以下为负偏差,分别标注“ + ”、“ - ”号,若为零,可不标注。

标准公差,是公差与配合国家标准中所规定的用以确定公差带大小的任一公差值。

基本偏差,是用以确定公差带相对于零线位置的上极限偏差或下极限偏差,数值均已标准化,一般为靠近零线的那个极限偏差。当公差带在零线以上时,下极限偏差为基本偏差,公差带在零线以下时,上极限偏差为基本偏差,如图 9-6 所示。图 9-3 中,孔公差带基本偏差为下极限偏差(EI =0),轴公差带基本偏差为上极限偏差(es =0)。

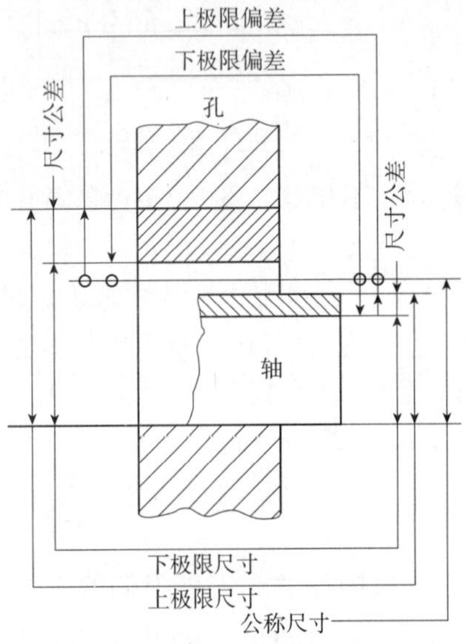

图 9-4 术语图解

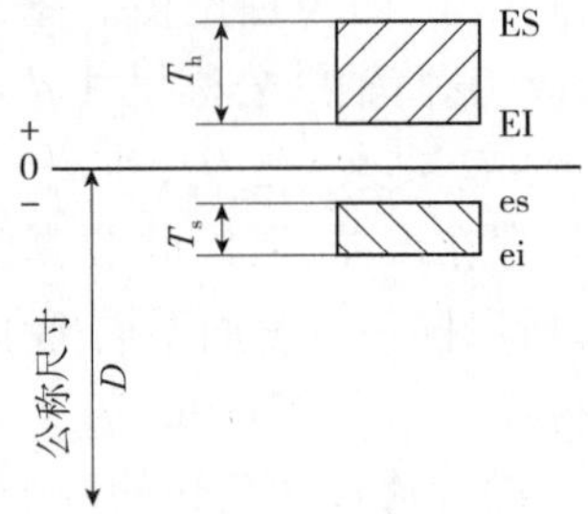

图 9-5 公差带图

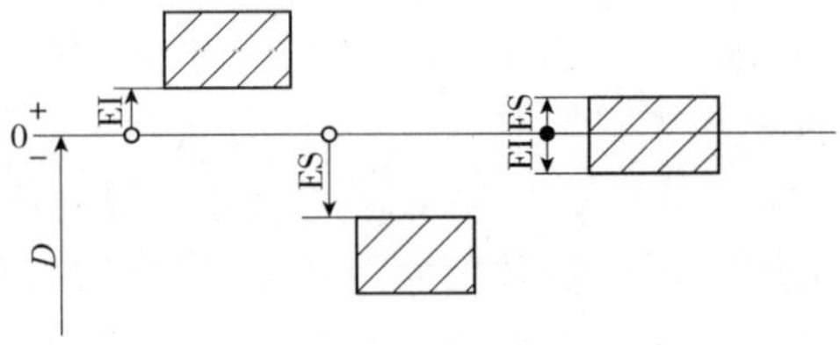

图 9-6 基本偏差

2. 极限与配合的国家标准

1)标准公差系列

尺寸公差带由标准公差和基本偏差组成。标准公差用以确定公差带的高度,基本偏差决定公差带相对于零线的位置。

国家标准《极限与配合　第 1 部分:公差、偏差和配合的基础》(GB/T 1800.1—2009)规定了两个基本系列,即标准公差系列和基本偏差系列。

标准公差等级是指确定尺寸精确程度的等级。标准公差等级代号用符号 IT 和数字组成,如 IT7。其中字母 IT 为国标公差(ISO Tolerance)的编写代号,当与代表基本偏差的字母一起组成公差带时,省略 IT 字母,如 h7。

国家标准在公称尺寸≤500mm 范围内规定了 20 个标准公差等级,公差等级代号为 IT01、IT0、IT1、IT2 ~ IT18。其中,IT01 精度等级最高,其余依次降低,IT18 等级最低。在公称尺寸相同的条件下,标准公差数值随公差等级的降低而依次增大。同一公差等级、同一尺寸分段内各公称尺寸的标准公差数值是相同的。同一公差等级对所有公称尺寸的一组公差也被认为具有同等精确程度。

表 9-1 列出了国家标准 GB/T 1800.1—2009 规定的机械制造行业常用尺寸(尺寸至 500mm)的标准公差数值。

标准公差的数值表(摘自 GB/T 1800. 1—2009)　　表 9-1

公称尺寸(mm)		标准公差等级																	
		IT1	IT2	IT3	IT4	IT5	IT6	IT7	IT8	IT9	IT10	IT11	IT12	IT13	IT14	IT15	IT16	IT17	IT18
大于	至	μm											mm						
—	3	0. 8	1. 2	2	3	4	6	10	14	25	40	60	0. 1	0. 14	0. 25	0. 4	0. 6	1	1. 4
3	6	1	1. 5	2. 5	4	5	8	12	18	30	48	75	0. 12	0. 18	0. 3	0. 48	0. 75	1. 2	1. 8
6	10	1	1. 5	2. 5	4	6	9	15	22	36	58	90	0. 15	0. 22	0. 36	0. 58	0. 9	1. 5	2. 2
10	18	1. 2	2	3	5	8	11	18	27	43	70	110	0. 18	0. 27	0. 43	0. 7	1. 1	1. 8	2. 7
18	30	1. 5	2. 5	4	6	9	13	21	33	52	84	130	0. 21	0. 33	0. 52	0. 84	1. 3	2. 1	3. 3
30	50	1. 5	2. 5	4	7	11	16	25	39	62	100	160	0. 25	0. 39	0. 62	1	1. 6	2. 5	3. 9
50	80	2	3	5	8	13	19	30	46	74	120	190	0. 3	0. 46	0. 74	1. 2	1. 9	3	4. 6
80	120	2. 5	4	6	10	15	22	35	54	87	140	220	0. 35	0. 54	0. 87	1. 4	2. 2	3. 5	5. 4
120	180	3. 5	5	8	12	18	25	40	63	100	160	250	0. 4	0. 63	1	1. 6	2. 5	4	6. 3
180	250	4. 5	7	10	14	20	29	46	72	115	185	290	0. 46	0. 72	1. 15	1. 85	2. 9	4. 6	7. 2
250	315	6	8	12	16	23	32	52	81	130	210	320	0. 52	0. 81	1. 3	2. 1	3. 2	5. 2	8. 1
315	400	7	9	13	18	25	36	57	89	140	230	360	0. 57	0. 89	1. 4	2. 3	3. 6	5. 7	8. 9
400	500	8	10	15	20	27	40	63	97	155	250	400	0. 63	0. 97	1. 55	2. 5	4	6. 3	9. 7

例如,图样上尺寸标注为 φ36h7,查表 9-1 可知其标准公差值为 IT7 = 26μm。

2)基本偏差系列

国家标准中已将基本偏差标准化,规定了孔、轴各 28 种公差带位置。基本偏差代号用拉丁字母表示,孔用大写字母,轴用小写字母。在 26 个英文字母中,去掉 5 个字母(孔去掉 I、L、O、Q、W,轴去掉 i、l、o、q、w),加上 7 组字母(孔为 CD、EF、FG、JS、ZA、ZB、ZC;轴为 cd、ef、fg、js、za、zb、zc),共 28 种,孔和轴的基本偏差系列如图 9-7 所示。

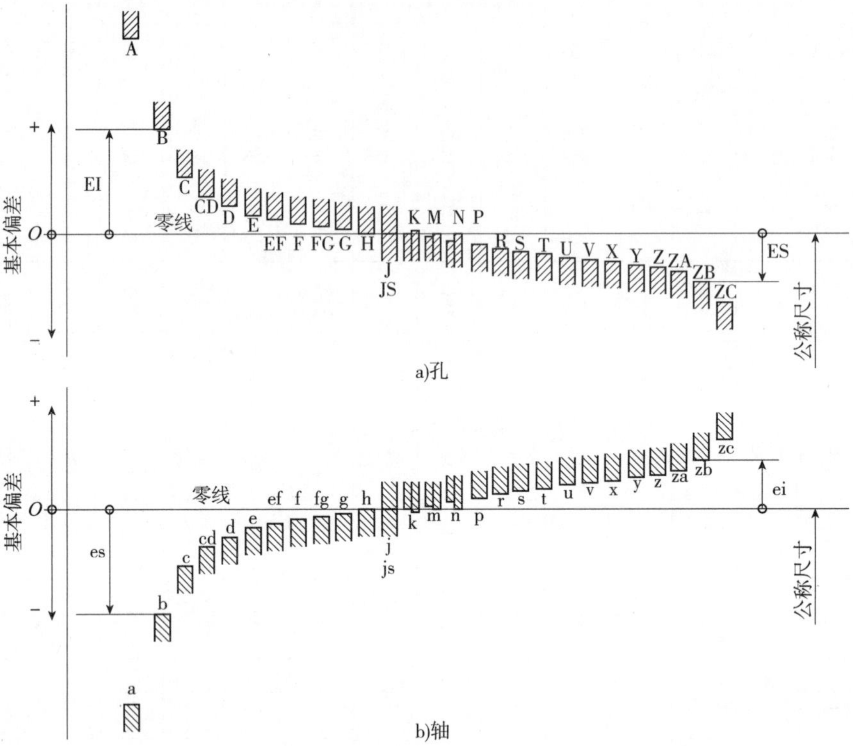

图 9-7 孔和轴的基本偏差系列

标准公差的尺寸采用公称尺寸后跟所要求的公差带代号或(和)对应的偏差值表示。标准公差尺寸的标注如图 9-8 所示。国家标准已列出轴、孔基本偏差数值表,如表 9-2 和表 9-3 所示,在实际使用时可查表确定其数值。

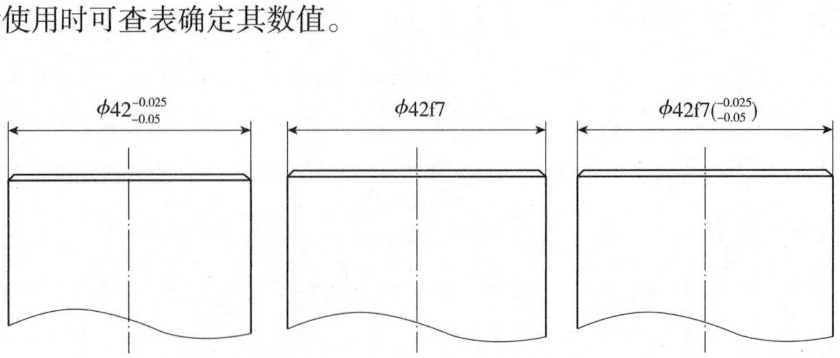

图 9-8 标准公差尺寸的标注

基本尺寸≤500mm 轴的基本偏差数值（摘自 GB/T 1800.1—2009）　　（μm）　　表 9-2

公称尺寸（mm）		基本偏差数值																														
		上极限偏差 es												下极限偏差 ei																		
		所有标准公差等级												IT5和IT6	IT7	IT8	IT4至IT7	≤IT3 >IT7	所有标准公差等级													
大于	至	a	b	c	cd	d	e	ef	f	fg	g	h	js	j			k		m	n	p	r	s	t	u	v	x	y	z	za	zb	zc
—	3	-270	-140	-60	-34	-20	-14	-10	-6	-4	-2	0	偏差等于 $\pm\frac{IT_n}{2}$，式中 IT_n 是IT数值	-2	-4	-6	0	0	+2	+4	+6	+10	+14		+18		+20		+26	+32	+40	+60
3	6	-270	-140	-70	-46	-30	-20	-14	-10	-6	-4	0		-2	-4		+1	0	+4	+8	+12	+15	+19		+23		+28		+35	+42	+50	+80
6	10	-280	-150	-80	-56	-40	-25	-18	-13	-8	-5	0		-2	-5		+1	0	+6	+10	+15	+19	+23		+28		+34		+42	+52	+67	+97
10	14	-290	-150	-95		-50	-32		-16		-6	0		-3	-6		+1	0	+7	+12	+18	+23	+28		+33		+40		+50	+64	+90	+130
14	18																									+39	+45		+60	+77	+108	+150
18	24	-300	-160	-110		-65	-40		-20		-7	0		-4	-8		+2	0	+8	+15	+22	+28	+35		+41	+47	+54	+63	+73	+98	+136	+188
24	30																							+41	+48	+55	+64	+75	+88	+118	+160	+218
30	40	-310	-170	-120		-80	-50		-25		-9	0		-5	-10		+2	0	+9	+17	+26	+34	+43	+48	+60	+68	+80	+94	+112	+148	+200	+274
40	50	-320	-180	-130																				+54	+70	+81	+97	+114	+136	+180	+242	+325
50	65	-340	-190	-140		-100	-60		-30		-10	0		-7	-12		+2	0	+11	+20	+32	+41	+53	+66	+87	+102	+122	+144	+172	+226	+300	+405
65	80	-360	-200	-150																		+43	+59	+75	+102	+120	+146	+174	+210	+274	+360	+480
80	100	-380	-220	-170		-120	-72		-36		-12	0		-9	-15		+3	0	+13	+23	+37	+51	+71	+91	+124	+146	+178	+214	+258	+335	+445	+585
100	120	-410	-240	-180																		+54	+79	+104	+144	+172	+210	+254	+310	+400	+525	+690
120	140	-460	-260	-200		-145	-85		-43		-14	0		-11	-18		+3	0	+15	+27	+43	+63	+92	+122	+170	+202	+248	+300	+365	+470	+620	+800
140	160	-520	-280	-210																		+65	+100	+134	+190	+228	+280	+340	+415	+535	+700	+900
160	180	-580	-310	-230																		+68	+108	+146	+210	+252	+310	+380	+465	+600	+780	+1000
180	200	-660	-340	-240		-170	-100		-50		-15	0		-13	-21		+4	0	+17	+31	+50	+77	+122	+166	+236	+284	+350	+425	+520	+670	+880	+1150
200	225	-740	-380	-260																		+80	+130	+180	+258	+310	+385	+470	+575	+740	+960	+1250
225	250	-820	-420	-280																		+84	+140	+196	+284	+340	+425	+520	+640	+820	+1050	+1350
250	280	-920	-480	-300		-190	-110		-56		-17	0		-16	-26		+4	0	+20	+34	+56	+94	+158	+218	+315	+385	+475	+580	+710	+920	+1200	+1550
280	315	-1050	-540	-330																		+98	+170	+240	+350	+425	+525	+650	+790	+1000	+1300	+1700
315	355	-1200	-600	-360		-210	-125		-62		-18	0		-18	-28		+4	0	+21	+37	+62	+108	+190	+268	+390	+475	+590	+730	+900	+1150	+1500	+1900
355	400	-1350	-680	-400																		+114	+208	+294	+435	+530	+660	+820	+1000	+1300	+1650	+2100
400	450	-1500	-760	-440		-230	-135		-68		-20	0		-20	-32		+5	0	+23	+40	+68	+126	+232	+330	+490	+595	+740	+920	+1100	+1450	+1850	+2400
450	500	-1650	-840	-480																		+132	+252	+360	+540	+660	+820	+1000	+1250	+1600	+2100	+2600

注：①公称尺寸小于或等于1mm时，基本偏差a和b均不采用。

②公差带js7至js11，若 IT_n 数值是奇数，则取偏差 $= \pm\frac{IT_n-1}{2}$。

基本尺寸≤500mm 孔的基本偏差数值（摘自 GB/T 1800.1—2009）　　（μm）　　表 9-3

基本尺寸(mm)		基本偏差数值																																		Δ值					
		下偏差 EI												上偏差 ES																											
		所有标准公差等级												IT6	IT7	IT8	≤IT8	>IT8	≤IT8	>IT8	≤IT8	>IT8	≤IT7	标准公差等级大于 IT7												标准公差等级					
大于	至	A	B	C	CD	D	E	EF	F	FG	G	H	JS	J		K			M		N	P 至 ZC		P	R	S	T	U	V	X	Y	Z	ZA	ZB	ZC	IT3	IT4	IT5	IT6	IT7	IT8
-	3	+270	+140	+60	+34	+20	+14	+10	+6	+4	+2	0	偏差等于±ITn/2，式中ITn是IT数值	+2	+4	+6	0	0	2	-2	-4	-4	在大于IT7的相应数值上增加一个Δ值	-6	-10	-14		-18		-20		-26	-32	-40	-60	0	0	0	0	0	0
3	6	+270	+140	+70	+46	+30	+20	+14	+10	+6	+4	0		+5	+6	+10	-1+Δ		-4+Δ	-4	-8+Δ	0		-12	-15	-19		-23		-28		-35	-42	-50	-80	1	1.5	1	3	4	6
6	10	+280	+150	+80	+56	+40	+25	+18	+13	+8	+5	0		+5	+8	+12	-1+Δ		-6+Δ	-6	-10+Δ	0		-15	-19	-23		-28		-34		-42	-52	-67	-97	1	1.5	2	3	6	7
10	14	+290	+150	+95		+50	+32		+16		+6	0		+6	+10	+15	-1+Δ		-7+Δ	-7	-12+Δ	0		-18	-23	-28		-33		-40		-50	-64	-90	-130	1	2	3	3	7	9
14	18																												-39	-45		-60	-77	-108	-150						
18	24	+300	+160	+110		+65	+40		+20		+7	0		+8	+12	+20	-2+Δ		-8+Δ	-8	-15+Δ	0		-22	-28	-35		-41	-47	-54	-63	-73	-98	-136	-188	1.5	2	3	4	8	12
24	30																										-41	-48	-55	-64	-75	-88	-118	-160	-218						
30	40	+310	+170	+120		+80	+50		+25		+9	0		+10	+14	+24	-2+Δ		-9+Δ	-9	-17+Δ	0		-26	-34	-43	-48	-60	-68	-80	-94	-112	-148	-200	-274	1.5	3	4	5	9	14
40	50	+320	+180	+130																							-54	-70	-81	-97	-114	-136	-180	-242	-325						
50	65	+340	+190	+140		+100	+60		+30		+10	0		+13	+18	+28	-2+Δ		-11+Δ	-11	-20+Δ	0		-32	-41	-53	-66	-87	-102	-122	-144	-172	-226	-300	-405	2	3	5	6	11	16
65	80	+360	+200	+150																					-43	-59	-75	-102	-120	-146	-174	-210	-274	-360	-480						
80	100	+380	+220	+170		+120	+72		+36		+12	0		+16	+22	+34	-3+Δ		-13+Δ	-13	-23+Δ	0		-37	-51	-71	-91	-124	-146	-178	-214	-258	-335	-445	-585	2	4	5	7	13	19
100	120	+410	+240	+180																					-54	-79	-104	-144	-172	-210	-254	-310	-400	-525	-690						
120	140	+460	+260	+200		+145	+85		+43		+14	0		+18	+26	+41	-3+Δ		-15+Δ	-15	-27+Δ	0		-43	-63	-92	-122	-170	-202	-248	-300	-365	-470	-620	-800	3	4	6	7	15	23
140	160	+520	+280	+210																					-65	-100	-134	-190	-228	-280	-340	-415	-535	-700	-900						
160	180	+580	+310	+230																					-68	-108	-146	-210	-252	-310	-380	-465	-600	-780	-1000						
180	200	+660	+310	+240		+170	+100		+50		+15	0		+22	+30	+47	-4+Δ		-17+Δ	-17	-31+Δ	0		-50	-77	-122	-166	-236	-284	-350	-425	-520	-670	-880	-1150	3	4	6	9	17	26
200	225	+740	+380	+260																					-80	-130	-180	-258	-310	-385	-470	-575	-740	-960	-1250						
225	250	+820	+420	+280																					-84	-140	-196	-284	-340	-425	-520	-640	-820	-1050	-1350						
250	280	+920	+480	+300		+190	+110		+56		+17	0		+25	+36	+55	-4+Δ		-20+Δ	-20	-34+Δ	0		-56	-94	-158	-218	-315	-385	-475	-580	-710	-920	-1200	-1550	4	4	7	9	20	29
280	315	+1050	+540	+330																					-98	-170	-240	-350	-425	-525	-650	-790	-1000	-1300	-1700						
315	355	+1200	+600	+360		+210	+125		+62		+18	0		+29	+39	+60	-4+Δ		-21+Δ	-21	-37+Δ	0		-62	-108	-190	-268	-390	-475	-590	-730	-900	-1150	-1500	-1900	4	5	7	11	21	32
355	400	+1350	+680	+400																					-114	-208	-294	-435	-530	-660	-820	-1000	-1300	-1650	-2100						
400	450	+1500	+760	+440		+230	+135		+68		+20	0		+33	+43	+66	-5+Δ		-23+Δ	-23	-40+Δ	0		-68	-126	-232	-330	-490	-595	-740	-920	-1100	-1450	-1850	-2400	5	5	7	13	23	34
450	500	+1650	+840	+480																					-132	-252	-360	-540	-660	-820	-1000	-1250	-1600	-2100	-2600						

注：①1mm 以下各级 A 和 B 均不采用。

②标准公差≤IT8 级的 K、M、N 及≤IT7 级的 P 到 ZC 时，从表的右侧选取△值。例：在 18～30mm 之间的 P7，△=8μm，因此 ES=-22+8=-14μm。

【**例9-1**】　利用标准公差数值表和轴的基本偏差数值表，确定 ϕ55k6 轴的极限偏差数值。

解：查表9-1得，IT6 = 19μm

查表9-2得，基本偏差 ei = 2μm

所以 es = ei + IT6 = 2 + 19 = 21μm

在图样上可标注为 $\phi 55^{+0.021}_{+0.002}$

【**例9-2**】　利用标准公差数值表和孔的基本偏差数值表，确定 ϕ28p7 孔的极限偏差数值。

解：查表9-1得，IT7 = 21μm

查表9-3，公称尺寸处于 >24 ~ 30 尺寸分段内，公差等级 >7 时，直接使用表中的基本偏差，但本题公差等级等于7，故应按照表中的说明，在该表的右端查找出 Δ = 8μm。

所以 ES = −22 + Δ = −22 + 8 = −14μm

而 EI = ES − IT7 = −14 − 21 = −35μm

在图样上可标注为 $\phi 28^{-0.014}_{-0.035}$

3）配合及类别

配合：公称尺寸相同相互结合的孔和轴公差带之间的关系。配合可分为间隙配合、过盈配合和过渡配合三种类型。

（1）间隙配合。孔的公差带在轴的公差带之上，孔的尺寸减去相配合的轴的尺寸所得的代数差为正，具有间隙的配合（包括最小间隙为零的配合），如图9-9所示。由于孔和轴都有公差，所以实际间隙的大小随着孔和轴的实际（组成）要素而变化。孔的上极限尺寸减轴的下极限尺寸所得的差值为最大间隙，也等于孔的上极限偏差减轴的下极限偏差。以 X 代表间隙，则最大间隙 $X_{max} = D_{max} - d_{min}$ = ES − ei；最小间隙：$X_{min} = D_{min} - d_{max}$ = EI − es。

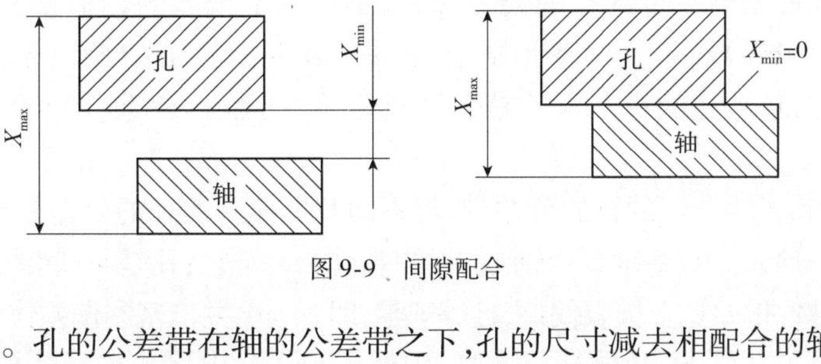

图9-9　间隙配合

（2）过盈配合。孔的公差带在轴的公差带之下，孔的尺寸减去相配合的轴的尺寸所得的代数差为负，具有过盈的配合（包括最小过盈为零的配合），如图9-10所示。实际过盈的大小也随着孔和轴的实际（组成）要素而变化。孔的上极限尺寸减轴的下极限尺寸所得的差值为最小过盈，也等于孔的上偏差减轴的下偏差，以 Y 代表过盈，则最大过盈 $Y_{max} = D_{min} - d_{max}$ = EI − es；最小过盈 $Y_{min} = D_{max} - d_{min}$ = ES − ei。

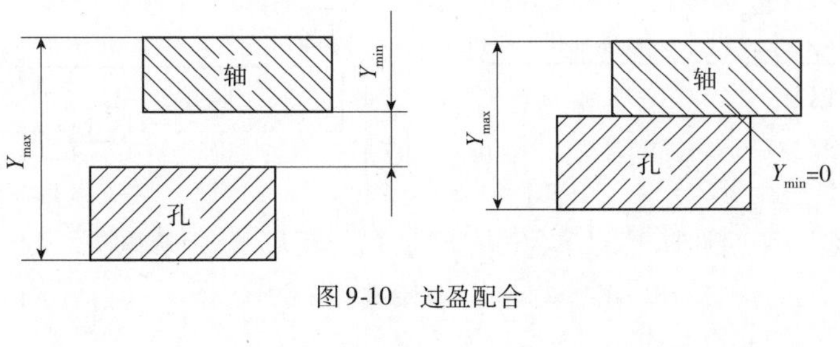

图9-10　过盈配合

(3)过渡配合。孔和轴的公差带相互交叠,随着孔、轴实际(组成)要素的变化可能得到间隙或过盈的配合,如图 9-11 所示。孔的上极限尺寸减轴的最小极限尺寸所得的差值为最大间隙。孔的下极限尺寸减轴的上极限尺寸所得的差值为最大过盈。最大间隙 $X_{max}=D_{max}-d_{min}=ES-ei$;最大过盈 $Y_{max}=D_{min}-d_{max}=EI-es$。

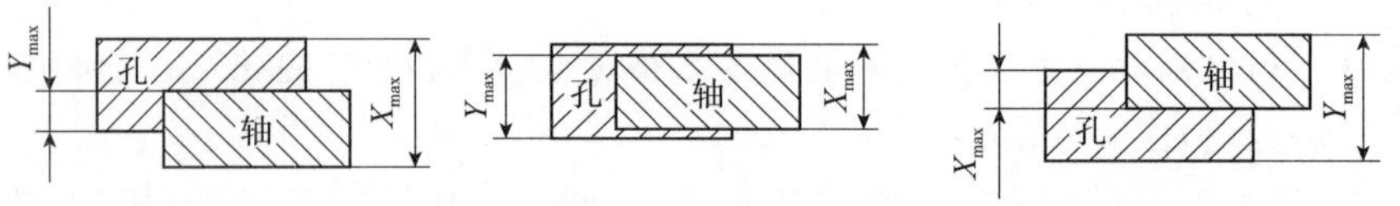

图 9-11 过渡配合

在上述间隙、过盈和过渡三类配合中,允许间隙或过盈在两个界限内变动,这个允许的变动量为配合公差,这是设计人员根据相配件的使用要求确定的。配合公差越大,配合精度越低;配合公差越小,配合精度越高。在精度设计时,可根据配合公差来确定孔和轴的尺寸公差。

配合公差的大小为两个界限值的代数差的绝对值,也等于相配合孔的公差和轴的公差之和。取绝对值表示配合公差,在实际计算时常省略绝对值符号。

$$\left.\begin{aligned}&\text{间隙配合中}:T_f=X_{max}-X_{min}\\&\text{过盈配合中}:T_f=Y_{min}-Y_{max}\\&\text{过渡配合中}:T_f=X_{max}-Y_{max}\end{aligned}\right\}=T_h+T_s$$

4)配合制

配合制是同一极限制的孔和轴组成的一种配合制度。为了用尽可能少的标准公差带形成较多种配合,以达到经济化、利于标准化,国家标准规定了基孔制和基轴制两种配合制。

基孔制是基本偏差为一定的孔的公差带,与不同基本偏差的轴的公差带形成各种配合的一种制度,如图 9-12a)所示。在基孔制中,孔是基准件,称为基准孔;轴是非基准件,称为配合轴。同时规定,基准孔的基本偏差是下极限偏差,且等于零,即 EI = 0,并以基本偏差代号 H 表示,应优先选用。

基轴制是基本偏差为一定的轴的公差带,与不同基本偏差的孔的公差带形成各种配合的一种制度,如图 9-12b)所示。在基轴制中,轴是基准件,称为基准轴;孔是非基准件,称为配合孔。同时规定,基准轴的基本偏差是上极限偏差,且等于零,即 es = 0,并以基本偏差代号 h 表示。

由于孔的加工工艺复杂,故制造成本高,因此工程实际中优先选用基孔制。

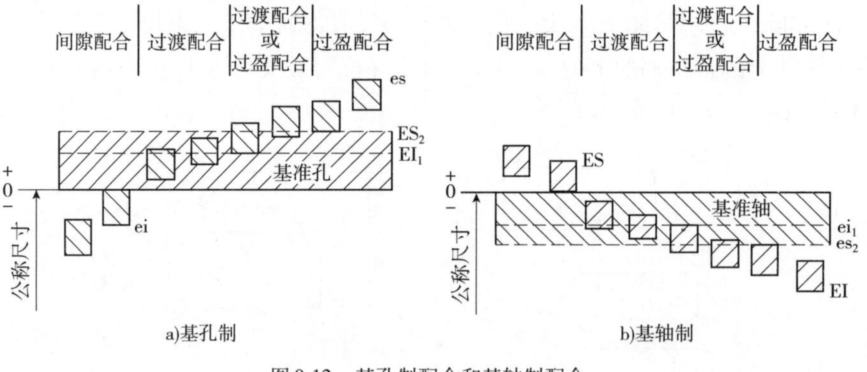

图 9-12 基孔制配合和基轴制配合

5）国标中规定的配合

孔、轴公差带进行组合可得30万种配合，远远超过了实际需要。现将尺寸≤500mm范围内，对基孔制规定13种优先配合和59种常用配合，见表9-4；对基轴制规定了13种优先配合和47种常用配合，见表9-5。

基孔制优先和常用配合（摘自GB/T 1801—2009） 表9-4

基准孔	轴																				
	a	b	c	d	e	f	g	h	js	k	m	n	p	r	s	t	u	v	x	y	z
	间隙配合								过渡配合			过盈配合									
H6						H6/f5	H6/g5	H6/h5	H6/js5	H6/k5	H6/m5	H6/n5	H6/p5	H6/r5	H6/s5	H6/t5					
H7						H7/f6	**H7/g6**	**H7/h6**	H7/js6	**H7/k6**	H7/m6	**H7/n6**	**H7/p6**	H7/r6	**H7/s6**	H7/t6	**H7/u6**	H7/v6	H7/x6	H7/y6	H7/z6
H8					H8/s7	**H8/f7**	H8/g7	**H8/h7**	H8/js7	H8/k7	H8/m7	H8/n7	H8/p7	H8/r7	H8/s7	H8/t7	H8/u7				
H8				H8/d8	H8/c8	H8/f8		H8/h8													
H9			H9/c9	H9/d9	H9/e9	H9/f9	H9/f9	**H9/h9**													
H10			H10/c10	H10/d10				H10/h10													
H11	H11/a11	H11/b11	**H11/c11**	H11/d11				**H11/h11**													
H12		H12/b12						H12/h12													

注：①$\frac{H6}{n5}$、$\frac{H7}{p6}$在公称尺寸小于或等于3mm和$\frac{H8}{r7}$在小于或等于100mm时，为过渡配合。

②标注"灰色"的配合为优先配合。

基轴制优先和常用配合（摘自GB/T 1801—2009） 表9-5

基准轴	孔																				
	A	B	C	D	E	F	G	H	JS	K	M	N	P	R	S	T	U	V	X	Y	Z
	间隙配合								过渡配合			过盈配合									
h5						F6/h5	G6/h5	H6/h5	JS6/h5	K6/h5	M6/h5	N6/h5	P6/h5	R6/h5	S6/h5	T6/h5					
h6						F7/h6	**G7/h6**	**H7/h6**	JS7/h6	**K7/h6**	M7/h6	**N7/h6**	**P7/h6**	R7/h6	**S7/h6**	T7/h6	**U7/h6**				
h7					D8/h7	E8/h7		**H8/h7**	JS8/h7	K8/h7	M8/h7	N8/h7									
h8				D8/h8	E8/h8	F8/h8		H8/h8													
h9				**D9/h9**	E9/h9	F9/h9		**H9/h9**													
h10				D10/h10				H10/h10													
h11	A11/h11	B11/h11	**C11/h11**	D11/h11				**H11/h11**													
h12		B12/h12						H12/h12													

注：标注"灰色"的配合为优先配合。

6)一般公差线性尺寸的未注公差

一般公差是指在车间一般加工条件下可保证的公差,是机床设备在正常维护和操作情况下,能达到的经济加工精度。采用一般公差时,在该尺寸后不标注极限偏差或其他代号,所以也称未注公差。

一般公差主要用于较低精度的非配合尺寸。在《一般公差　未注公差的线性和角度尺寸的公差》(GB/T 1804—2000)中,规定了四个公差等级,其线性尺寸一般公差的公差等级及其极限偏差数值见表9-6。采用一般公差时,在图样上不标注公差,但应在技术要求中做相应注明,例如选用中等级 m 时,表示为 GB/T 1804 - m。

线性尺寸的未注极限偏差的数值(摘自 GB/T 1804—2000)(mm)　　表9-6

公差等级	尺寸分段							
	0.5~3	>3~6	>6~30	>30~120	>120~400	>400~1000	>1000~2000	>2000~4000
f(精密级)	±0.5	±0.05	±0.1	±0.15	±0.2	±0.3	±0.5	—
m(中等级)	±0.1	±0.1	±0.2	±0.3	±0.5	±0.8	±1.2	±2
c(粗糙级)	±0.2	±0.3	±0.5	±0.8	±1.2	±2	±3	±4
v(最粗级)	—	±0.5	±1	±1.5	±2.5	±4	±6	±8

二、配合制、公差等级配合种类的选用

公差与配合的选择是尺寸的精度设计,对机械的使用性能和制造成本都有很大影响,是机械设计与制造的关键环节。公差与配合的选择主要包括配合制、公差等级、配合种类的选用。

1. 配合制的选择

(1)孔的加工工艺复杂,故制造成本高,因此工程实际中优先采用基孔配合制。

(2)与标准件或标准部件配合(如键、销、轴承等),应以标准件为基准件来确定配合制。例如,如图9-13所示,滚动轴承外圈与壳体孔的配合应采用基轴制,滚动轴承内圈与轴的配合应采用基孔制。

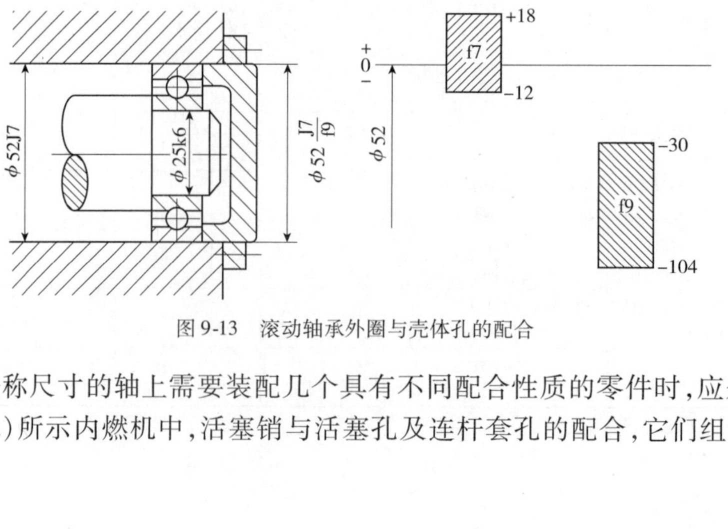

图9-13　滚动轴承外圈与壳体孔的配合

(3)同一公称尺寸的轴上需要装配几个具有不同配合性质的零件时,应采用基轴制配合。如图9-14a)所示内燃机中,活塞销与活塞孔及连杆套孔的配合,它们组成三处两种性

质的配合。如图9-14b)所示,采用基孔配合制,轴为阶梯轴,且两头大中间小,既不便加工,也不便装配。如图9-14c)所示,采用基轴配合制,轴结构简单,容易加工和装配,且经济性好。

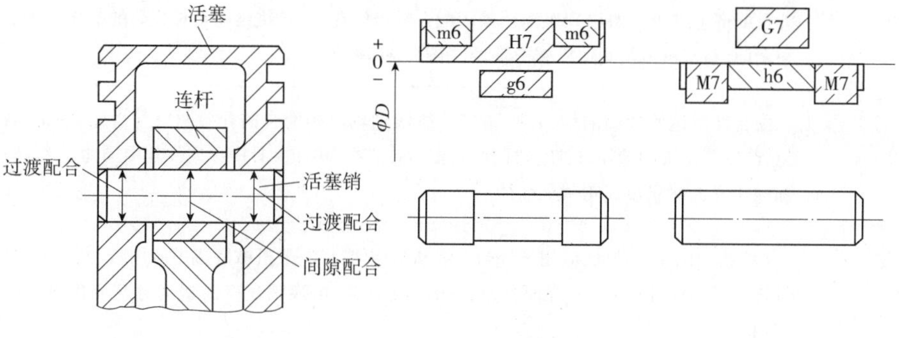

a)活塞销与活塞孔及连杆套孔的配合　　b)采用基孔　　c)采用基轴制

图9-14　活塞销与活塞孔及连杆套孔的配合

(4)特殊情况下,可以采用非基准制,即采用任一孔、轴公差带组成的配合。

2. 尺寸公差等级的选择

1)公差等级的选择原则

选择公差等级就是解决制造精度与制造成本之间的矛盾,公差等级过低,产品无法满足使用性能和质量的要求;公差等级过高,会导致生产成本急剧增加。公差等级的选择原则是在满足使用性能的前提下,尽量选取较低的公差等级。所谓较低的公差等级是指,假如IT7级以上(含IT7)的公差等级均能满足使用性能要求,那么选择IT7级为宜。它既能保证使用性能,又可获得最佳的经济效益。

2)公差等级的选择方法

一般要求的配合多采用类比法,主要是通过查阅有关的参考资料、手册,并进行分析比较后,确定公差等级。用类比法确定公差等级时,一定要查明各公差等级的应用范围和公差等级的选择实例,表9-7和表9-8供参考。

公差等级的应用　　表9-7

应用＼公差等级	01	0	1	2	3	4	5	6	7	8	9	10	11	12	13	14	15	16	17	18
块规	—	—	—																	
量规			—	—	—	—	—	—	—											
配合尺寸							—	—	—	—	—	—	—	—						
特别精密零件				—	—	—	—													
非配合尺寸													—	—	—	—	—	—	—	—
原材料										—	—	—	—	—	—	—				

公差等级的应用范围 表9-8

公差等级	应　用
5级	主要用在配合公差、形状公差要求甚小的地方，它的配合性质稳定，一般在机床、发动机、仪表等重要部位应用。如与D级滚动轴承配合的箱体孔；与E级滚动轴承配合的机床主轴、机床尾架与套筒，精密机械及高速机械中轴径、精密丝杠轴径等
6级	配合性质达到较高的均匀性，如与E级滚动轴承相配合的孔、轴径；与齿轮、蜗轮、联轴器、带轮、凸轮等连接的轴径，机床丝杠轴径；摇臂钻立柱；机床夹具中导向件外径尺寸；6级精度齿轮的基准孔，7、8级精度齿轮基准轴径
7级	7级精度比6级稍低，应用条件与6级基本相似，在一般机械制造中应用较为普遍。如联轴器、带轮、凸轮等孔径；机床夹盘座孔，夹具中固定钻套，可换钻套；7、8级齿轮基准孔，9、10级齿轮基准轴
8级	在机械制造中属于中等精度。如轴承座衬套沿宽度方向尺寸，9、10级齿轮基准孔；11、12级齿轮基准轴
9级10级	主要用于机械制造中轴套外径与孔；操纵件与轴；空轴带轮与轴；单键与花键
11级12级	配合精度很低，装配后可能产生很大间隙，适用于基本上没有什么配合要求的场合。如机床上凸缘盘与止口、滑块与滑移齿轮、加工中工序间尺寸、冲压加工的配合件、机床制造中的扳手孔与扳手座的连接

3）确定公差等级应考虑的几个问题

（1）一般，非配合尺寸要比配合尺寸的公差等级低。

（2）遵守工艺等价原则，使相配合的孔和轴加工难易程度相当。在公称尺寸≤500mm时，孔比轴加工难度大，公差等级要低一级；在公称尺寸>500mm时，孔和轴的加工难易程度相当，公差等级应取同级。

（3）与标准件配合的零件，其公差等级由标准件的精度要求所决定。

（4）在满足设计要求的前提下，应尽量考虑工艺易实现和经济性。各种加工方法所能达到的精度，可参考表9-9。

各种加工方法的加工精度 表9-9

应用＼公差等级	01	0	1	2	3	4	5	6	7	8	9	10	11	12	13	14	15	16	17	18
研磨	—	—	—	—	—	—	—	—												
珩磨						—	—	—	—											
圆磨							—	—	—	—										
平磨							—	—	—	—										
金刚石车							—	—	—											
金刚石镗							—	—	—	—										
拉削							—	—	—	—										

续上表

应用＼公差等级	01	0	1	2	3	4	5	6	7	8	9	10	11	12	13	14	15	16	17	18
铰孔								—	—	—	—	—								
车									—	—	—	—	—							
镗									—	—	—	—	—							
铣										—	—	—	—							
刨、插												—	—							
钻削												—	—							
冲压												—	—	—	—	—				
滚压、挤压												—	—	—	—					
锻造																	—			
砂型铸造																		—		
压铸													—	—	—	—				
气割																		—		

3. 配合的选择

配合选择的任务是确定非基准件(基孔配合制中的轴或基轴配合制中的孔)的基本偏差代号。一般使用类比法,经过以下几个步骤可以确定基本偏差代号。

1)确定配合的类型

根据配合部位的功能要求,确定配合的类型。对于工作时有相对运动或虽无相对运动但要求拆装方便的孔、轴,应选用间隙配合;对于主要靠过盈保持相对静止或传递载荷的孔、轴,应该选用过盈配合;对于既要求对中性高,又要求拆装方面的孔、轴,应该选用过渡配合。

2)确定非基准件的基本偏差代号

根据配合部位具体的功能要求,通过查表,比照配合的应用实例,参考各种配合的性能特征,选择较合适的配合,即确定非基准件的基本偏差代号。轴的基本偏差的具体选用,可参考表9-10,基孔制常用和优先配合的特征及应用,可参见表9-11。

轴的基本偏差选用说明及应用　　表9-10

配合	基本偏差	特性及应用
间隙配合	a、b	可得到特别大的间隙,应用很少。例如,起重机吊钩的铰链、带榫槽的凸缘盘推荐配合为 H12/b12
	c	可得到很大的间隙,一般适用于缓慢、松弛的动配合。用于工作条件较差(如农业机械)、受力变形,或为了便于装配,而必须保证有较大的间隙时,推荐配合为 H11/c11。其较高等级的配合,如 H8/c7 适用于轴在高温工作时的紧密配合,例如内燃机排气阀和导管
	d	一般用于 IT7 ~ IT11 级,适用于松的转动配合,如密封盖、滑轮、空带轮等与轴的配合,也适用于大直径滑动轴承的配合,如球磨机、轧钢机等重型机械的滑动轴承

续上表

配合	基本偏差	特性及应用
间隙配合	e	多用于 IT7 ~ IT9 级，通常用于要求有明显间隙，易于转动的支承配合，如大跨距支承、多支点支承等配合。高等级的 e 轴也适用于大的、高速、重载的支承，如蜗轮发电机、大型电动机及内燃机的主要轴承、凸轮轴轴承等的配合
	f	多用于 IT6 ~ IT8 级的一般转动配合，当温度影响不太大时，被广泛用于普通润滑油（或润滑脂）润滑的支承，如齿轮箱、小电动机、泵等的转轴与滑动轴承的配合
	g	配合间隙很小，制造成本很高，除了很轻负荷的精密机构外，一般不用作转动配合。多用于 IT5 ~ IT7 级，最适合不回转的精密滑动轴承，也用于插销等定位配合，如精密连杆轴承、活塞及滑阀、连杆销，以及钻套与衬套、精密机床的主轴与轴承、分度头轴颈与轴的配合等。钻套与衬套的配合为 H7/g6
	h	配合的最小间隙为零，用于 IT4 ~ IT11 级。广泛用于无相对转动的零件，作为一般定位配合。若无温度、变形影响，也用于精密滑动配合。例如，车床尾座体孔与顶尖套筒的配合为 H6/h5
过渡配合	js	平均起来为稍有间隙的配合，多用于 IT4 ~ IT7 级，要求间隙比 h 轴小，并允许稍有过盈的定位配合，如联轴器，可用手或木锤装配
	k	平均起来没有间隙的配合，适用于 IT4 ~ IT7 级，推荐用于稍有过盈的定位配合，例如为了消除振动用的定位配合，一般用木锤装配
	m	平均起来具有不大过盈的过渡配合，适用于 IT4 ~ IT7 级，用于精密定位的配合，如蜗轮的青铜轮缘与轮毂的配合为 H7/m6。一般可用木锤装配，但在最大过盈时，要求有相当大的压入力
	n	平均过盈比 m 轴稍大，很少得到间隙，适用于 IT4 ~ IT7 级，用锤或压力机装配，拆卸较困难
过盈配合	p	与 H6 或 H7 孔配合时是过盈配合，与 H8 孔配合时为过渡配合。对于非铁制零件，为较轻的压入配合，当需要时易于拆卸。对于钢、铸铁或铜、钢组件装配时是标准压入配合。它主要用于定心精度很高、零件有足够的刚性、受冲击负荷的定位配合
	r	对于铁制零件，为中等打入配合，对于非铁制零件，为轻打入配合，当需要时可以拆卸。与 H8 孔配合，直径在 100mm 以上时，为过盈配合，直径小时为过渡配合
	s	用于钢铁件的永久或半永久结合，可产生相当大的结合力。当用弹性材料，如轻合金时，配合性质与铁制零件的 p 轴相当。例如，套环压装在轴上、阀座等的配合。尺寸较大时，为了避免损伤配合表面，需用热胀或冷缩法装配
	t、u、v x、y、z	过盈量依次增大，一般不推荐。例如，联轴器与轴的配合 H7/t6

尺寸≤500mm基孔制常用和优先配合的特征及应用　　表9-11

配合类别	配合代号	应　　用
间隙配合	H11/c11	间隙非常大,用于很松的、转动很慢的动配合;要求大公差与大间隙的外露组件;要求装配方便的、很松的配合
	H9/d9	间隙很大的自由转动配合,用于精度非主要要求时,或有大的温度变化、高转速或大的轴颈压力时的配合
	H8/f7	间隙不大的转动配合,用于中等转速与中等轴颈压力的精确转动;也用于装配容易的中等定位配合
	H7/g6	间隙很小的滑动配合,用于不希望自由转动,但可自由移动和滑动并精密定位的配合;也可用于要求明确的定位配合
	H7/h6、H8/h7、H9/h9	均为间隙定位配合,零件可自由装拆,而工作时一般相对静止不动。在最大实体条件下的间隙为零,在最小实体条件下的间隙由公差等级决定
过渡配合	H7/k6	用于精密定位配合
	H7/n6	允许有较大过盈的、更精密的定位配合
过盈配合	H7/p6	过盈定位配合,即小过盈配合,用于定位精度特别重要时;能以最好的定位精度达到部件的刚性及对中性要求,而对内孔承受压力无特殊要求,不依靠配合的紧固性传递摩擦负荷的配合
	H7/s6	中等压入配合,适用于一般钢件,或用于薄壁件的冷缩配合,用于铸铁件可得到最紧的配合
	H7/u6	压入配合,适用于可以承受高压入力的零件,或不易承受大压入力的冷缩配合

单元9.2　几何公差

零件在加工过程中,由于受各种因素影响,零件的几何要素不仅有尺寸误差,而且会有形状和位置误差(简称形位误差)。零件的形位误差对产品的质量和使用性能有很大影响。为了保证零件的互换性和使用要求,国家标准GB/T 1182—2008对零件规定了几何公差(形状、方向、位置和跳动公差),用以限制形位误差。

一、几何公差的概念

1.要素

构成零件几何特征的点、线、面,统称为要素。

零件的要素可从不同角度来分类:

1)按结构特征分

(1)组成要素:构成零件外形且能被人们直接感觉到(看得见、摸得着)的点、线、面。

(2)导出要素:轮廓要素对称中心所表示的要素。它不能被人直接感觉到,是由实际要素取得的轴线或中心平面等。

2)按存在状态分

(1)实际要素:零件上实际存在的要素,测量时由提取要素代替。由于存在测量误差,提取要素并非该实际要素的真实状况。

(2)理想要素:具有几何学意义的要素。机械图样所表示的要素均为理想要素,它不存在任何误差,是绝对正确的几何要素。理想要素是评定实际要素误差的依据。

3)按所处地位分

(1)被测要素:图样中有形位公差要求的要素,是检测对象。

(2)基准要素:用来确定被测要素方向或(和)位置的要素,理想基准要素简称基准。

4)按功能要求分

单一要素:仅对其本身给出形状公差要求,或仅涉及其形状公差要求时的要素。它是独立的,与基准要素无关。

关联要素:对被测要素给出位置公差要求的要素,它相对基准要素有位置关系,即与基准相关。

2. 几何公差特征项目

形状误差是对单一要素而言的,是被测实际要素本身的形状对其理想形状的变动量。形状公差是对其理想要素允许的变动量,是对形状误差的限制。

位置误差是对关联要素而言的,是被测要素对其理想要素位置的变动量,理想要素相对于基准有方位要求。位置公差是对位置误差的限制。

国家标准规定了几何公差,其特征及符号,如表9-12所示。

几何公差的特征及符号 表9-12

公差类型	几何特征	符号	有无基准
形状公差	直线度	⏤	无
	平面度	⏥	无
	圆度	○	无
	圆柱度	⌭	无
	线轮廓度	⌒	无
	面轮廓度	⌓	无
方向公差	平行度	∥	有
	垂直度	⊥	有
	倾斜度	∠	有
	线轮廓度	⌒	有
	面轮廓度	⌓	有

续上表

公差类型	几何特征	符号	有无基准
位置公差	位置度	⌖	有或无
	同心度（用于中心点）	◎	有
	同轴度（用于轴线）	◎	有
	对称度	⌯	有
	线轮廓度	⌒	有
	面轮廓度	⌓	有
跳动公差	圆跳动	↗	有
	全跳动	⌰	有

3. 几何公差的标注

在技术图样中，形位公差采用代号标注。根据 GB/T 1182—2008 规定，形位公差代号由框格、公差特征符号、公差值、基准及指引线等组成，如图 9-15 所示。

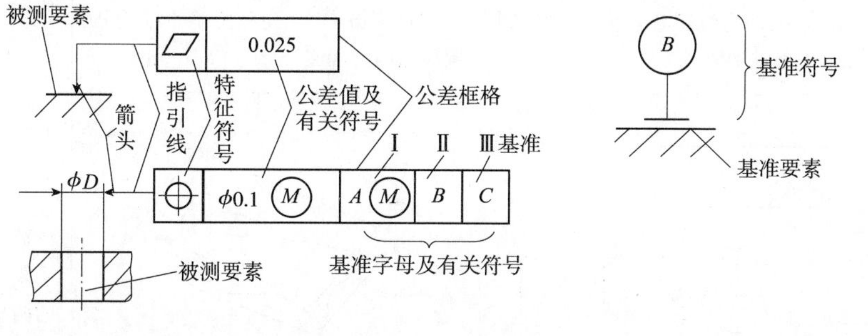

图 9-15　形位公差代号

（1）公差框格。公差框格有两格或多格，它可以水平放置，也可以垂直放置，自左至右依次填写公差项目符号、公差数值（单位为 mm）、基准代号字母。第 2 格及其后各格中还可能填写其他有关符号。

（2）指引线与被测要素。指引线用细实线表示，可从框格的任一端引出，引出段必须垂直于框格，指向被测要素。引向被测要素时允许弯折，但不得多于两次。当被测要素是组成要素时，指引线箭头应指向轮廓线或其引出线，且明显地与尺寸线错开；当被测要素为导出要素时，指引线箭头要与该要素的尺寸线对齐。

（3）基准符号与基准要素。基准要素需用基准符号示出，当基准要素为组成要素时，基准符号应靠近该要素的轮廓线或其引出线标注，并应明显地与尺寸线错开；当基准要素为导出要素时，基准符号应与该要素的组成要素尺寸线对齐。

(4)公差数值。如果公差带为圆形或圆柱形,公差值前加注 ϕ,如果是球形,加注 $S\phi$。

二、几何公差标注

1. 形状公差

形状公差是单一实际被测要素的形状所允许的变动量。形状公差带是限制单一实际要素变动的一个区域。形状公差标注示例及公差意义,如表 9-13 所示。

形状公差标注示例及含义(单位:mm) 表 9-13

项目	标注示例及含义	公差带定义	公 差 意 义
直线度	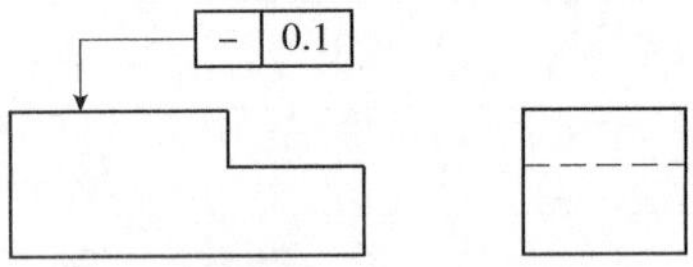 上表面内任意直线的直线度公差为 0.1,表面素线是被测要素	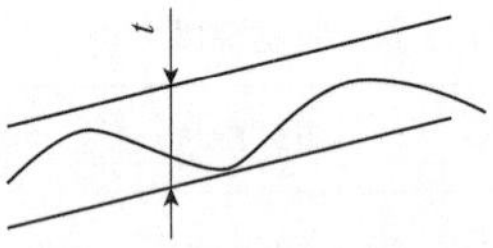 在给定平面内,公差带是距离为公差值 t 的两平行直线之间的区域	被测表面的素线必须位于平行于图样所示投影面且距离为公差值 0.1 的两平行直线内
	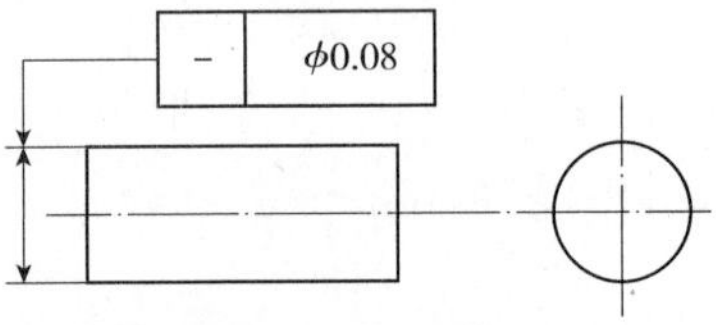 圆柱体的轴线的直线度公差为 ϕ0.08,圆柱体的轴线是被测要素	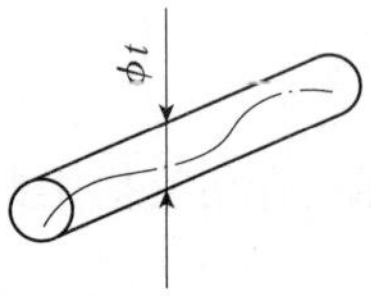 在任意方向上,公差带是直径为 ϕt 圆柱面内的区域	被测圆柱体 ϕd 的轴线必须位于直径为公差值 ϕ0.08 圆柱面内
平面度	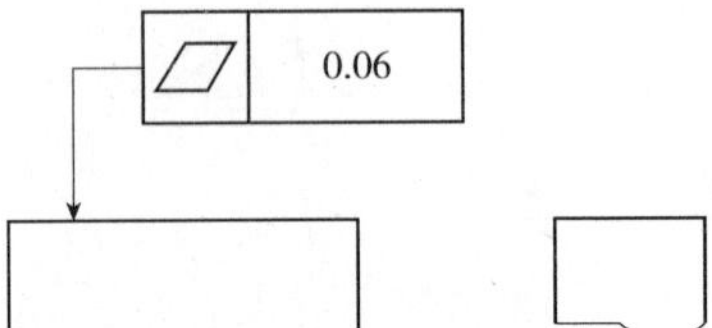 上表面的平面度公差为 0.06,上表面是被测要素	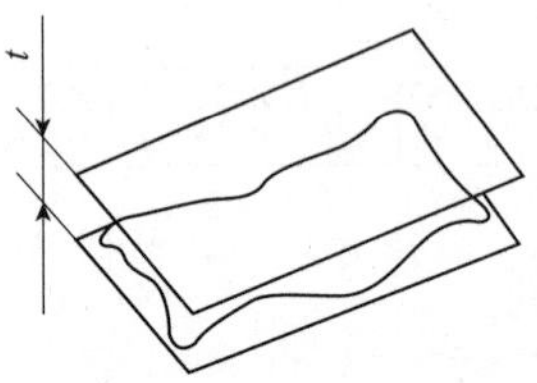 公差带是距离为公差值 t 的两平行平面之间的区域	被测上表面必须位于距离为公差值 0.06 的两平行平面内
圆度	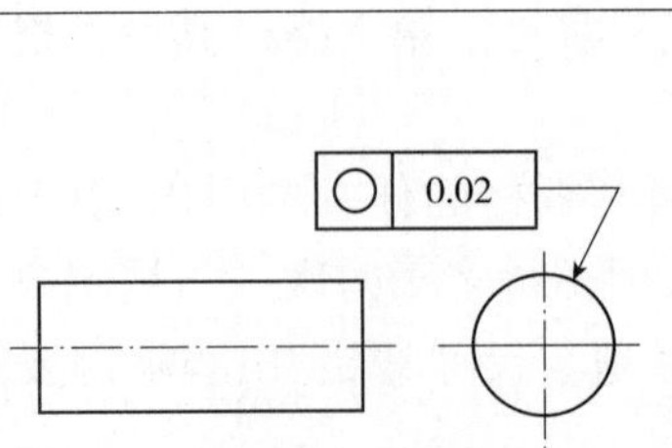 圆柱任一正截面的圆度公差为 0.02,圆柱正截面内的轮廓圆是被测要素	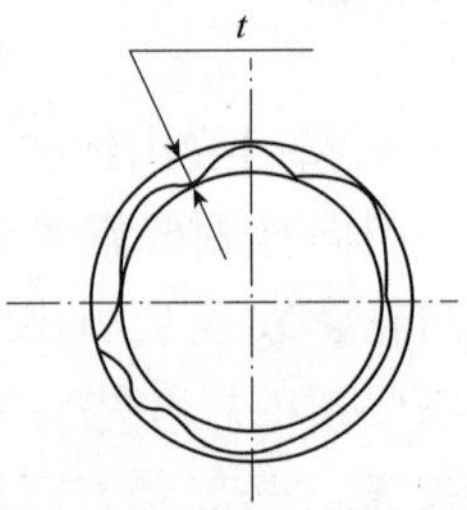 公差带是正截面内半径差为公差值 t 的两同心圆之间的区域	被测回转体的正截面内的轮廓圆必须位于半径差为公差值 0.02 的两同心圆之间的环形区域内

续上表

项目	标注示例及含义	公差带定义	公 差 意 义
圆柱度	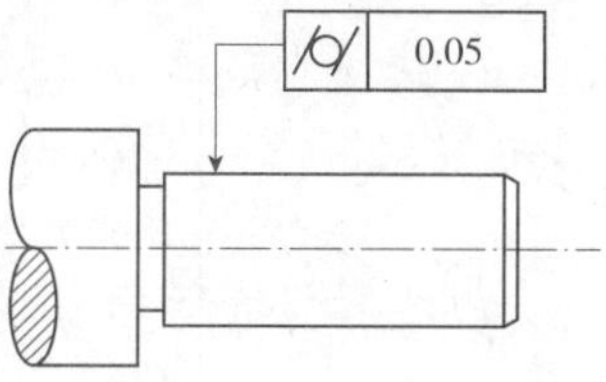 圆柱面的公差为0.05，圆柱面是被测要素	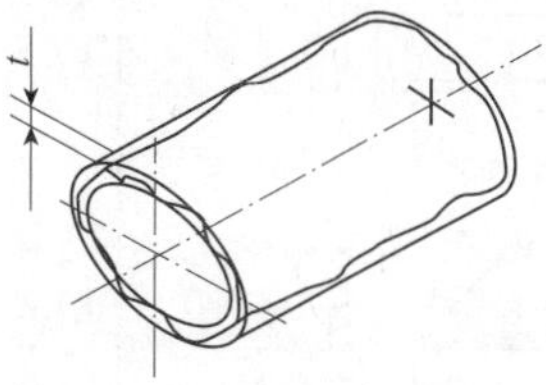 公差带是半径差为公差值 t 的两同轴圆柱面之间的区域	被测圆柱面必须位于半径差为公差值0.05的两同轴圆柱面之间的区域内
线轮廓度	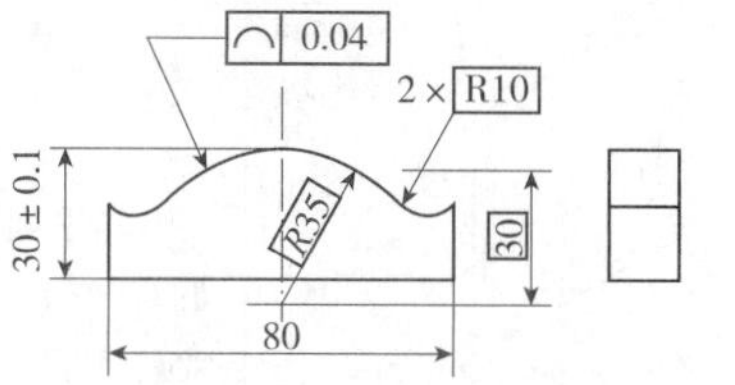 曲线的线轮廓度公差为0.04，轮廓曲线是被测要素，无基准要素	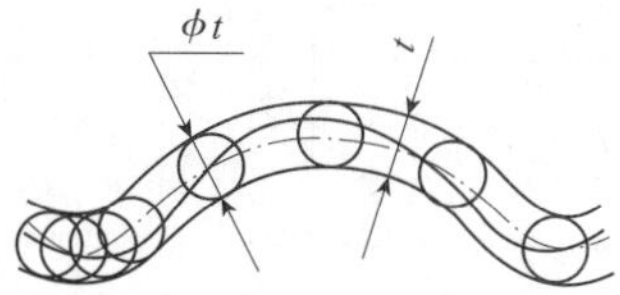 公差带是包络一系列直径为公差值 t 的小圆的两包络线之间区域，诸圆的圆心应位于理想轮廓线上	在平行于图样所示投影面的任一截面上，被测轮廓曲线必须位于包络一系列直径为公差值0.04，且圆心位于具有理论正确几何形状的线上的圆的两包络线之间区域内
面轮廓度	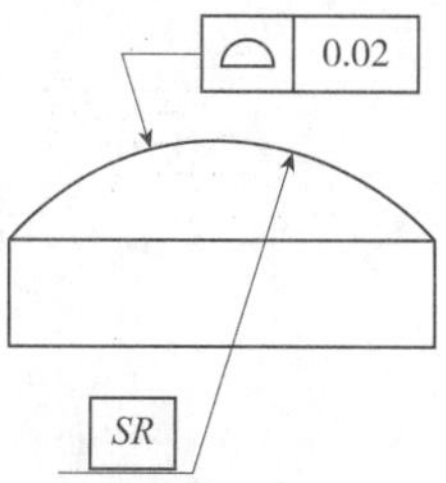 轮廓曲面的面轮廓度公差为0.02，轮廓曲面是被测要素，无基准要素	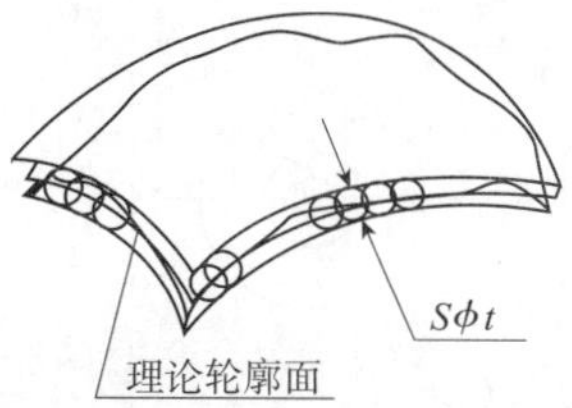 公差带是包络一系列直径为公差值 t 的小球的两包络面之间区域，诸球的球心应位于理想轮廓面上	被测轮廓曲面必须位于包络一系列直径为公差值0.02，且球心位于具有理论正确几何形状的面上的球的两包络面之间区域内

2. 位置公差

位置公差是指关联实际被测要素的位置对基准所允许的变动量。位置公差可分为定向公差、定位公差和跳动公差。

1）定向公差及公差带

定向公差是关联实际被测要素对基准要素在规定方向上所允许的变动量。定向公差标注示例及公差意义，见表9-14。

2）定位公差及公差带

定位公差是关联实际被测要素对基准在位置上所允许的变动量。定位公差的标注示例及含义，见表9-15。

定向公差标注示例及含义(单位:mm) 表 9-14

项目	标注示例及含义	公差带定义	公 差 意 义
平行度	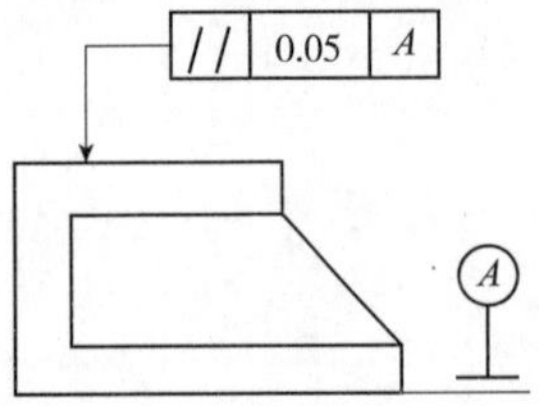 上表面(被测要素)相对于底平面(基准要素)的平行度公差为 0.05	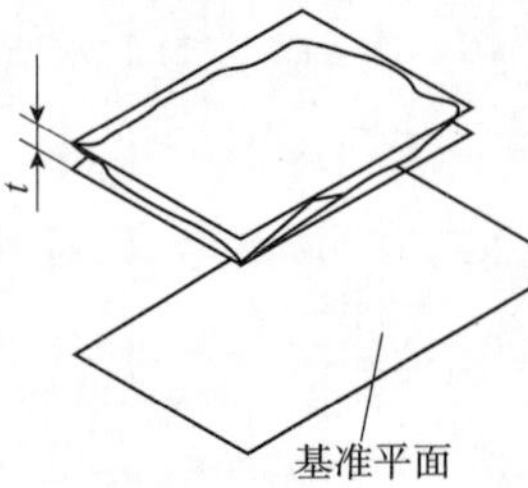 公差带是距离为公差值 t 且平行于基准面的两平行平面之间的区域	被测表面必须位于距离为公差值 0.05,且平行于基准面 A 的两平行平面之间
垂直度	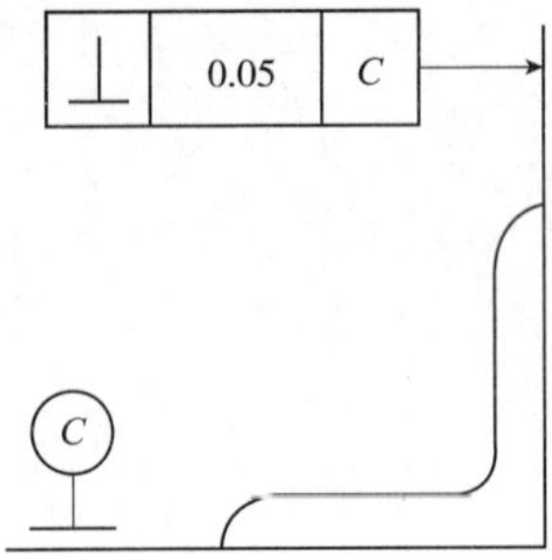 右侧平面(被测要素)相对于底面(基准要素)的垂直度公差为 0.05	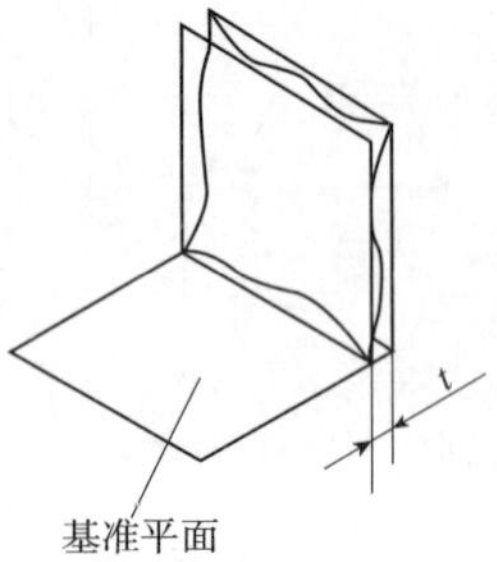 公差带是距离为公差值 t 且垂直于基准平面的两平行平面之间的区域	右侧平面必须位于距离为公差值 0.05,且垂直于基准平面 A 的两平行平面之间
倾斜度	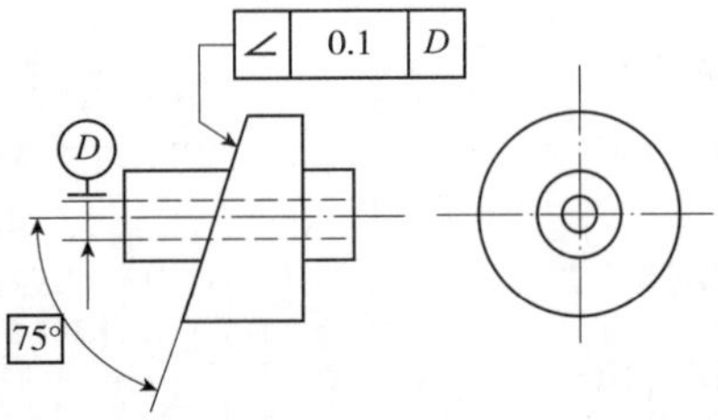 斜面(被测要素)相对于 ϕd 轴线(基准要素)的倾斜度公差为 0.1	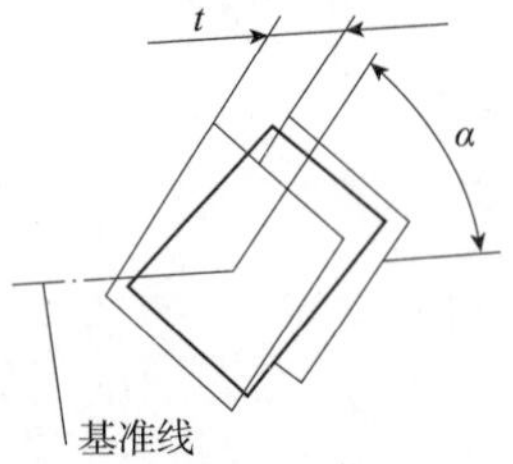 公差带是距离为公差值 t 且与基准轴线呈给定的理论正确角度的两平行平面之间的区域	被测斜面必须位于距离为公差值 0.1,且与基准轴线 A 呈理论正确角度 75° 的两平行平面之间的区域

定位公差标注及含义(单位:mm) 表 9-15

项目	标注示例及含义	公差带定义	公 差 意 义
同轴度	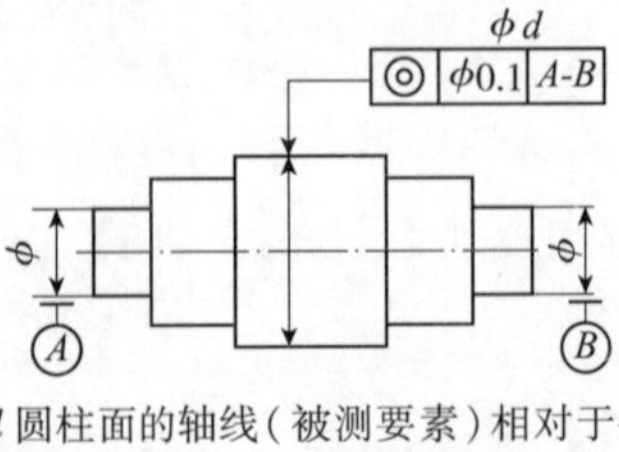 ϕd 圆柱面的轴线(被测要素)相对于公共轴线(基准轴线)$A—B$ 的同轴度公差为 $\phi 0.1$	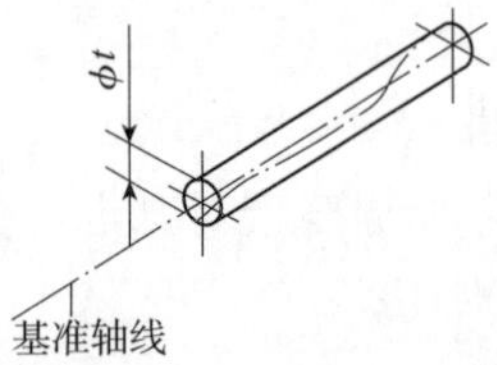 公差带是直径为公差值 ϕt 的圆柱面的区域,该圆柱面的轴线与基准轴线同轴	被测轴线必须位于直径为 $\phi 0.1$mm,且与公共基准轴线 $A—B$ 同轴的圆柱面内

续上表

项目	标注示例及含义	公差带定义	公 差 意 义
对称度	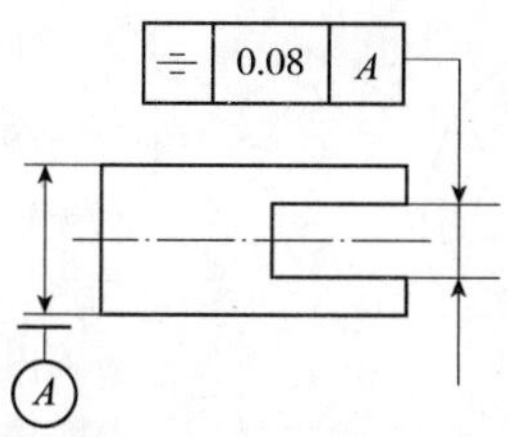 槽的对称中心(被测要素)相对于中心平面A(基准要素)的对称度公差为0.08	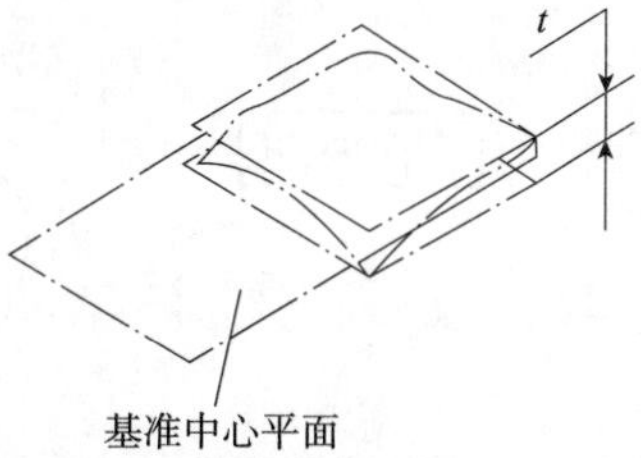 公差带是距离为公差值t,且相对基准中心平面对称配置的两平行平面之间的区域	被测中心平面必须位于距离为公差值0.08mm,且相对基准中心平面A对称配置的两平行平面之间
位置度	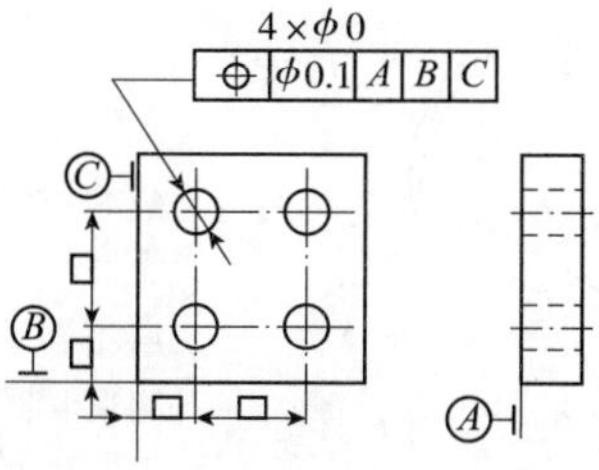 φD孔的轴线(被测要素)相对于面A、B、C(基准要素)的位置度公差为φ0.1	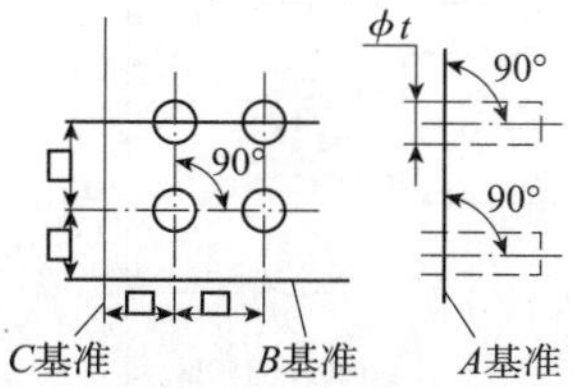 公差带是直径为公差值φt的圆柱面内的区域,公差带轴线的位置由相对于三基面体系的理论正确尺寸确定	每个被测轴线必须位于直径为公差值0.1mm,且以相对于A、B、C基准表面所确定的理想位置为轴线的圆柱内

3. *跳动公差及公差带*

跳动公差是关联实际要素绕基准轴线回转一周或连续回转时所允许的最大跳动量。跳动分为圆跳动和全跳动。跳动公差的若干典型类型的读图说明及其意义,见表9-16。

典型跳动公差读图说明及其意义　　表9-16

项目		标注示例及读图说明	公差带定义	公 差 意 义
圆跳动	径向圆跳动	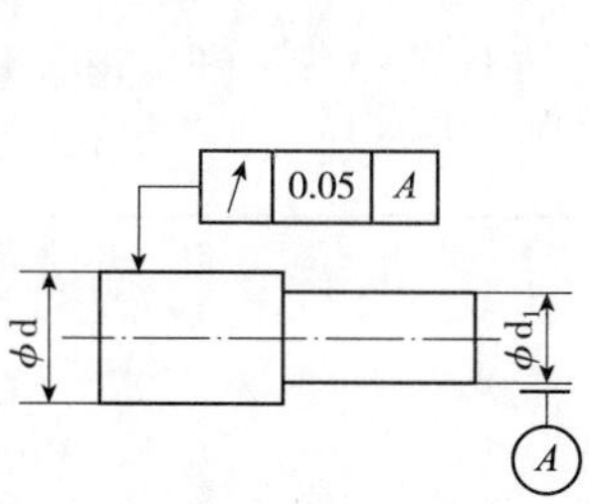 以ϕd_1轴线为基准,被测圆柱面相对于基准轴线的圆跳动公差为0.05	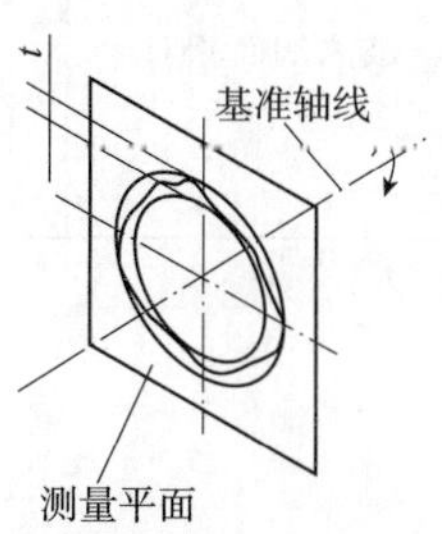 公差带是在垂直于基准轴线的任一测量平面内,半径为公差值t,且圆心在基准轴线上的两个同心圆之间的区域	当被测要素围绕基准线A做无轴向移动旋转一周时,在任一测量平面内的径向圆跳动量均不得大0.05mm

续上表

项目		标注示例及读图说明	公差带定义	公 差 意 义
圆跳动	端面圆跳动	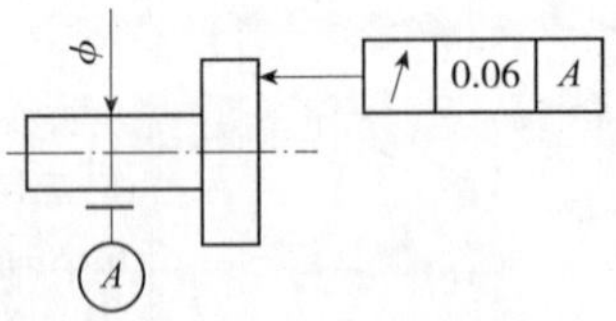 以轴线为基准，被测端面相对于基准轴线的圆跳动公差为0.06	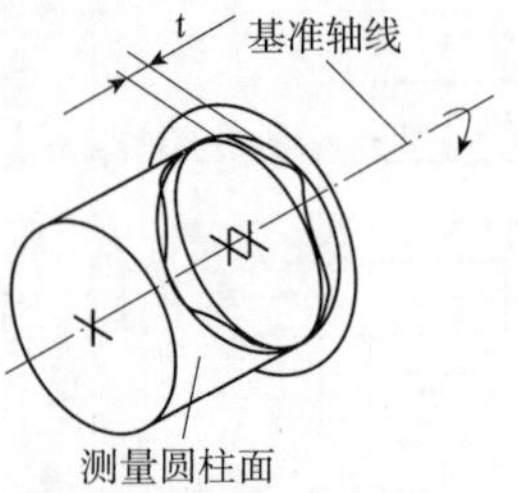 公差带是在与基准同轴的任一半径位置的测量圆柱面上距离为 t 的圆柱面区域	被测面绕基准线 A 做无轴向移动旋转一周时，在任一测量圆柱面内的轴向跳动量均不得0.06mm
全跳动	径向全跳动	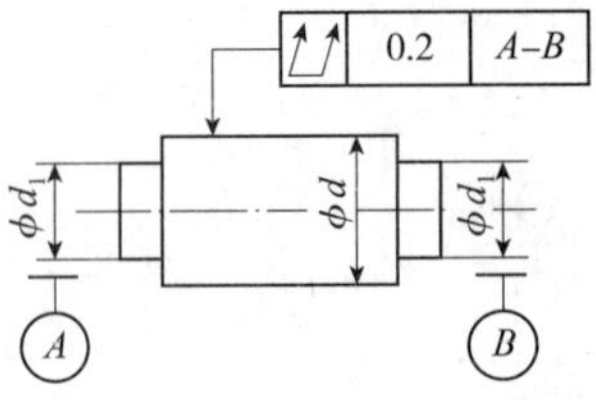 以 ϕd_1 与 ϕd_2 的公共轴线为基准，被测圆柱面相对于基准轴线的全跳动公差为0.2	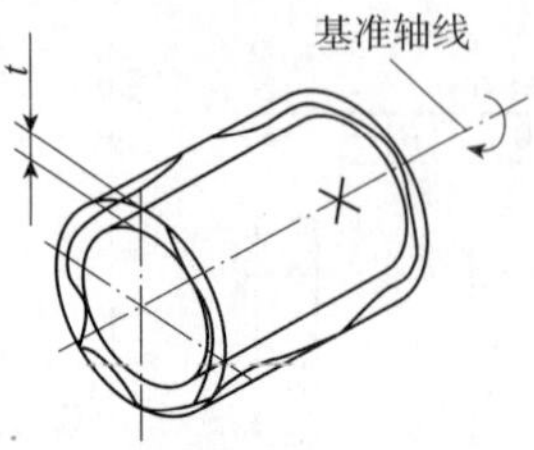 公差带是半径差为公差值 t，且与基准同轴的两圆柱面之间的区域	被测要素围绕基准线 A—B 做若干次旋转，并在测量仪器与工件之间同时做轴向移动，此时在被测要素上各点间的示值差均不得大于 0.2mm，测量仪器或工件必须沿着基准轴线方向并相对于公共基准轴线 A—B 移动
	端面全跳动	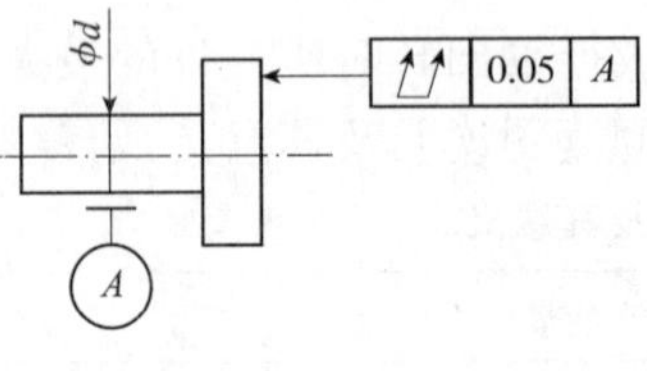 以 ϕd 轴线为基准，被测端面相对于基准轴线的全跳动公差为0.05	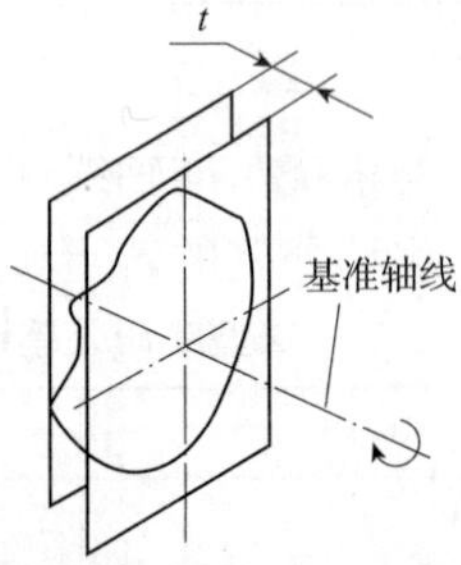 公差带是距离为公差值 t，且与基准垂直的两平行平面之间的区域	被测要素绕基准轴线 A 做若干次旋转，并在测量仪器与工件之间同时做径向移动，此时在被测要素上各点间的示值差均不得大于0.05mm，测量仪器或工件必须沿着轮廓具有理想正确形状的线和相对于基准轴线 A 的正确方向移动

复习思考题

一、填空题

1. 极限与配合是保证零件具有__________的重要标准。

2. 孔通常指工件的______________，也包括______________。孔径用大写字母

__________表示。

3. 轴通常指工件的______________，也包括______________。轴径用小写字母__________表示。

4. __________，以特定单位表示线性尺寸值的数值。

5. 配合制有__________制和__________制两种。

6. 配合可分为__________配合、__________配合和__________配合三种类型。

7. 零件的尺寸合格，其实际（组成）要素应在__________和__________之间，其__________应在上极限偏差和下极限偏差之间。

8. 实际偏差是指__________，极限偏差是指____________________。

9. 孔和轴的公差带由__________决定大小，由__________定位置。

10. 轴 ϕ48js8，其上极限偏差为__________ mm，下极限偏差为__________ mm。

11. 孔 $\phi 65^{-0.042}_{-0.072}$的公差等级为__________，基本偏差代号为__________。

二、选择题

1. 下列各关系式中，能确定孔与轴的配合为过渡配合的是(　　)。

A. EI≥es　　B. ES≤ei　　C. EI > ei　　D. EI < ei < ES

2. 上极限尺寸(　　)公称尺寸。

A. 大于　　B. 等于　　C. 小于　　D. 大于、小于或等于

3. 确定不在同一尺寸段的两尺寸的精度等级，是根据(　　)。

A. 两尺寸的公差数值的大小　　B. 两个尺寸的基本偏差

C. 两个尺寸的公差等级　　D. 两个尺寸的实际偏差

4. 基本偏差代号为 H 的孔与基本偏差代号为 h 的轴可以形成(　　)。

A. 间隙配合　　B. 间隙或过渡配合　　C. 过渡配合　　D. 过盈配合

三、判断题

1. 公差可以说是允许零件尺寸的最大偏差。(　　)

2. 基本偏差决定公差带的位置。(　　)

3. 公称尺寸不同的零件，只要它们的公差值相同，就可以说明它们的精度要求相同。(　　)

4. 未注公差尺寸即对该尺寸无公差要求。(　　)

5. 孔的基本偏差即下极限偏差，轴的基本偏差即上极限偏差。(　　)

6. 某孔要求尺寸为 $\phi 20^{-0.046}_{-0.067}$，今测得其实际（组成）要素为 ϕ19.962mm，可以判断该孔合格。(　　)

7. 某实际要素存在形状误差，则一定存在位置误差。(　　)

8. 若某轴的轴线直线度误差未超过直线度公差，则此轴的同轴度误差亦合格。(　　)

9. 某平面对基准平面的平行度误差为 0.03mm，那么这平面的平面度误差一定不大于 0.03mm。(　　)

10. 某圆柱面的圆柱度公差为 0.02mm，那么该圆柱面对基准轴线的径向全跳动公差不小于 0.02mm。(　　)

11. 零件图样标注中 $\phi 20^{+0.021}_{0}$ mm 孔，如果没有标注其圆度公差，那么它的圆度误差值

可任意确定。 (　　)

12. 零件加工的实际(组成)要素和形位误差中有一项超差,则该零件不合格。 (　　)

13. 为了实现互换性,零件的公差应规定得越小越好。 (　　)

四、问答题

1. 尺寸公差与极限尺寸或极限偏差之间有何关系?(写出计算关系式)

2. 几何公差项目有哪些?画出各项目的符号。

五、计算题

1. 利用标准公差数值表和轴的基本偏差数值表,确定 ϕ52k7 轴的极限偏差数值。

2. 查表确定下列各尺寸的公差带代号:(1)$\phi 18_{-0.011}^{0}$(轴);(2)$\phi 65_{-0.041}^{+0.005}$(孔)。

单元 10 气压传动与液压传动

知识目标

1. 了解气压传动的工作原理及应用特点；
2. 了解气压传动的组成及常用元件；
3. 了解液压传动的工作原理及应用特点；
4. 了解液压传动的组成及常用元件。

能力目标

1. 会描述气压传动的工作原理；
2. 会描述液压传动的工作原理。

气压传动和液压传动称为流体传动，是根据17世纪帕斯卡提出的液体静压力传动原理而发展起来的一门新兴技术，是工业生产中广为应用的一门技术。气压传动以压缩气体为工作介质，靠气体的压力传递动力或信息的流体传动。液压传动是用液体作为工作介质来传递能量和进行控制的传动方式。

常见的气压传动和液压传动装置有液压千斤顶、液压机、减振器等，如图10-1所示。

a)城市轨道车辆中的受电弓

b)液压机

图 10-1

c)注塑机

d)液压起重机

e)立式液压千斤顶

f)城市轨道交通车辆的垂向油液减振器

g)矿山机械

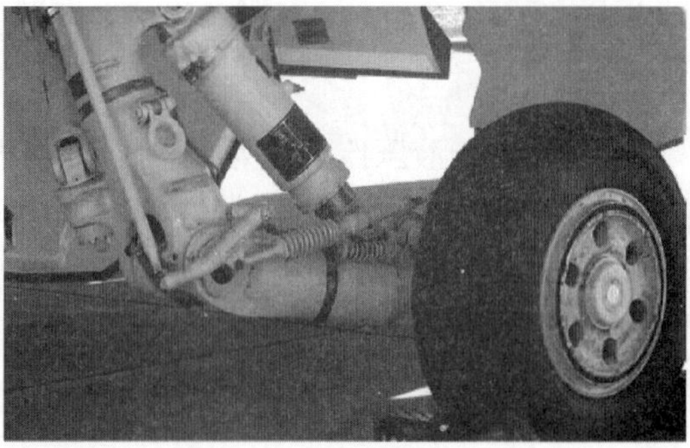

h)飞机起落架

图10-1　常见的气压与液压传动装置

单元10.1　气压传动概述

一、气压传动的工作原理、应用、特点

1.气压传动的工作原理

气压传动是利用压缩气体的压力能实现能量传递的一种传动方式，其工作介质主要是空气。气压传动的工作原理是利用气体压缩机把电动机或其他原动机输出的机械能转换成为气体的压力能，然后在控制元件的作用下，通过执行元件把压力能转换为直线运动或回转运动形式的机械能，并对外做功。

2. 气压传动的应用

气动技术目前发展很快，并且广泛应用于机械、电子、轻工、纺织、食品、医药、航空、交通等行业。下面以轨道交通车辆上的受电弓为例，分析气压传动的工作原理。

受电弓是轨道交通车辆从接触网接触导线上受取电流的一种受流装置（受电弓实物见图10-1、结构见图10-2）。由炭滑板、弓头、弓角、上框架、下臂杆（双臂弓用下框架）、底架、升弓弹簧、传动气缸、支持绝缘子等部件组成。它通过绝缘子安装在车顶上，是一种铰接式的机械构件。当受电弓升起时，其滑板与接触网导线直接接触，从接触网导线上受取电流，供车辆使用。

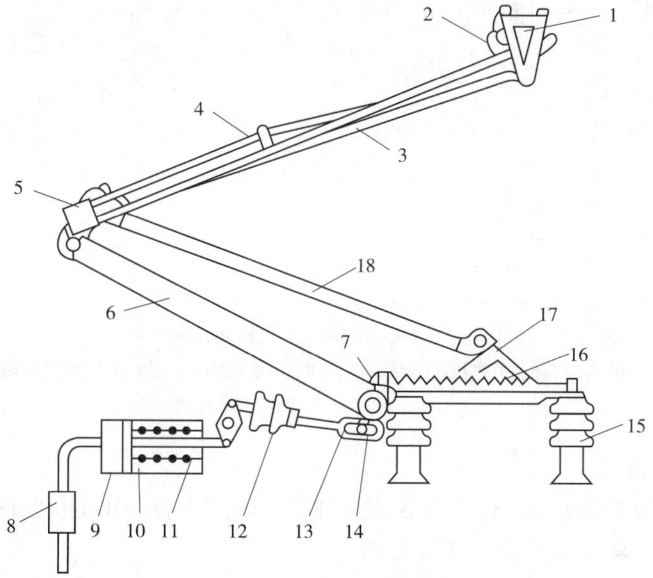

图10-2　受电弓结构图

1-滑板；2-支架；3-平衡杆；4-上框架；5-铰链座；6-下臂杆；7-扇形板；8-缓冲阀；9-传动气缸；10-活塞；11-降弓弹簧；12-连杆绝缘子；13-滑环；14-连杆；15-支持绝缘子；16-升弓弹簧；17-底架；18-推杆

受电弓升弓装置和气路装置原理如图10-3所示，包括空气过滤器1、单向调速阀（升弓）2、调压阀3、气压表4、单向调速阀（降弓）5、稳压阀6、气囊7、气控快排阀8、截止阀9、试验阀10、带有气腔的炭滑板11及管路。

受电弓由空气回路进行控制。升弓时电磁阀得电，气路打开，压缩空气通过空气过滤1、单向调速阀（升弓）2、调压阀3、气压表4、单向调速阀（降弓）5、稳压阀6，进入气囊7，同时压缩空气通过管路经气控快排阀8向具有气腔的受电弓炭滑板11供气，从而由压缩空气管路及气囊7中的压缩空气驱动实现升弓。

当受电弓正常降弓时，起动装置在压缩空气输入端前端的电控排气阀进行排气，受电弓靠自重落弓。

当受电弓滑板破裂、磨损到极限或管路发生泄漏时，换向阀打开，气囊7及管路中的压缩空气经过换向阀的排气口排放到大气中。同时，带有触点开关的空气压力继电器将动作，通过电器信号通知机车管路系统中出现压力下降，在受电弓与接触网脱离之前，主断路器可以先切断。从而保证受电弓不会在带电负载的情况下从接触网线脱开。

3. 气压传动的特点

气压传动在提高生产效率、自动化程度、产品质量、工作可靠性和实现特殊工艺等方面显示出极大的优越性,主要是因为气压传动具有以下特点。

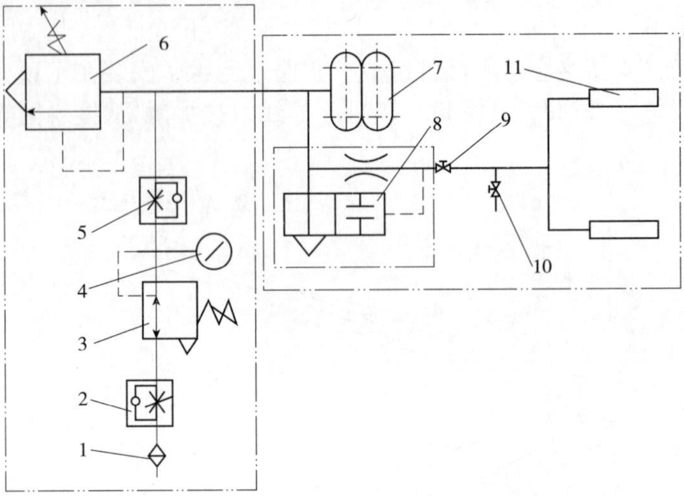

图 10-3 受电弓升弓装置和气路装置原理图

1-空气过滤器;2-单向调速阀;3-调压阀;4-气压表;5-单向调速阀;6-稳压阀;7-气囊;8-气控快排阀;9-截止阀;10-试验阀;11-炭滑板

1)气压传动的优点

(1)以空气作为工作介质,取之不尽,经济性好,处理方便,用过以后直接排入大气,不会污染环境,且可少设置或不必设置回气管道。

(2)空气的黏度很小,只有液压油的万分之一,流动阻力小,所以便于集中供气,中、远距离输送,能源损失小。

(3)气动控制动作迅速,反应快,维护简单,工作介质清洁,不存在介质变质和更换等问题。

(4)工作环境适应性好,可工作在易燃、易爆、多尘埃、辐射、强磁、振动、冲击等恶劣的环境中,允许工作温度范围宽,有过载保护作用,系统工作安全可靠。

(5)气动元件结构简单,便于加工制造,使用寿命长,可靠性高。

2)气压传动的缺点

(1)由于空气具有可压缩性,因此气压传动系统的速度稳定性差,给系统的速度和位置控制带来很大的影响。

(2)气压传动系统的噪声大,尤其是排气时,需要设置消声器。

二、气压传动的组成及常用元件

1. 气压传动的组成

气压传动由气源装置、执行元件、控制元件和辅件元件四部分组成,如图 10-4 所示。

1)气源装置

气源装置是使空气压缩并产生压力能,为各类气动设备提供动力的装置。气源装置的主体是空气压缩机,有的还配有储气罐、气源净化处理装置等附属设备。空气压缩机将原动机提供的机械能转换为空气的压力能。气动设备较多时,常将气源装置集中一处,组成气压站,由气压站向各用气点分送压缩空气。也有将小型低噪空气压缩机或增压泵设置在控制、执行元件的附近,实行单机和单泵供气或局部加压。

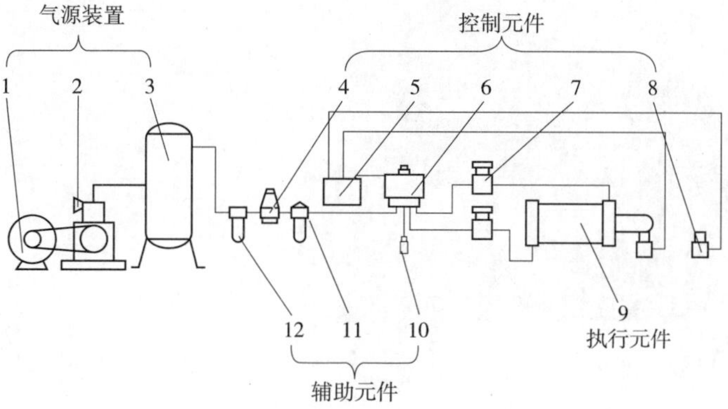

图10-4　气压传动系统的组成示意图

1-电动机;2-空气压缩机;3-储气罐;4-压力控制阀;5-逻辑元件;6-方向控制阀;7-流量控制阀;8-行程开关;9-气缸;10-消声器;11-油雾器;12-分水过滤器

2)执行元件

执行元件是以压缩空气为工作介质产生机械运动,并将气体的压力能转换为机械能的一种能量转换装置。常用的执行元件有可以实现直线往复运动的气缸、连续回转运动或往复摆动的气马达和摆动马达等。

3)控制元件

控制元件用来控制和调节压缩空气的压力、流量和流动方向,使执行元件能够按要求完成预定的工作循环。控制元件种类繁多,除了基本的压力阀、流量阀和方向阀三大类控制阀外,还包括逻辑元件、射流元件等。

4)辅助元件

辅助元件是净化压缩空气、润滑、消声以及用于元件间连接等所需要的一些装置,如过滤器、油雾器、消声器及连接管件等。

2. 气压传动的常用元件

1)气源装置常用元件

气源装置一般由气压发生装置和气动辅助装置组成,空气压缩机是气源装置的主体。

(1)空气压缩机。

空气压缩机的种类很多,分类方法也很多。按其工作原理可分为容积型压缩机、往复式压缩机、离心式压缩机。容积型压缩机的工作原理是压缩气体的体积,使单位体积内气体分子的密度增大,以提高压缩空气的压力;往复式压缩机是直接压缩气体,当气体达到一定压力后排出;离心式压缩机的工作原理是提高气体分子的运动速度,使气体的动能转化为压力能以提高压缩空气的压力。空气压缩机按输出压力大小可分为低压空压机(0.2～1MPa)、中压空压机(1.0~10MPa)、高压空压机(10~100MPa)和超高压空压机(>100MPa)。按输出流量可分为微型(≤1m^3/min)、小型(1~10m^3/min)、中型(10~100m^3/min)和大型(>100m^3/min)空气压缩机。

气动系统最常用的空气压缩机是往复活塞式压缩机,其实物及图形符号如图10-5所示,工作原理如图10-6所示。

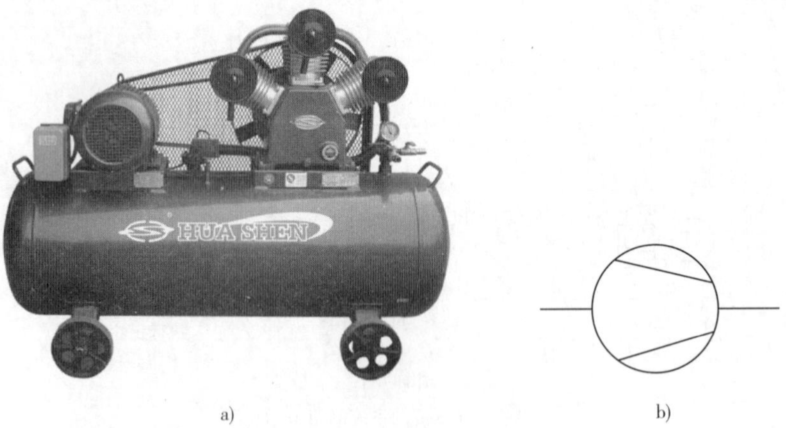

图10-5 空气压缩机及图形符号

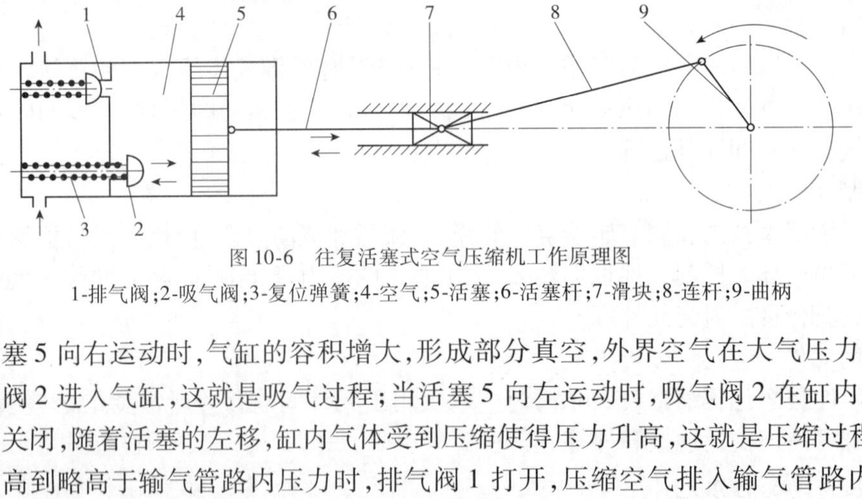

图10-6 往复活塞式空气压缩机工作原理图

1-排气阀;2-吸气阀;3-复位弹簧;4-空气;5-活塞;6-活塞杆;7-滑块;8-连杆;9-曲柄

当活塞5向右运动时,气缸的容积增大,形成部分真空,外界空气在大气压力的作用下推开吸气阀2进入气缸,这就是吸气过程;当活塞5向左运动时,吸气阀2在缸内压缩气体的作用下关闭,随着活塞的左移,缸内气体受到压缩使得压力升高,这就是压缩过程;当气缸内压力增高到略高于输气管路内压力时,排气阀1打开,压缩空气排入输气管路内,这就是排气过程。曲柄9旋转一周,活塞往复行程一次,即完成"吸气—压缩—排气"一个工作循环。活塞的往复运动由电动机带动曲柄9转动,通过连杆8、滑块7、活塞杆6转化成直线往复运动。

(2)后冷却器。

后冷却器安装在空气压缩机出口处的管道上,其作用是将空气压缩机排出的压缩空气温度降低,使压缩空气中的油雾和水汽迅速达到饱和,使其大部分析出并凝结成油滴和水滴,以便经油水分离器排出。后冷却器的结构形式有蛇形管式、列管式、散热片式、管套式。冷却方式有水冷和气冷两种。图10-7是蛇管式后冷却器实物和图形符号。

(3)储气罐。

储气罐的主要作用是储存一定数量的压缩空气，以备发生故障或临时需要时应急使用；消除由于空气压缩机断续排气而对系统产生的压力脉动，保证输出气流的连续性和平稳性；进一步分离压缩空气中的油、水等杂质。图10-8是储气罐实物和图形符号。

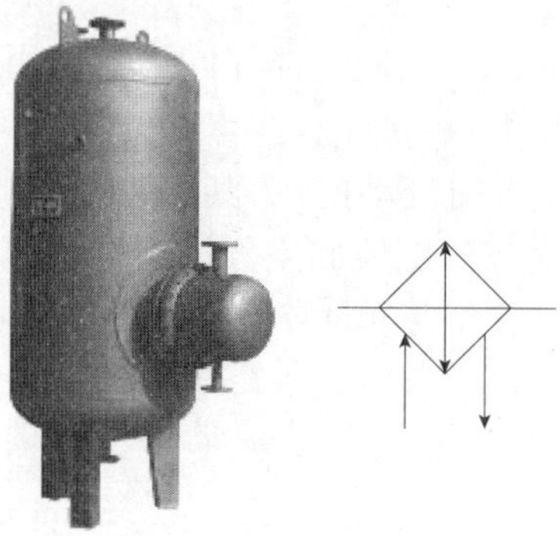

a)　　b)

图10-7　蛇管式后冷却器实物和图形符号

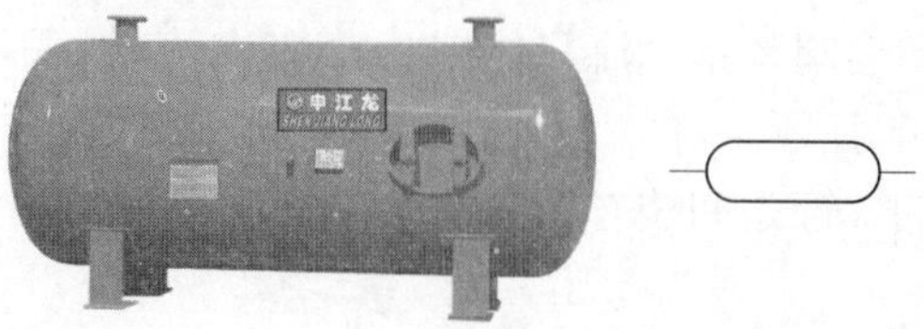

a)　　b)

图10-8　储气罐实物和图形符号

2)执行元件

气动执行元件是将压缩空气的压力能转换为机械能的装置，有实现直线往复运动或摆动的气缸和实现连续回转运动的气马达。

(1)气缸。

气缸是气动系统中使用最广泛的一种气动执行元件，能够实现直线往复运动并做功。气缸按压缩空气对活塞作用力的方向可分为单作用式和双作用式；按气缸的结构特征可分为活塞式、薄膜式、柱塞式和无杆气缸；按气缸的功能可分为普通气缸（包括单作用和双作用气缸）、薄膜气缸、冲击气缸、气液阻尼缸、缓冲气缸和摆动气缸等。图10-9是活塞式气缸实物和图形符号。

(2)气马达。

气马达也是气动执行元件的一种，能够输出力矩和转速，驱动机构实现旋转运动。常见的气马达多为容积式气马达，是靠改变空气容积的大小和位置来工作的，按结构形式可分为叶片式气马达、活塞式气马达、齿轮式气马达和薄膜式气马达。图10-10是齿轮式气马达实物和图形符号。

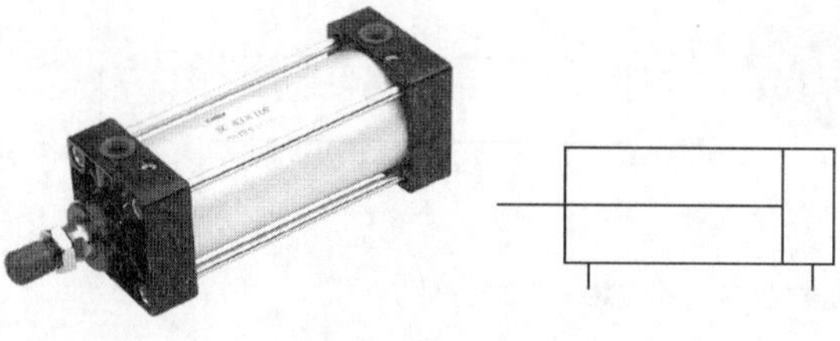

a)　　b)

图10-9　活塞式气缸实物和图形符号

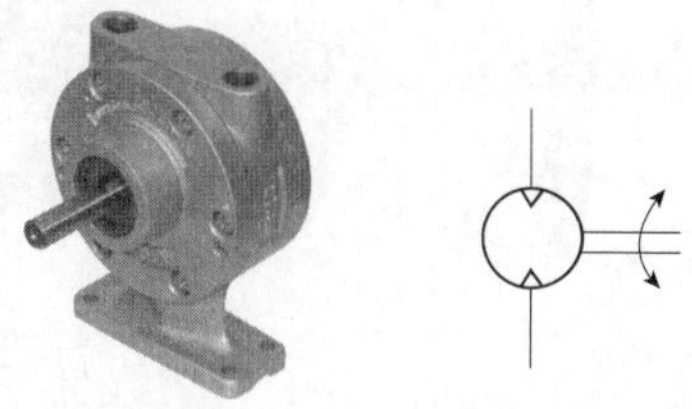

a)　　b)

图10-10　齿轮式气马达实物和图形符号

3）控制元件

气压传动系统中的气动控制元件是用来控制和调节压缩空气的压力、流量和方向的，使气动执行机构获得必要的力、动作速度和改变运动方向，按设计要求正常工作。气动控制元件按照功能和用途可分为方向控制阀、压力控制阀和流量控制阀。

（1）方向控制阀。

方向控制阀是改变气体的流通方向或通断的控制阀。按照气体在阀内的作用方向，方向控制阀可以分为单向型控制阀和换向型控制阀两大类。

单向阀是指气流只能向一个方向流动，而不能反方向流动的阀，其实物和图形符号如图 10-11所示。在气动系统中，为防止储气罐中的压缩空气倒流回空气压缩机，在空气压缩机和储气罐之间装有单向阀。单向阀还可与其他的阀组合成单向节流阀、单向顺序阀等。

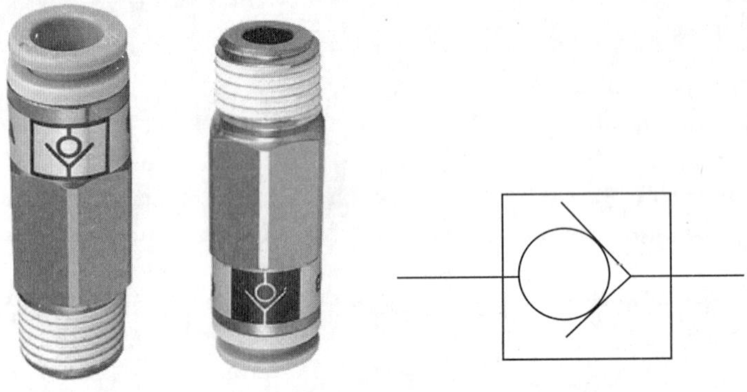

a)　　　　b)

图 10-11　单向阀实物和图形符号

换向型控制阀是指可以改变气流流动方向的控制阀。按控制方式可分为气压控制、电磁控制、人力控制和机械控制。其中，电磁换向阀是气动系统中最常用的换向型控制阀，图 10-12所示是两位五通电磁换向阀实物和图形符号。电磁换向阀由电磁铁通电，对衔铁产生吸力，利用电磁吸力实现阀的切换以改变气流方向。电磁换向阀易于实现电、气联合控制，能够远距离操作，故得到了广泛的应用。电磁换向阀按工作方式又可分成直动式电磁换向阀和先导式电磁换向阀。

a)　　　　b)

图 10-12　两位五通电磁换向阀实物和图形符号

（2）压力控制阀。

压力控制阀是用来调节和控制压力大小的元件，主要包括减压阀、溢流阀、顺序阀等。

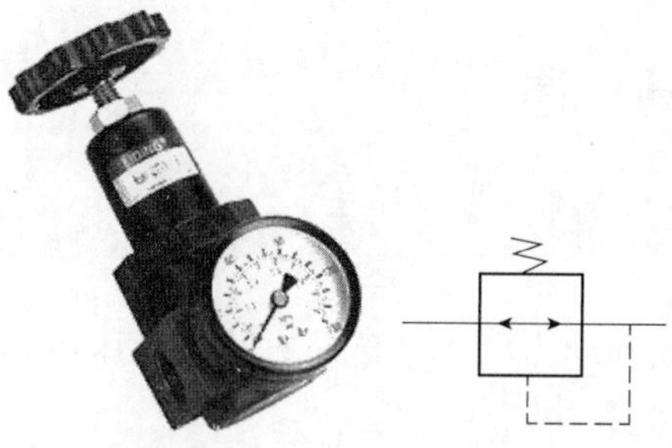

a)　　b)

图 10-13　调压阀实物和图形符号

减压阀又称调压阀，它可以将较高的进口压力降低且调节到符合使用要求的压力，并保持调节后的出口压力稳定。图 10-13 所示是调压阀实物和图形符号。

溢流阀是用于维持回路中空气压力恒定的压力控制阀，当气动回路和容器中的压力上升到超过调定值时，能自动向外排气，以保持进口压力为调定值。

顺序阀是依靠气压的大小来控制气动回路中各元件动作的先后顺序的压力控制阀，常用来控制气缸的顺序动作。

（3）流量控制阀。

流量控制阀主要包括节流阀、单向节流阀、排气节流阀等。在气动系统中，控制气缸的运动速度、控制信号的延迟时间、控制油雾器的滴油量、控制缓冲气缸的缓冲能力等都是依靠控制流量来实现的。流量控制阀是通过改变阀的通流截面积来实现流量控制的元件。单向节流阀结构和图形符号，如图 10-14 所示。

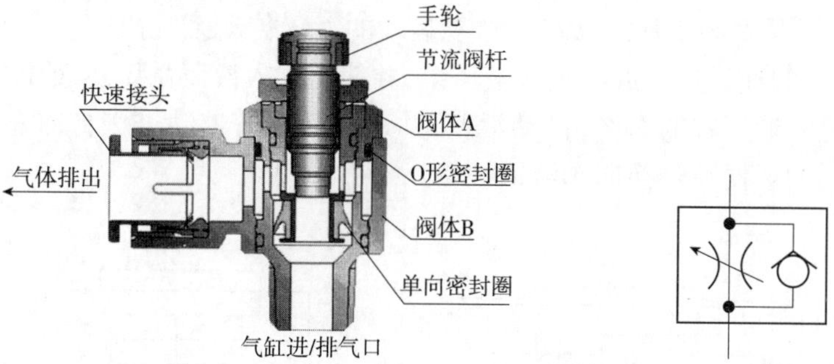

a)　　b)

图 10-14　单向节流阀结构和图形符号

4）辅助元件

常用的辅助元件有空气过滤器、油雾器、消声器和连接管件等。其中，空气过滤器和油雾器是多数气动系统不可缺少的气源装置，安装在用气设备附近，是压缩空气质量的最后保障。空气过滤器如图 10-15 所示，用于清洁气体，可以过滤压缩空气中的水分，避免水分随气体进入装置。油雾器如图 10-16 所示，可对机体运动部件进行润滑，可对不方便加润滑油的部件进行润滑，从而延长机体的使用寿命。

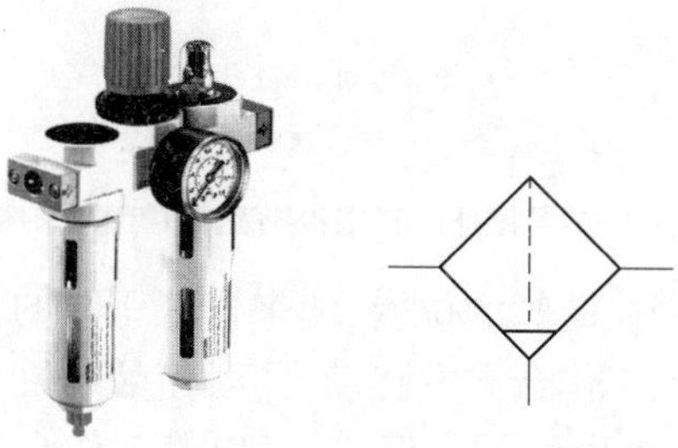

a)　　b)

图 10-15　过滤器实物和图形符号

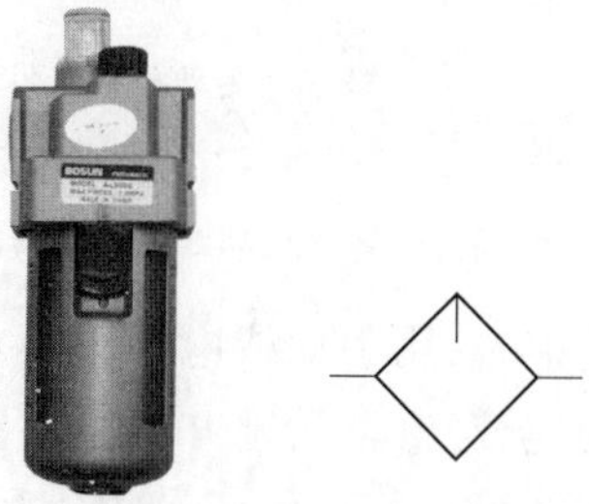

a)　　b)

图 10-16　油雾器实物和图形符号

单元 10.2　液压传动概述

一、液压传动的工作原理、应用、特点

液压传动是利用密闭系统中的受压液体来传递运动和动力的一种传动方式。液压传动与机械传动相比具有许多优点，所以在机械设备中被广泛采用。

1. 液压传动的工作原理

液压系统利用液压泵将原动机的机械能转换为液体的压力能，通过液体压力能的变化来传递能量，经过各种控制阀和管路的传递，借助于液压执行元件（液压缸或液压马达）把液体压力能转换为机械能，从而驱动工作机构，实现直线往复运动和回转运动。其中的液体称为工作介质，一般为矿物油，它的作用和机械传动中的皮带、链条和齿轮等传动元件相类似。

下面以磨床的液压传动系统为例，分析液压传动的工作原理。

图 10-17 所示是磨床工作台做直线往复运动的液压传动系统简图。由电动机带动液压泵旋转，把油箱中的油经过过滤器吸入液压泵，并使它进入液压系统。液压泵输出的油经节流阀和换向阀进入液压缸的右腔，推动活塞，并通过活塞杆带动工作台向左运动。这时，由液压缸左腔排出的油便经过换向阀流回油箱。

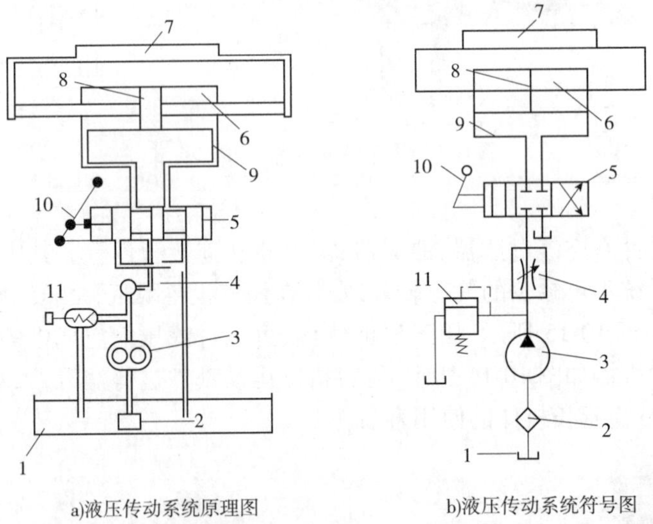

a)液压传动系统原理图　　b)液压传动系统符号图

图 10-17　磨床液压系统简图

1-油箱；2-滤油器；3-液压泵；4-节流阀；5-换向阀；6-液压缸；7-工作台；8-活塞；9-管路；10-手柄；11-溢流阀

当行程结束时，用手动或电磁阀等方法改变换向阀的位置，使来自液压泵的油经换向阀进入液压缸的左腔，推动活塞并通过活塞杆带动工作台向右移动，同时使液压缸右腔的油能经换向阀流回油箱。若在工作过程中反复改变换向阀的位置，就可以使工作台获得直线往复运动。

2. 液压传动在各类机械中的应用

液压传动系统在机械设备中的应用非常广泛。表 10-1 所示为液压传动系统在各类机械行业中的应用。

液压传动系统在各类机械行业中的应用　　表 10-1

行业名称	应用场所举例
城市轨道交通车辆	模拟驾驶器、垂向减振器等
汽车工业	自卸车、平板车、高空作业车、减振器等
轻工机械	注塑机、打包机、造纸机等
机床工业	磨床、铣床、刨床、拉床、车床、数控机床、组合机床等
工程机械	挖掘机、装载机、推土机、压路机、铲运机等
矿山机械	挖掘机、凿岩机、破碎机、提升机、液压支架等
吊运机械	叉车、吊装车、皮带运输机等
建筑机械	打桩机、平地机等
农业机械	收割机、拖拉机等
冶金机械	压力机、压钢机、电极升降机等
航空航天	飞机操纵系统、飞行器强度试验系统等

3. 液压传动的特点

1)液压传动的优点

(1)结构方面,在传递相同功率的情况下,液压传动装置的体积小、重量轻、惯性小、结构紧凑、布局灵活,同功率液压马达的重量只有电动机的 10% ~20%。因此惯性力较小,当突然过载或停车时,不会发生大的冲击。

(2)工作性能方面,动作响应性快,能迅速换向和变速,能在给定范围内实现平稳的无级调节牵引速度、转矩、功率,且调速范围宽,最大可达 1:2000(一般为 1:100);换向容易,在不改变电动机旋转方向的情况下,可以较方便地实现工作机构旋转和直线往复运动的转换;与 CPU(计算机)连接,便于实现自动化。

(3)使用维护方面,元件的自润滑性好。由于采用油液为工作介质,元件相对运动表面间能自行润滑,磨损小,使用寿命长,易实现过载保护与保压,安全可靠性好;元件易于实现系列化、标准化、通用化。

(4)液压技术的可塑性和可变性很强,可以增加柔性生产的柔度,容易对生产程序进行改变和调整,适应性比较强。

(5)操纵比较方便、省力,便于与微机控制等技术相结合,构成"机—电—液—光"一体化,易实现数字化。

2)液压传动的缺点

(1)使用液压传动对维护的要求高,工作油要始终保持清洁。

(2)对液压元件制造精度要求高,工艺复杂,成本较高。

(3)液压元件维修较复杂,且需有较高的技术水平。

(4)液压传动对油温变化较敏感,这会影响它的工作稳定性,因此液压传动不宜在高温或低温条件下工作,一般工作温度在 -15 ~60℃范围内较合适。

(5)液压传动系统工作过程中,其压力大,流量损失大,故系统效率较低,不适宜远距离传动。

二、液压传动的组成及常用元件

1.液压传动的组成

液压系统主要由动力元件、执行元件、控制元件、辅助元件和工作介质五部分组成。各组成部分的主要作用和主要元件,如表 10-2 所示。

液压系统各组成部分作用和主要元件　　表 10-2

组成部分	作　　用	主 要 元 件
动力元件	利用液体把原动机的机械能转换成液压力能	液压泵,它向整个液压系统提供动力。液压泵的结构形式一般有齿轮泵、叶片泵、柱塞泵、螺杆泵
执行元件	将液体的压力能转换为机械能,驱动负载做直线往复运动或回转运动	液压缸、液压马达
控制元件	在液压系统中控制和调节液体的压力、流量和方向	压力控制阀(溢流阀、减压阀、顺序阀、压力继电器等)、流量控制阀(包括节流阀、调整阀、分流集流阀等)、方向控制阀(包括单向阀、液控单向阀、梭阀、换向阀等)
辅助元件	连接、储油、过滤和测量油液压力等辅助作用	蓄能器、过滤器、冷却器、加热器、油管、管接头、油箱、压力计、流量计、密封装置等
工作介质	实现运动和动力传递	各种矿物油、乳化液和合成型液压油等

2.液压传动常用元件

1)动力元件

液压泵是液压系统的动力元件,它是将输入的机械能转换为液体的压力能的能量转换装置。液压泵是通过封闭容积的变化完成吸油和压油。液压泵的类型很多,其结构不尽相同,但是他们的工作原理相同,都是依靠封闭容积的变化来工作,因此称为容积式液压泵。液压泵必须具有密闭容积及密闭容积的交替变化,才能吸油和压油,而且在任何时候,其吸油腔和压油腔都不能互相连通。

液压泵按结构形式不同,可分为叶片泵、齿轮泵、柱塞泵、螺杆泵等,常用液压泵实物及工作原理,见表 10-3;按输出流量能否改变,又可分为定量泵和变量泵;按工作压力不同,还可分为低压泵、中压泵和高压泵等;按输出液流的方向,又有单向泵和双向泵之分。

常用液压泵实物及工作原理图　　表10-3

名称	实物图片	工作原理图
齿轮泵		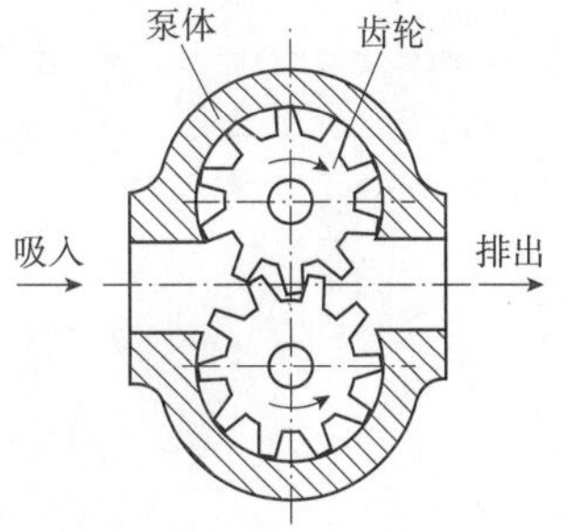
叶片泵		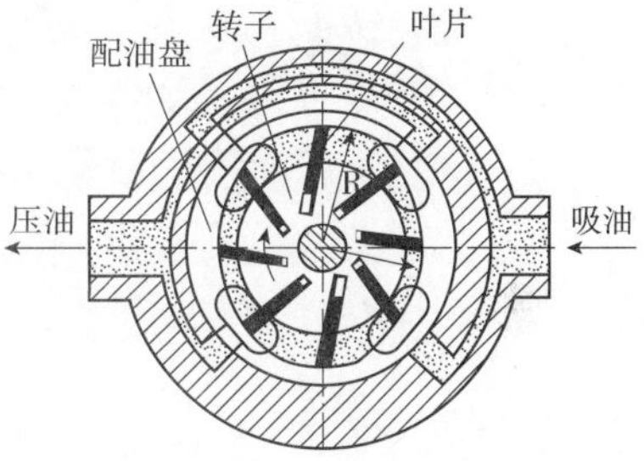
柱塞泵		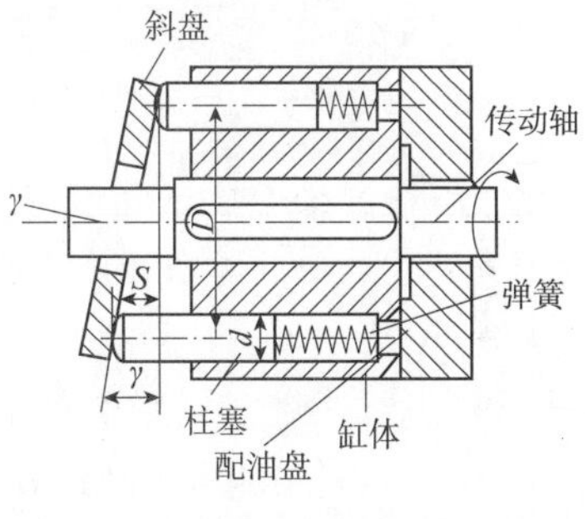
螺杆泵		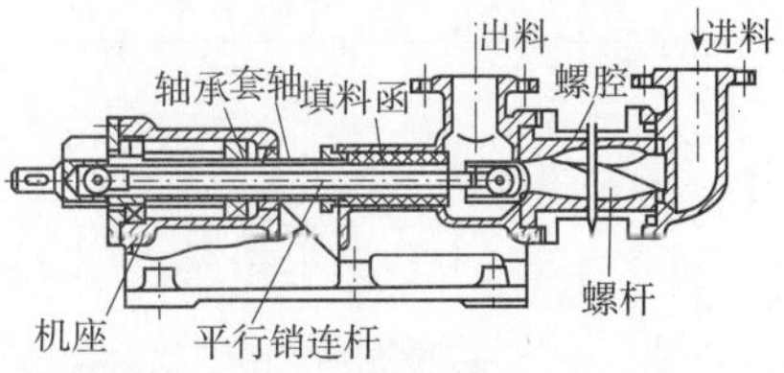

2）执行元件

液压缸是将液压能转变为机械能的、做直线往复运动（或摆动运动）的液压执行元件。它结构简单、工作可靠。用它来实现往复运动时，可免去减速装置，并且没有传动间隙，运动平稳，因此在各种机械的液压系统中得到广泛应用。

液压缸的结构形式多种多样，其分类方法也有多种：按运动方式可分为直线往复运动式和回转摆动式；按受液压力作用情况可分为单作用式、双作用式；按结构形式可分为活塞式、柱塞式、多级伸缩套筒式、齿轮齿条式等；按安装形式可分为拉杆、耳环、底脚、铰轴等；按压力等级可分为 16MPa、25MPa、31.5MPa 等。常用液压缸实物及内部结构，见表 10-4。

常用液压缸实物及内部结构图 表 10-4

名称	实物图片	内部结构
活塞液压缸	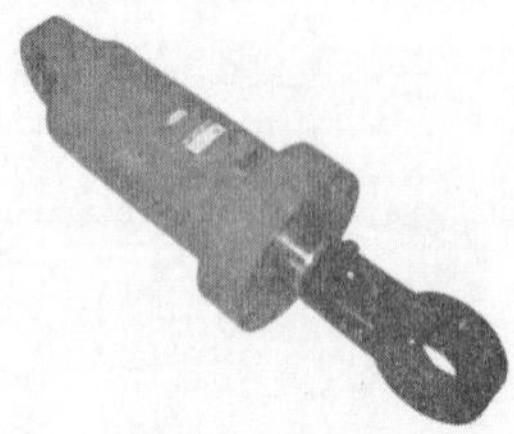	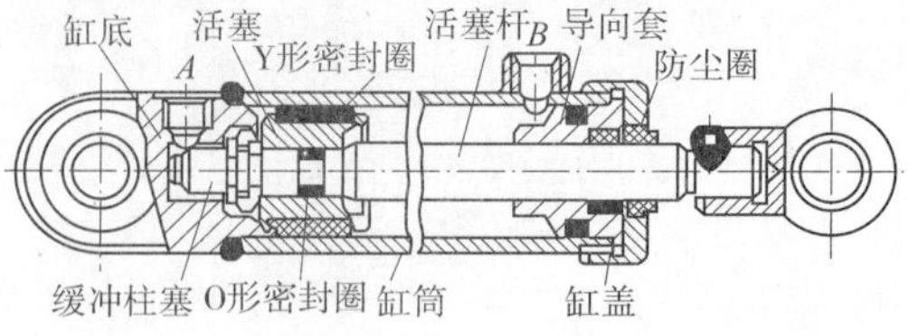
柱塞液压缸	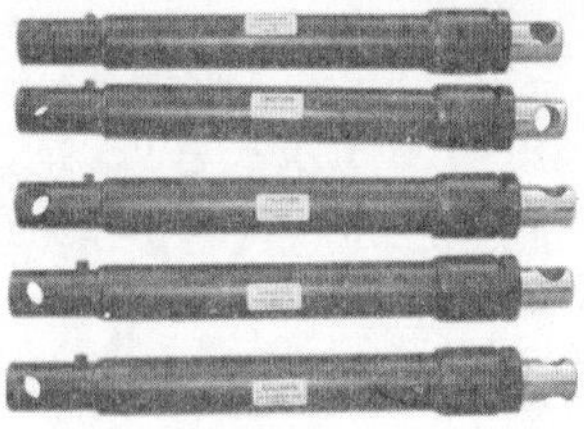	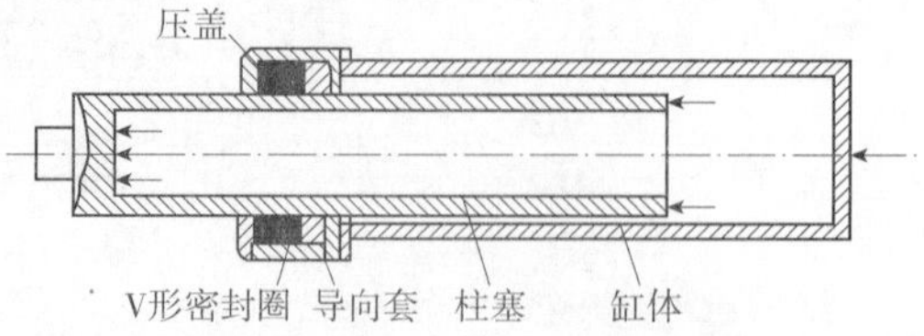
摆动液压缸		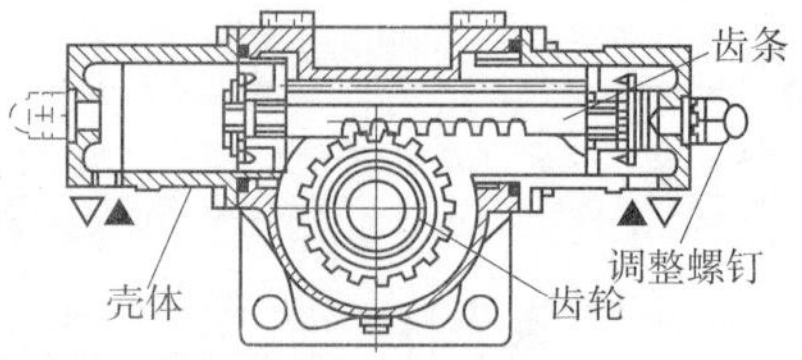

液压马达也是液压系统的一种执行元件，它将液压泵提供的液体压力能转变为其输出轴的机械能（转矩和转速）。液压马达按结构类型可以分为齿轮式、叶片式、柱塞式和其他形式。按液压马达的额定转速可分为高速和低速两大类。额定转速高于 500r/min 的属于高速液压马达，额定转速低于 500r/min 的属于低速液压马达。高速液压马达的基本形式有齿轮式（图 10-18）、螺杆式、叶片式和轴向柱塞式等。它们的主要特点是转速较高、转动惯量小、便于起动和制动、调节（调速及换向）灵敏度高。

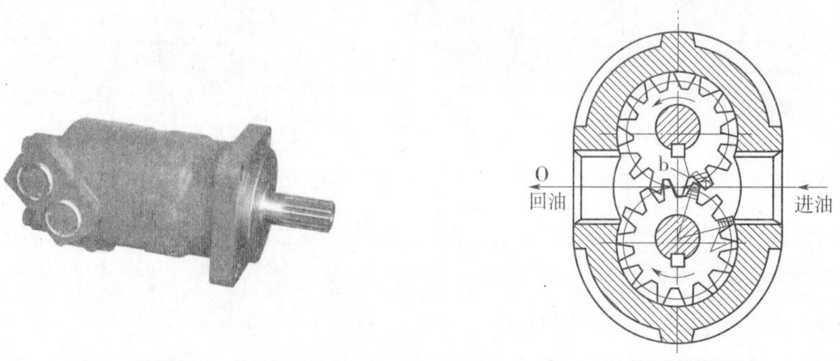

a)实物　　b)工作原理简图

图 10-18　齿轮式液压马达

3)控制元件

液压控制阀是液压系统中控制油液压力、流量以及流动方向的元件。按用途不同可分为方向控制阀、压力控制阀和流量控制阀三类。这三类阀还可以根据需要互相组合成为组合阀,如单向顺序阀、单向节流阀等,使几阀体同体,结构紧凑,使用方便。

(1)方向控制阀。

方向控制阀分为单向阀、换向阀两类。单向控制阀控制油液只能按一个方向流动而反向截止,故又称止回阀(图 10-19)。换向阀(图 10-20)的作用是利用阀芯位置的改变,改变阀体上各出油口的连通或断开状态,从而使油路连通、断开或改变方向。

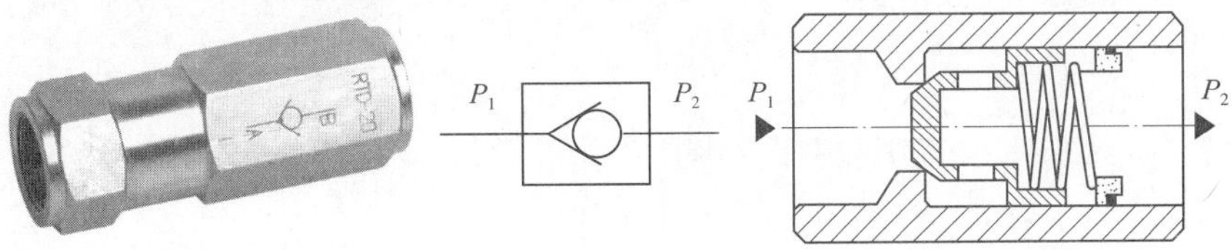

a)单向阀实物　　b)图形符号　　c)内部结构

图 10-19　单向阀

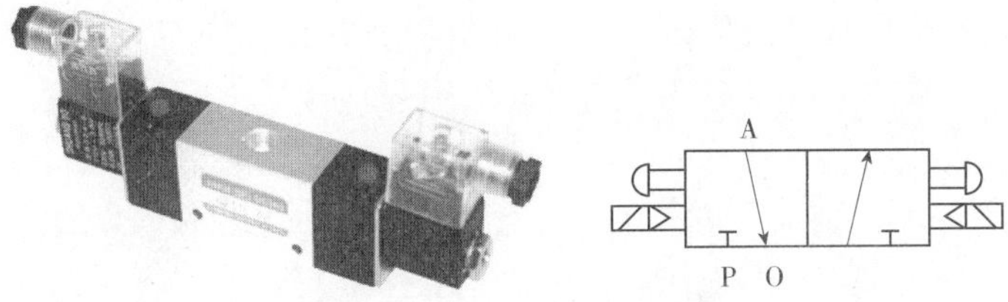

a)实物　　b)图形符号

图 10-20　两位三通电磁换向阀

(2)压力控制阀。

在液压系统中,控制液体压力的阀(溢流阀、减压阀)和控制执行元件或电气元件等在某一调定压力下产生动作的阀(顺序阀、压力继电器),统称为压力控制阀。这类阀的共同特点是,利用作用在阀芯上的液体压力和弹簧力相平衡的原理来进行工作。

流量控制阀是通过改变阀口过流面积来调节通过阀口的流量,从而控制执行元件运动速度的控制阀。流量控制阀主要有节流阀(图 10-21)、调速阀、分流阀。

4)辅助元件

常用的辅助元件有蓄能器、过滤器、冷却器、加热器、油管、管接头、油箱、压力计、流量计、密封装置等。

(1)过滤器。

对于液压系统来说,油液的过滤是十分重要的,常会因油液变脏导致系统产生故障。油液中混入的脏物除了外界掉入的灰尘、铁屑外,还有液压元件在工作时磨损所产生的金属粉末等,这些杂质会引起通油小孔堵塞、零件急剧磨损导致系统不能正常工作,因此液压系统所使用的油液必须经过过滤,并在使用过程中保持清洁。油液的过滤可以采用沉淀箱和各种过滤器(图 10-22)。

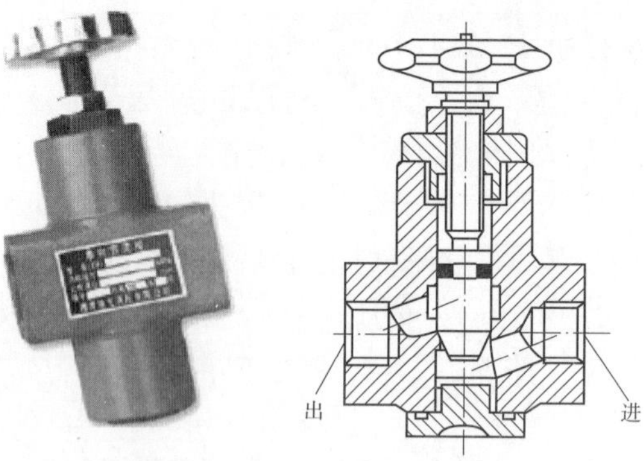

a)　　　　　　b)

图 10-21　节流阀实物和内部结构

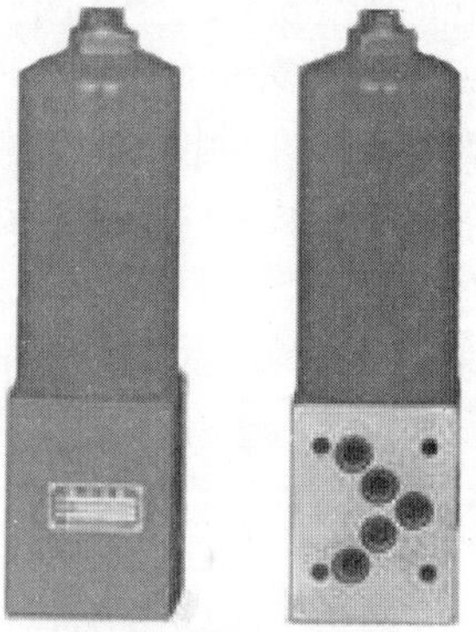

a)　　　　　　b)

图 10-22　过滤器

(2)蓄能器。

蓄能器是能够存储液体压力能并在需要时将其释放出来的能量储存装置,如图 10-23 所示。蓄能器的种类很多,液压传动系统中常用的是充气式蓄能器。充气阀尽在蓄能器工作前对胶囊充气用,蓄能器工作后始终关闭。胶囊充气压力为系统最低工作压力的 60% ~70%。胶囊外部为压力油,胶囊内部的气体体积随蓄能器内油压力的降低而膨胀,并将油排出。

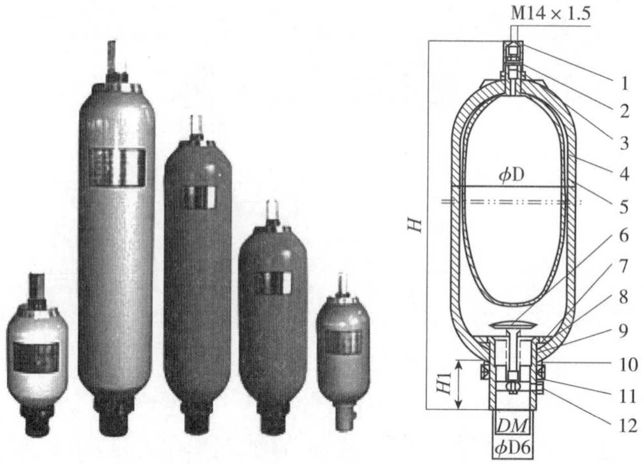

a)　　　　　　b)

图 10-23　蓄能器实物与内部结构图

1-阀防护罩;2-充气阀;3-止动螺母;4-壳体;5-胶囊;6-菌形阀;7-橡胶托环;8-支承环;9-密封环;10-压环;11-阀体座;12-螺堵

复习思考题

一、填空题

1. 液压传动是用________作为工作介质来传递能量和进行控制的传动方式。

2. 气压传动以压缩气体为工作介质,靠气体的压力传递________的流体传动。

3. 气压传动由________、________、________和________四部分

组成。

4. 气动控制元件按照功能和用途可分为＿＿＿＿＿＿、＿＿＿＿＿＿和＿＿＿＿＿＿。

5. 气压传动执行元件是以压缩空气为工作介质产生机械运动，并将气体的＿＿＿＿＿＿转换为机械能的一种能量转换装置。

二、选择题

1. 下面不属于气压传动常用的辅助元件是(　　)。

A. 空气过滤器　　B. 油雾器　　C. 消声器　　D. 连接管件

2. 下面不属于液压系统动力元件的是(　　)。

A. 叶片泵　　B. 柱塞泵　　C. 螺杆泵　　D. 液压马达

3. 气压传动系统流量控制阀不包括(　　)。

A. 节流阀　　B. 单向节流阀　　C. 排气节流阀　　D. 溢流阀

三、判断题

1. 液压传动是利用密闭系统中的受压液体来传递运动和动力的一种传动方式。(　　)

2. 液压泵是液压系统的执行元件。(　　)

3. 液压马达也是液压系统的一种执行元件，它将液压泵提供的液体压力能转变为其输出轴的机械能。(　　)

4. 液压控制阀是液压系统中控制油液压力、温度以及流动方向的元件。(　　)

5. 液压传动系统中调速阀属于流量控制阀，可以间接控制执行元件的运动速度。(　　)

6. 气压传动系统中气马达是气动执行元件。(　　)

四、问答题

1. 简述气压传动的优缺点。

2. 液压传动系统由哪几部分组成？各有什么作用？

单元 11　机械基础综合实践

知识目标

1. 掌握减速器的工作原理；
2. 了解和知晓减速器拆卸和装配的工作过程和工作要求。

能力目标

1. 能够正确使用工具进行拆装作业；
2. 会使用测量工具进行正确的测量；
3. 有安全防范意识。

单元 11.1　综合实践课

一、实践目的和要求

(1)通过拆装减速器,分析减速器箱体结构的设计特点及设计布局。

(2)通过拆装减速器的过程,了解减速器的齿轮在减速过程的作用及工作原理,了解机械如何通过各个齿轮的相互作用来达到减速的目的。

(3)通过减速器的拆装,了解齿轮与轴的装配间隙及测量方法。

(4)通过减速器的拆装,了解和掌握机械运动部件的润滑和轴承密封的工作原理。

(5)通过减速器的拆装,了解各部件的定位方式和调整方式。

(6)通过减速器的拆装,了解和掌握有关工具的使用方法和使用注意事项。

(7)通过减速器的拆装,理解轴承使用的型号及轴承使用的技术要求。

(8)通过减速器的拆装,完成有关实践问题的思考和实践报告。

二、拆装的设备与有关工具

减速器是一种机械传动常用传动装置,由多组齿轮和蜗轮蜗杆组成,其功用是将高速运转的机械输出变成人们需要的合适的机械输出转速。

在圆柱齿轮减速器中,按齿轮传动的级数可分为单级(图 11-1)、二级(图 11-2)和多级(图 11-3)减速器,蜗杆减速器可分为蜗杆上置和蜗杆下置式(图 11-4)减速器。

减速器的形式有很多种，输出速度也不尽相同，但基本原理大同小异，都是通过齿轮或蜗杆的变速达到目的。本单元主要是通过对减速器的拆装，讲解相关机械传动的传动方式，使学生对机械设备的装配技术要求、方法、精度要求有所了解和掌握。

图 11-1　单级圆柱齿轮减速器

图 11-2　二级圆柱齿轮减速器

图 11-3　多级圆柱齿轮减速器

图 11-4　蜗杆下置式减速器

1. 拆装机械设备前的准备工作

（1）被拆装的减速器。

（2）拆装减速器后清洗用的油盘及其他盛油工具。

（3）专用工具及活动扳手、手锤、铜棒、内外卡钳、轴承拆卸器和有关测量工具等。

（4）为了使拆装工作能顺利进行，需在动手前对设备的图样资料进行分析了解，熟悉设备的零部件结构及相互配合关系，还要确定合适的拆卸方法和拆卸工具，最后再进行拆卸解体。

（5）在拆卸机械部件之前，要清理干净场地，并对被拆卸的机械进行固定，以免在拆卸时因用力过猛而造成安全事故。

2. 拆卸减速器及其他机械设备的注意事项

对机械设备的拆卸过程，应当有一个详细的记录，应有人负责按顺序记录拆下来的部件。一般情况是由外到内，由上到下。先拆成组件，再拆成零件。对于不易拆卸的零部件或拆卸时容易损坏的零部件,应当避免拆卸。

对于拆卸下来的零部件,应当按照顺序分门别类地进行清洗、保管,并做好记录。对于一些容易损坏和丢失的小垫圈、卡子、螺钉、螺母、销子等,应做好记录并按先后顺序保管。

对于容易产生位移而又没有定位装置的部件,要先做好标记再进行拆卸,以便在装配时容易安装。

3. 机械设备的安装与调试

所有的机械设备都是由若干个零部件组成的,一般是先进行部件的组装,而后再进行部件的总装。装配的过程和使用的工具称为工艺。机械部件越是精密,工艺也会越复杂,精度要求也会越高。在机械部件的装配过程中,必须按照工艺要求装配,机械设备才可能正常运转。

对于减速器而言,在组配前,先将有关组件装配好,需要进行动平衡试验的,要提前试好,达到工艺要求后才可组装。在组装后,要进行间隙调试,在达到工艺要求后再按顺序进行下一步的部件组装。当部件全部组装完毕后,应当进行总体的调整检验和试车。试车的目的,是检验组装后的机械设备是否合乎工艺要求。机器运转的灵活性、噪声、振动、温升及旋转部件的密封情况是否达到了设计要求。如果出现问题,则需要进行整改甚至从头再来。

安装设备的顺序与拆卸设备的顺序相反,拆的时候是先上后下、由外到内,装的时候正好相反,是由内到外、由下到上。拆装设备应在实习指导教师的指导下,一步一步按照工艺和预习的步骤进行,其他同学应在旁边进行记录。

单元11.2　实 践 报 告

实践报告是学生实习过程的记录,通过实践报告的填写,可以反映在实践的过程中学生对工作过程的适应能力和掌握状态,见表11-1。学生的观察能力、细心程度、安全情况都可以记录在案。

实 践 报 告　　表11-1

<table>
<tr><td colspan="2">实践名称</td><td colspan="4"></td><td colspan="2">日期</td></tr>
<tr><td>班级</td><td></td><td>姓名</td><td></td><td>学号</td><td></td><td>成绩</td><td></td></tr>
<tr><td colspan="2">零件名称</td><td colspan="2">拆装顺序</td><td colspan="2">使用工具</td><td colspan="2">注意事项</td></tr>
<tr><td colspan="2"></td><td>1</td><td></td><td colspan="2"></td><td colspan="2"></td></tr>
<tr><td colspan="2"></td><td>2</td><td></td><td colspan="2"></td><td colspan="2"></td></tr>
<tr><td colspan="2"></td><td>3</td><td></td><td colspan="2"></td><td colspan="2"></td></tr>
<tr><td colspan="2"></td><td>4</td><td></td><td colspan="2"></td><td colspan="2"></td></tr>
<tr><td colspan="2"></td><td>5</td><td></td><td colspan="2"></td><td colspan="2"></td></tr>
<tr><td colspan="2"></td><td>6</td><td></td><td colspan="2"></td><td colspan="2"></td></tr>
<tr><td colspan="2"></td><td>7</td><td></td><td colspan="2"></td><td colspan="2"></td></tr>
<tr><td colspan="2"></td><td>8</td><td></td><td colspan="2"></td><td colspan="2"></td></tr>
</table>

续上表

拆装过程中用到的所学知识		拆装过程中用需要注意的有关技术数据	
1		1	
2		2	
3		3	
4		4	
5		5	
6		6	
7		7	
8		8	
实践心得			

单元 11.3　实践成绩考核表

实践成绩考核，见表 11-2。

实践成绩考核表　　表 11-2

学生姓名		学　号		成绩	
专　业		班　级			
考　核　项　目				分值	得分
1	能否遵守实验室的各项规章制度			5	
2	能否积极参加各项实践活动，相互协作精神如何			5	
3	对减速器的各部件用途是否知晓，其安装位置是否清楚			10	
4	能否工确和熟练地使用各种拆装工具和测量工具			10	
5	是否按照技术要求逐个拆下减速器或其他零件并编号			15	
6	是否按次序装配零部件并测量技术数据			10	
7	是否存在野蛮拆装并损坏零部件现象			15	
8	在拆装过程中是否存在重大安全隐患			10	
9	能否在工作阶段性完成后清扫和整理工作场地			15	
10	能否按要求完成实践报告			5	
实践评估记录得分		合　计			

续上表

<table>
<tr><td colspan="2">实践技能评估等级：
优秀(90 分以上)　　良好(80 分以上)
一般(70 分以上)　　及格(60 分以上)不及格(60 分以下)</td><td>评估等级</td><td></td></tr>
<tr><td>指导教师签字：</td><td colspan="3">年　　月　　日</td></tr>
</table>

参考文献

[1] 孙大俊. 机械基础[M].4 版. 北京: 中国劳动社会保障出版社, 2007.
[2] 刘有星,刘新江. 机械基础[M]. 北京:人民交通出版社,2010.
[3] 卫燕萍. 机械基础[M]. 北京:中国铁道出版社,2010.
[4] 张秀芳,许晖. 公差配合与精度检测[M].2 版. 北京:电子工业出版社,2014.
[5] 何向东,汤洁齐. 汽车机械基础[M]. 北京:人民交通出版社,2011.
[6] 陈海葵. 机械基础[M].3 版. 北京: 中国劳动社会保障出版社, 2001.